大原資生 監修／建設工学シリーズ

# 鋼構造・橋梁工学
■第2版

鎌田相互／松浦　聖　共著

森北出版株式会社

●本書のサポート情報を当社Webサイトに掲載する場合があります．下記のURLにアクセスし，サポートの案内をご覧ください．

https://www.morikita.co.jp/support/

●本書の内容に関するご質問は，森北出版 出版部「(書名を明記)」係宛に書面にて，もしくは下記のe-mailアドレスまでお願いします．なお，電話でのご質問には応じかねますので，あらかじめご了承ください．

editor@morikita.co.jp

●本書により得られた情報の使用から生じるいかなる損害についても，当社および本書の著者は責任を負わないものとします．

■本書に記載している製品名，商標および登録商標は，各権利者に帰属します．

■本書を無断で複写複製（電子化を含む）することは，著作権法上での例外を除き，禁じられています．複写される場合は，そのつど事前に(一社)出版者著作権管理機構（電話03-5244-5088，FAX03-5244-5089，e-mail:info@jcopy.or.jp）の許諾を得てください．また本書を代行業者等の第三者に依頼してスキャンやデジタル化することは，たとえ個人や家庭内での利用であっても一切認められておりません．

# 「建設工学シリーズ」発刊の序

　この「建設工学シリーズ」は，大学や高専の建設工学（土木工学）系の学科の学生諸君を対象に，最新の専門的基礎知識を確実に修得するのに有用・適切な教科書として，また参考書として広く用いられることを目指して，発刊されたもので，多くの学生諸君の勉学の伴侶として選ばれることを念願する．

　その企画の段階においては，多くの大学・高専で講義されている教科目を調査・選択して，15巻から成るシリーズとすることとし，各巻それぞれ，その分野で活躍され，現在，高専でその教科目を講義しておられる比較的若手の新進気鋭の先生方に，大学の先生と共著の形で執筆をお願いした．

　建設工学（土木工学）は工学全般の源流であり，人類の進歩とともに発達し，市民生活の向上に，大いに寄与してきたことはすでに周知のことであるが，昨今の社会構造の高度化・複雑化に伴い，建設技術は飛躍的に発展し，応用範囲は多岐にわたり，日々新たな問題にも取り組まざるを得ない状況にある．

　建設技術者を志す者は，この状況を認識して専門的基礎知識を確実に修得し，それを広く応用する能力を培うよう努めることが肝要である．

　このシリーズは，各巻とも，各執筆者が優れた教育経験を十分に生かし，懇切・丁寧な説明と多くの例題や演習問題によって，主要な専門的基礎知識の理解がより確かなものとなるよう配慮されており，建設工学系学生の教科書として最適なものとなっている．

　建設技術者を目指す学生諸君は，このシリーズによる学習において，十分に研鑽の実を上げ得るものと確信する．

　1997年2月

監修者　大原資生

## 第 2 版に際して

　本書も初版発行から 3 年近くが経過したが，この間に明石海峡大橋，来島海峡大橋等が完成し，新たな千年代も始まり，鋼構造・橋梁工学分野における様々な技術もますます発展して，国際化していく新しい世紀が展望されている．

　本書は，このような時代状況を考慮し，国際化に対応した SI 単位系に統一して記述したが，参照した示方書の規定が重力単位系主体の記述であった関係上，例題等の一部に重力単位の記述が残っていた．また，先ごろ「道路橋示方書・同解説　SI 単位系移行に関する参考資料」が発行され，この度，法律に基づく SI 単位系への移行猶予期間も終了した．

　そこでこの際これらの状況変化をふまえ，読者が SI 単位に強い新しい時代の技術者になることを期待し，あえて例示した示方書の規定値および例題等の数値を SI 単位のみで表し，第 2 版として発行することとした．

　発行後間もないため，基本的な考え方や全体の構成等は変えていないが，部分的によりわかりやすいと思われる表現に変えるとともに，貴重なご教示を寄せていただいた読者のご意見を生かすため，十分な校正を心がけた．しかしなお，不十分との指摘を受けるかも知れないが，その場合も，なるべく速やかに改めていきたい．

2000 年 2 月

著　者

# まえがき

　本書は，大学や高専の学生が，道路橋示方書に基づいて，鋼道路橋を設計することを想定して，その基本的事項について著したものである．

　鋼構造物の設計，中でも橋梁の設計においては，その目的機能が果たされるだけでなく，個々の部材の全体に占める役割や重要度，および部材間の関連を正しく把握して，安全面でもバランスのとれた構造物にすることが不可欠である．また，できあがったものは，自然災害や社会環境の変化に伴う不測の事態にも対応できることが必要であり，さらに，多数の人々が心地よくその利便を享受できるような構造物でなければならない．

　以上のような観点から，はじめに，1章で，橋梁が社会基盤整備の上で不可欠の構造物であり，全体としてバランスのとれた設計が重要であることを理解するために，橋の構成，分類，特徴などについて述べ，鋼橋の計画，設計から施工，維持管理までのライフタイムを概説した．

　次に，鋼橋の共通的な事項として，2章で，鋼材の種類，特性などについて述べ，3章では，鋼構造部材の設計法について説明し，代表的な部材の耐荷性状と鋼道路橋示方書の規定との関係を記述した．4章では，鋼材の接合方法の種類，特性などを概説し，鋼道路橋における接合の設計方法について数値例題を用いて説明した．

　引き続いて，5章では，鋼道路橋の荷重の種類，性質，載荷方法について例題を示して説明した．6章は，橋梁を構成する主構造以外の部分である，橋床，床組，対風構について，その種類，機能，設計方法などを説明した．

　さらに，7章はプレートガーダー橋，8章は合成桁橋，9章はトラス橋の構造特性や設計法などについて，具体的な例題で説明した．

　最後に，10章で，橋梁上部構造を支持し，下部構と連結している支承およびその他の装置や施設を取り上げて記述した．

　本書は，以上のような構成であり，基本的な形式の鋼道路橋の設計を学ぶ上

で必要な事項をほぼ網羅している．数値計算を伴う例題を多くし，設計計算を通して部材の重要度や部材間の関連性などが理解しやすいように心がけた．さらに，読者が，橋の設計に興味をもって取り組むことができ，機能性に優れ，安全で美しい橋を完成させる技術者に成長される一助になることを願って記述したものである．

しかし，ページ数の都合で，中途半端な記述や不十分な説明になった部分もあると考えられ，また，著者の勉強不足のため，取り違えた説明をしているかも知れない．そのような場合は，読者のご指摘をお聞きして，改めていきたいと考えている．

本書の執筆の機会を与えてくださり，内容，記述方法等について貴重なご指摘，ご助言をいただきました，前宇部高専校長 大原資生先生に心より深く感謝申し上げます．また，参考にさせていただいた数多くの文献の著者，研究者の方々に敬意を表し，感謝いたします．

最後になりましたが，写真を提供していただいた本州四国連絡橋公団に，深甚なる謝意を表します．

本書の出版にあたり，いろいろ，お世話になりました森北出版の渡辺況治・石田昇司両氏をはじめ関係者の皆様に心から厚くお礼申し上げます．

なお，工学分野におけるSI単位系への統一変換にともない，現在，鋼道路橋示方書の改訂が進められているが，本書の例題，演習問題および解答は，一部を除いてSI単位系に変換して記述してある．

1997年3月

著　者

# 目　次

## 1章　鋼構造・橋梁工学総論
### 1.1　鋼構造物と橋梁工学 …………………………………………………… 1
### 1.2　橋の構成 ………………………………………………………………… 2
　1.2.1　上部構造の構成　3
　1.2.2　橋の形状　5
### 1.3　橋の分類 ………………………………………………………………… 5
　1.3.1　供用状態による分類　6
　1.3.2　使用材料による分類　7
　1.3.3　通路の位置，主構造の形状による分類　7
　1.3.4　支持状態による分類　8
　1.3.5　構造力学上の分類　9
### 1.4　橋の計画，施工，維持管理 ……………………………………………11
　1.4.1　橋の計画と設計　11
　1.4.2　鋼橋の施工，維持管理　13
　演習問題 ………………………………………………………………………17

## 2章　構造用鋼材
### 2.1　概　説 ……………………………………………………………………18
### 2.2　鋼材の製造，熱処理 ……………………………………………………19
　2.2.1　製造工程　19
　2.2.2　熱処理，高張力鋼　20
### 2.3　鋼の性質と強さ …………………………………………………………21
　2.3.1　引張強さ　21
　2.3.2　圧縮強さ，座屈，せん断強さ　23
　2.3.3　疲労，脆性　24
　2.3.4　鋼材の機械的性質　25
### 2.4　鋼材の種類 ………………………………………………………………27

演習問題 ……………………………………………………………………………… 31

## 3章　構造部材の設計，耐荷性状

3.1 設計および許容応力度 …………………………………………………………… 32
　3.1.1 土木鋼構造物の設計　32
　3.1.2 安全率，許容応力　32
　3.1.3 設計法概説　33
3.2 軸力を受ける部材の設計 ………………………………………………………… 35
3.3 軸圧縮力を受ける部材 …………………………………………………………… 36
　3.3.1 長柱の座屈　36
　3.3.2 圧縮部材の耐荷力　39
3.4 曲げを受ける部材 ………………………………………………………………… 41
　3.4.1 曲げ部材の挙動　41
　3.4.2 横ねじれ座屈強度および許容曲げ圧縮応力度　42
　3.4.3 曲げに伴うせん断応力　43
3.5 圧縮と曲げを受ける部材 ………………………………………………………… 45
　3.5.1 両端に曲げを受ける圧縮材の弾性座屈　45
　3.5.2 軸力と曲げモーメントを受ける部材の設計　47
3.6 圧縮力を受ける板要素の座屈 …………………………………………………… 48
　3.6.1 等方性板の座屈　48
　3.6.2 鋼板の耐荷力　50
　3.6.3 板要素の設計　51
演習問題 ……………………………………………………………………………… 55

## 4章　鋼材の接合法

4.1 接合の定義，機能，種類 ………………………………………………………… 57
　4.1.1 接合の定義　57
　4.1.2 接合の種類　58
4.2 溶　接 ……………………………………………………………………………… 59
　4.2.1 概　説　59
　4.2.2 溶接の種類と構造　60
　4.2.3 溶接継手の設計と留意点　64

  4.3 高力ボルト接合 ·················································································· 69
   4.3.1 高力ボルト接合の種類，特徴 69
   4.3.2 ボルトの強さと必要数 71
   4.3.3 接合材片の設計 76
  演習問題 ································································································ 80

## 5章 橋梁に作用する荷重
  5.1 荷重の分類 ························································································ 82
   5.1.1 作用状態による分類 82
   5.1.2 変動状態による分類 83
   5.1.3 設計示方書の荷重 83
  5.2 死荷重 ······························································································ 84
   5.2.1 死荷重の構成 84
   5.2.2 死荷重の値の推定 85
  5.3 道路橋の活荷重，衝撃 ········································································ 86
   5.3.1 活荷重 86
   5.3.2 衝 撃 90
  5.4 道路橋のその他の荷重 ········································································ 92
   5.4.1 風荷重 92
   5.4.2 地震の影響 93
   5.4.3 温度の影響 93
   5.4.4 雪荷重 94
   5.4.5 支点の移動 94
   5.4.6 施工時荷重 94
   5.4.7 衝突荷重 95
   5.4.8 その他 95
  5.5 影響線による荷重の載荷 ····································································· 95
  5.6 荷重の組合せによる許容応力度の割増 ················································· 97
  演習問題 ································································································ 98

## 6章 橋床，床組，対風構
  6.1 橋梁の床 ··························································································· 99

6.1.1 道路橋の床版，舗装　99
  6.1.2 鉄筋コンクリート床版　101
  6.1.3 鋼床版　105
 6.2 床　組 ······················································108
  6.2.1 床組の構造，配置　109
  6.2.2 床組の設計　111
  6.2.3 床組の連結，その他　113
 6.3 対風構 ······················································115
 演習問題 ························································118

# 7章　プレートガーダー橋
 7.1 プレートガーダー橋概説 ···································119
 7.2 主桁の断面力 ···············································123
 7.3 荷重分配 ···················································126
  7.3.1 格子桁　126
  7.3.2 荷重分配係数　126
  7.3.3 主桁の曲げモーメント　129
 7.4 プレートガーダー断面の設計 ·····························130
  7.4.1 ウェブの断面　130
  7.4.2 フランジの断面　133
  7.4.3 応力度の照査　134
 7.5 ウェブの補剛 ···············································136
  7.5.1 斜め張力場　136
  7.5.2 垂直補剛材　137
  7.5.3 水平補剛材　138
  7.5.4 ウェブの座屈と応力照査　139
 7.6 主桁断面の変化と現場継手 ································140
  7.6.1 断面変化　140
  7.6.2 現場継手　141
 7.7 横構，対傾構 ···············································143
 7.8 たわみ，スラブ止め ········································146
 演習問題 ························································148

## 8章　合成桁橋

### 8.1　合成桁橋概説 ……………………………………………………………… 149
　8.1.1　構造特性　149
　8.1.2　種類，特徴　150

### 8.2　合成桁断面の設計 …………………………………………………………… 151
　8.2.1　床版断面　151
　8.2.2　合成断面の応力　153
　8.2.3　死・活荷重合成桁断面の決定　155
　8.2.4　活荷重合成桁断面の設計　158

### 8.3　合成桁のクリープ，乾燥収縮，温度差による応力 ………………… 162
　8.3.1　コンクリート断面のクリープによる応力　162
　8.3.2　クリープによる応力度の変化量　164
　8.3.3　乾燥収縮による応力度の変化　168
　8.3.4　温度差による応力度の変化量　169

### 8.4　ずれ止めの設計 ……………………………………………………………… 171
### 演習問題 ……………………………………………………………………………… 175

## 9章　トラス橋

### 9.1　トラス橋概説 ………………………………………………………………… 177
　9.1.1　トラス橋の特性　177
　9.1.2　トラスの種類　179

### 9.2　主構トラスの構成，部材力の算定 ………………………………………… 181
　9.2.1　主構トラスの構成，二次応力　181
　9.2.2　影響線，部材力　183
　9.2.3　設計部材力の合成　186

### 9.3　部材断面の設計 ……………………………………………………………… 188
### 9.4　格点構造，現場継手 ………………………………………………………… 192
### 9.5　横構，橋門構 ………………………………………………………………… 195
### 9.6　たわみ，製作キャンバー …………………………………………………… 198
### 演習問題 ……………………………………………………………………………… 200

## 10章　支承およびその他の装置，施設

10.1　支　承 ………………………………………………………………202
　　10.1.1　支承の種類　203
　　10.1.2　支承の設計　206
　　10.1.3　支承の接触応力　208
10.2　その他の装置，施設等 ……………………………………………210
　　10.2.1　伸縮装置　210
　　10.2.2　落橋防止装置　212
　　10.2.3　その他の施設　213
演習問題 ……………………………………………………………………214

演習問題解答 ………………………………………………………………215
参考文献 ……………………………………………………………………225
索　引 ………………………………………………………………………227

# 1章
# 鋼構造・橋梁工学総論

## 1.1 鋼構造物と橋梁工学

　人間が鉄を利用し始めたのは考古学の時代まで遡ることができ，西暦6，7世紀頃には鎖にして構造材料として用いられた例があるといわれている．構造物の主要材料に鉄を利用した最初の橋としては，1779年イギリスに完成した，支間長約30.6mの鋳鉄製アーチ橋のコールブルックデール橋が有名である．1800年代に入ると鋳鉄から錬鉄の使用を経て鋼材が構造材料として優れた性質をもつことが明らかになり，今日の鋼構造物の原型ともいえる，フォース橋，ブルックリン橋，エッフェル塔などが建造され，これらはいずれもすでに100年以上の風雪に耐え，現在でもその役割を果たしている．

図1.1 コールブルックデール橋　　　図1.2 フォース橋

　わが国の鉄鋼構造物の歴史は明治以降に始まっており，鉄鋼材料とともに建造技術もヨーロッパから輸入されたものであった．やがて，ヨーロッパやアメリカから学んだ鋼構造物に関するさまざまな技術が関東大震災の復興事業として架設された数多くの名橋になって開花し，現在の鋼構造物に引き継がれている．
　以下においては，鋼構造物の中から主に鋼道路橋の設計に関する事項につい

図1.3　瀬戸大橋
（本四公団提供）

て記述する．

---
　橋とは，道路，鉄道などの通路が，陸上または海上において，河川，渓谷，湖沼，海峡などの地形的な障害を越えて横切ったり，または，これらの通路が他の通路と交差する場合に，主として中空に架設される構築物を総称していう．（英語：bridge　　独語：Brücke　　仏語：Pont）

---

## 1.2　橋の構成

　橋を構成する部分を大別すると，上部構造（superstructure）と下部構造（substructure）になる．上部構造は橋の主体をなす部分であって，その目的とする荷重と自重を支持する床部および，主構造などから成り立っている．下部構造は上部構造を支持し，上部構造からの荷重を地盤へ伝達・分散させる働きをし，橋脚（pier），橋台（abutment）などが含まれる．図1.4に橋の構成の概略（側面）を示す．

　上部構造を支えている支点（support）を橋梁工学では支承（shoe）といい，支承の間を支間（span）という．橋台または橋脚側面間の距離を純径間（clear span）といい，橋長は両端の橋台前面（パラペット：parapet）間の距離で表

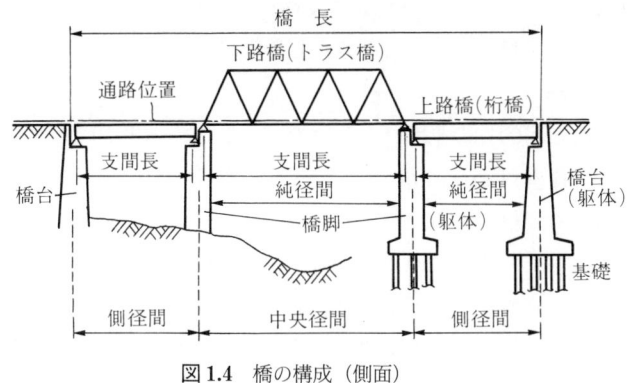

図1.4 橋の構成（側面）

す．また，上部構造下部の橋台と橋脚(橋台)の間が桁下空間である．

### 1.2.1 上部構造の構成

上部構造は次のものから構成されている．

**（1） 床（橋床）**

橋の目的の荷重を直接支持し，床組(floor system)や主構造(main structure)に伝達分散させる部分を床（橋床：floor）といい，一般に版（板）状をしており，道路橋では床版（floor slab）と舗装（pavement）で構成されている．

**（2） 床　組**

縦桁（stringer）と横桁（cross girder）で構成され，床の受けた荷重を主構造に伝達すると共に橋の剛性を増す働きをする．縦桁は橋軸に並行に配置され直接床を支えている桁であり，横桁は縦桁の反力を主構造に伝える桁である．

**（3） 主構造**

橋の上部構造の主体をなすもので，橋の目的荷重を支える主要部分である．また，橋の形式や架設位置の決定，設計，製作，架設方法などに直接関係する部分であり，主構造の損傷が橋の破壊を意味することになる．

主構造は，主桁（main girder）と呼ぶものと，主構（main bracing）と呼ぶものとがある．主構造が充腹構造で，はり（梁）として機能するものを主桁といい，主構造を全体として見たとき充腹構造でなく，はりや棒状の部材を組み合わせた構造をなすものを主構と呼ぶ．主構の代表的なものは棒状部材をヒン

ジで組み立てたトラス（truss）構造である．

主構造の重心を長さ方向に連ねた線を橋軸という．

### （4）対風構

風や地震など目的外の原因による荷重（主として水平面内の荷重）に備えた構造部材で，横構（lateral bracing）と対傾構（sway bracing）があり，これらを総称して対風構（wind bracing）という．横構は，橋の水平面内に設けた構造部材で，主に主構造の水平面内の曲げを防ぐ働きをする．対傾構は，主構造の倒れやねじれを防ぐように橋軸を横切る断面内に設けた構造部材である．対傾構のうち，橋の主構造（通路両端）の上部に設けたものを特に橋門構（portal bracing）という．

### （5）支　承

目的荷重と上部構造を安全に支え，それらを下部構造に確実に伝達するもので，構造力学における支点を実際の構造物に具体化したものである．

支承を横断方向に連ねた線を支承線（shoe line）という．

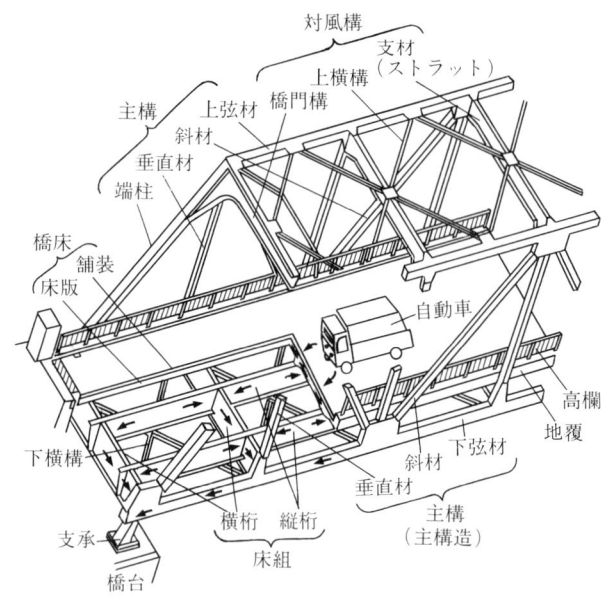

図1.5　橋の上部構造の構成，荷重伝達

## 1.3 橋の分類 5

**(6) その他**

橋の伸び縮み移動に対応する伸縮装置や，水はけのための装置（排水装置），各種の防護用設備（高欄，地覆，縁石など）がある．

橋の上部構造の構成，荷重伝達の状況を図1.5に示す．

### 1.2.2 橋の形状

橋の大きさを表すのは橋長であるが，設計計算の基本となる寸法は，支点間の長さ（支間長：span length）である．また，橋は橋面上の雨水等の排水のためと接続する通路の形状および美観の関係から，橋軸方向に中央部分を高くするが，この割合を縦断勾配（longitudinal slope）という．

横断方向の断面の例を図1.6に示す．一般に，横断方向も排水のため，対称にして中央を高くするが，この割合を横断勾配（cross fall）という．

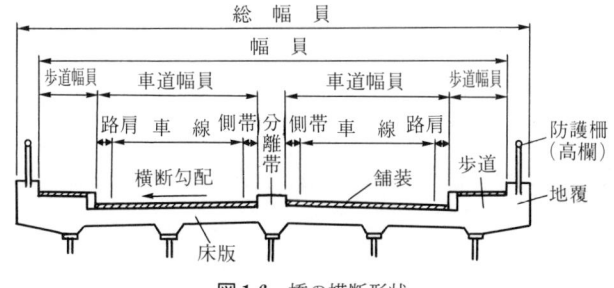

図1.6 橋の横断形状

横断面（cross section）においては，目的の通路（道路）を通すための空間を確保するが，この空間を建築限界（construction gauge）という．橋軸直角方向の寸法（長さ）を幅員（road width）といい，高さのみを建築限界ということもある．道路としての建築限界は道路構造令に規定されている．

桁下空間は，橋が河川に架けられている場合は，単に高さと幅だけでなく，橋台，橋脚の形状・寸法および配置を考える必要がある．また，航路，鉄道などの場合も関連法規に必要な空間が定められている．

## 1.3 橋の分類

橋の分類は，橋全体の概念を把握するとともに，従来のアイデアを将来に向

かって発展させ，"あるべき姿"をつかむために行う．その概要を示せば次のようである．

### 1.3.1 供用状態による分類
**（1） 架設場所によって**
1） 橋：通常，単に橋というときは，河川，運河，海峡など水（海）面上に架設されたものをさす．
2） 陸橋：陸上（水面上でないところ）に架けられた橋．
　① 架道橋（または跨道橋）(over bridge)：道路をまたいで架けられた橋．
　② 跨線橋 (over bridge)：鉄道線路をまたいで架けられた橋．
　③ 高架橋 (viaduct)：通常の地面より高い位置に主構造が架設された橋で，①，②も高架橋である．

**（2） 架設目的によって**
1） 道路橋 (highway bridge)：道路を通す（歩行者，自動車，路面電車などの通行用の）橋．
2） 鉄道橋 (railway bridge)：鉄道を通す橋．
3） 水路橋 (aqueduct bridge)：水道管や発電用，灌漑用などの水路を通す橋．
4） 歩道橋 (pedestrian bridge)：歩行者（自転車などの軽車両を含む）を通す橋．
5） 併用橋 (combined bridge)：複数の目的，用途（道路と鉄道など）のために架けられる橋．

**（3） 供用期間によって**
1） 永久橋 (permanent bridge)：架設目的が消滅するまでは使用が可能な橋．
2） 非永久橋 (non-permanent bridge)：使用期限を限ったり，物理的に耐用期限が限定される橋．
　① 仮橋 (temporary bridge)：架け替えや保守などのため工事期間中などに使用する橋．
　② 応急橋 (emergency bridge)：災害復旧などのため緊急に架けた橋．

### 1.3.2 使用材料による分類

1) 木橋（timber bridge）：主構造に木材を使用する橋．
2) 石工橋：主構造に石・レンガなどを用いた橋．
3) コンクリート橋（concrete bridge）：主構造にコンクリートを用いる橋．
　① 鉄筋コンクリート橋（reinforced concrete bridge）：主構造が鉄筋コンクリートで作られた橋．
　② プレストレストコンクリート橋（prestressed concrete bridge）：主構造がプレストレストコンクリートで作られた橋．
4) 鋼橋（steel bridge）：主構造を鋼材で製作した橋．
5) その他の材料を用いた橋：アルミニウム合金橋など．

### 1.3.3 通路の位置，主構造の形状による分類

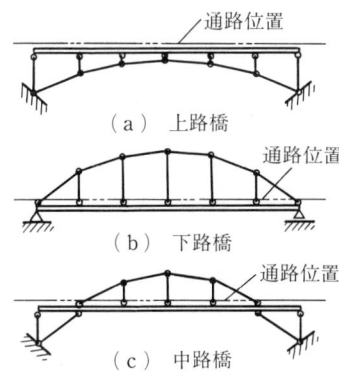

図 1.7　通路位置による分類

**（1）通路の位置によって**

1) 上路橋(deck bridge)：主構造の上部に通路を設けたり目的物を載荷した橋．
2) 下路橋（through bridge）：主構造の下部に通路を設けたり目的物を載荷した橋．
3) 中路橋（half through bridge）：主構造の中ほどに通路を設けたり目的物を載荷した橋．

4) 二層（多層）橋（double deck bridge）：通路部分が二重（複数）になっている橋．

**（2） 橋軸と支承線の関係によって**
1) 直橋（right bridge）：橋軸が支承線と直角に交差している橋．
2) 斜橋（skew bridge）：橋軸が支承線と斜めに交わっている橋．

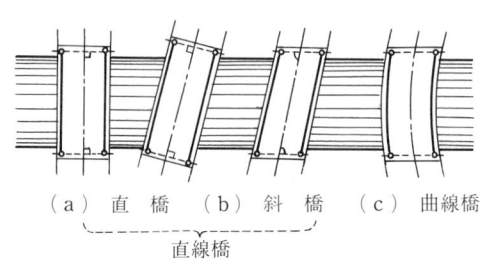

（a）直 橋　（b）斜 橋　（c）曲線橋
直線橋

図1.8　形状による分類

**（3） 橋軸の線形によって**
1) 直線橋（straight bridge）：橋軸が直線の橋．
2) 曲線橋（curved bridge）：橋軸が曲線（円弧が多い）の橋．

### 1.3.4　支持状態による分類
**（1） 固定度による分類**
1) 固定橋（fixed bridge）：供用期間中主構造部分が移動しないもの．
2) 可動橋（movable bridge）：船舶などの航行のために主構造部分が移動可能な橋で次のようなものがある．
　① 旋回（開）橋（swing bridge）：橋軸が鉛直軸回り（水平面内）に回転する橋．
　② 跳開橋（bascule bridge）：橋軸が水平軸回り（鉛直面内）に回転して跳ね上がる橋．
　③ 昇開橋（lift bridge）：主構造が水平のまま上下に平行移動する橋．
　④ その他の可動橋：引き込み橋，舟橋など．

**（2） 支点による分類**
1) 単純支持橋（simple support bridge）：主構造が構造力学の単純支持状

図 1.9 可動橋(跳開橋:タワーブリッジ)

態になっている橋．
2) 連続支持橋 (continuous support bridge)：主構造が構造力学の連続ばり状態になっている橋．
3) ゲルバー(カンチレバー)橋 (Gerber bridge, contilever bridge)：主構造が構造力学のゲルバーばりの支持状態になっている橋．

### 1.3.5 構造力学上の分類
**(1) 構造解析の名称によって**
1) 静定橋梁 (statically determinate bridge)：主構造の応力状態がつり合い条件で求められる橋．
2) 不静定橋梁 (statically indeterminate bridge)：主構造の応力状態がつり合い条件だけでは求められない橋．

**(2) 構造解析の形式によって**
1) 桁橋 (girder bridge)：主構造の挙動が構造力学のはり(橋梁工学では，曲げモーメントとせん断力で荷重を支えるはりを桁という)の理論で解析される橋．桁断面の形状から，I 桁橋，H 桁橋，鋼板を I 形や箱形に組み立てたプレートガーダー橋や箱桁橋のほか，プレートガーダーとコンクリート床版を一体にした断面の合成桁橋などがある．

図1.10 箱桁橋（大縄場橋ランプ：曲線橋）

図1.11 トラス橋（与島橋：本四公団提供）

2） トラス橋(truss bridge)：主構造の挙動が構造力学のトラスの理論で解析される橋．

図1.12 アーチ橋（大三島橋：本四公団提供）

図1.13 ラーメン橋（女原大橋）

3） アーチ橋(arch bridge)：主構造の挙動が構造力学のアーチの理論で解析される橋．

4） ラーメン橋（rigid frame bridge）：主構造が構造力学のラーメン（Rhamen）構造になっている橋．

図1.14 斜張橋（合掌大橋）

図1.15 つり橋（大鳴門橋：本四公団提供）

5）斜張橋（cable stayed bridge）：桁構造（はり）やトラス構造の通路部分を斜めに張った張力を調整したケーブルで補剛した橋．

6）つり橋（suspension bridge）：橋の両端の橋台と中間部に立てた2本の塔にケーブルを張り渡して，通路部分（桁，トラス）を吊った橋．通路部分の桁やトラスは橋全体の剛性を増すので，補剛桁，補剛トラスという．

## 1.4 橋の計画，施工，維持管理

### 1.4.1 橋の計画と設計

橋は不特定多数の人々が利用し，公費で建設される構造物であるので，経済的に完成される必要があることはもち論であるが，環境を含めた公共の利益を害さないようなものでなければならない．このためには，十分な計画と正確な設計および確実な製作，施工が行われ，完成後は気持ちよく利用できることが必要である．これらの考慮すべき条件を列挙すれば次のようになる．

① 強度・剛性に関係する，安全性，耐久性．
② 架設目的，機能および利便性などに係わる使用性．
③ 建設費や維持管理費および将来の発展などに係わる経済性．
④ 外観形状，周囲との調和，環境への影響など社会や自然に対する適合性．

これらの多様な制約条件に関して，広い視野に基づいた検討を行い，的確な計画・設計が行われる必要がある．

**（1）架橋位置**

道路橋は道路の一部であり，路線が決定すれば架橋地点は自ずと決まることになるので，次のような点を考慮して路線決定に反映する必要がある．

① 地形や地質が安定していること．
② 既設構造物や利水治水上の障害にならないこと．
③ 構造形状に無理が生じないこと．
④ 地域社会の生活に障害や対立を引き起こさないこと．
⑤ 景観を損なわないこと．

**（2）構造形式の決定**

架橋位置が決まれば，橋長等全体の規模が定まるので，橋の形式もある程度限定されるが，架橋地点の地質的，社会的，環境的条件，橋の重要度，使用材

料，架設工法，経済性等を考慮するほか，次のような点に留意し，数案を比較検討して決めるのがよい．
　① 架設目的にあった機能が十分発揮できること．
　② 構造は簡明で剛性に富むこと．
　③ 設計施工が容易で安全であること．
　④ 耐久性に富み維持が容易なこと．
　⑤ 完成後は景観や環境を損なわないこと．

（3） スパン割

すでに架設されている橋の例を参考にして決めるが，鋼道路橋の場合，一つのスパンの長さは，おおむね，次のような範囲に含まれている．
　① 単純支持の桁橋，トラス橋では，30～60 m 程度，
　② 連続（ゲルバー）形式の桁橋やトラス橋では，40～500 m 程度，
　③ 斜張橋では，100～400 m 程度，
　④ アーチ橋では，80～500 m 程度，
　⑤ つり橋では，300～1500 m 程度．

スパン配置と構造形式の関係を見ると，一般に，一つのスパンが小さいと上部構造が経済的になり，大きいと下部構造が経済的になるが，これらは架設地点の地形・地質条件や環境条件等に左右されるので，実際の設計では，製作，架設，維持・管理等の経済性および，景観環境面の配慮など総合的に検討することが重要である．

（4） 設　計

定められた設計の基準（設計示方書，設計標準等）に基づき数回の試算を繰り返し，適切な設計を行う必要がある．

実際の設計にあたっては，設計基準等を十分に理解しておくことはもち論であるが，その橋の架設目的や構造形式が選定された理由・背景等を理解しておくことも重要である．また，構造の重要度に見合った解析手法を適用し，全体としてつり合いのとれた設計を心がけなければならない．たとえば，使用材料の多少，製作架設などの経済性だけでなく，安全，快適に利用できるに十分な強度と剛性を有するか，景観との調和はどうかなどを検討することである．

### 1.4.2 鋼橋の施工，維持管理

鋼橋は主構造の大部分が架設地点（現地）でなく，工場で生産されるものである．したがって，工場では，輸送可能な大きさの部材あるいはブロックに製作され，これを現場へ運んで架設し，必要な諸施設を設置し，仕上げを施して利用される．

#### （1）工場製作

工場における製作工程の概略は，次のようである．はじめに，設計図と材料表に基づいて材料を入手し，切断等の加工や接合を行って所定の大きさの部材やブロックを作る．これらを，仮組立し，設計通りに仕上がることを確かめ，塗装して現地へ運ぶ．これらの工程のうち，主な工程について少し詳しく説明する．

1) 原寸・け書き：実物大（縮尺1/1）の寸法の型板，定規を作る作業を原寸作業といい，これを用いて鋼板に原寸を記入することをけ書きという．最近は，これら一連の作業をコンピュータによる数値制御で行っており，原寸場と呼ばれる広いスペースが工場からなくなっている．

2) 切断・加工：け書きされた鋼板は，ガス切断機などによって，所定の形状寸法の材片に切断され，ひずみの除去，溶接のための端面の仕上げ，ボルト用の穴あけなどの作業を行う．

3) 部材の作製：加工された材片は，所定の大きさ形状の部材またはブロックに溶接などで接合して作られる．

4) 仮組：部材やブロックは，完成形に近い形状に組み立てられ，設計通り作製されているか検査する．これを仮組という．

5) 塗装：仮組したものは，もう一度解体され，錆や汚れなどを除去した後，腐食や錆を防ぐための塗装が行われる．最終の塗装は架設の現地で行われるのがほとんどであるが，現地では作業が困難な部材，部分は工場で仕上げ塗装を行う．また，最近は塗装を行わない防食法が開発されている．

#### （2）架　設

工場で製作された部材は架設地点へ運ばれて組み立てられ，コンクリート工や塗装などの仕上げ工事が行われて橋梁として利用される．鋼橋は現地単品生産物であるので，架設工法も橋ごとに異なる方法が考えられる．

図1.16 架設中の明石海峡大橋（本四公団提供）

架設工法の一つとして，工場で製作された部材を現地に運び，順次，連結して組み立て橋梁とする方法がある．これは，現地での架設設備は比較的軽易であり，作業スペースも狭くてもよい利点があるが，作業が直列的に進行するので，一般に，工期が長くなる．また，部材の輸送のトラブルなどによっても工程に狂いが起きることがある．

もう一つの工法は，工場で製作された部材を架設地点の近くで，部材より大きな（橋の大きさの）構造物に組み立て，それを一括して架設する大ブロック工法である．この方法は，大構造物を前もって組み立てるので，広い作業スペースが必要であり，架設のための設備や機材が大型になるが，並列に工事が進行するので，一般に工期は大幅に短縮される．ただし，このように大きなものを一括して持ち上げる設備を陸上に設けることは困難であるので，海上または河口から架設できる場合に限られる工法である．

次に，クレーンの種類によって分類すると次のような工法がある．

1） 自走式クレーン車による架設：架設する地点の下までクレーン車が走行できる場合に採用される方法で，工期も短く，仮設備なども比較的少なくてすむ方法である．

2） ケーブルクレーンによる架設：両端よりケーブルを張り渡し，このケーブルにクレーンを設置して架設するものである．アンカー，タワーなどの設備に期間と費用がかかるが，一旦これらの設備が整えば，橋梁のような細長い構造物の架設には適している工法である．

3) フローティングクレーンによる架設：流れの弱い適当な水深がある場合には大きなブロックが架設できるので，工期は短縮できるが，クレーンの回送経路に（別の橋梁等の）障害物があると使用できない．

4) トラベラークレーンによる架設：架設が終わった部分を支持構造にし，移動クレーンを設置して，前方へ架設を進める方法．多径間の平行弦トラスな

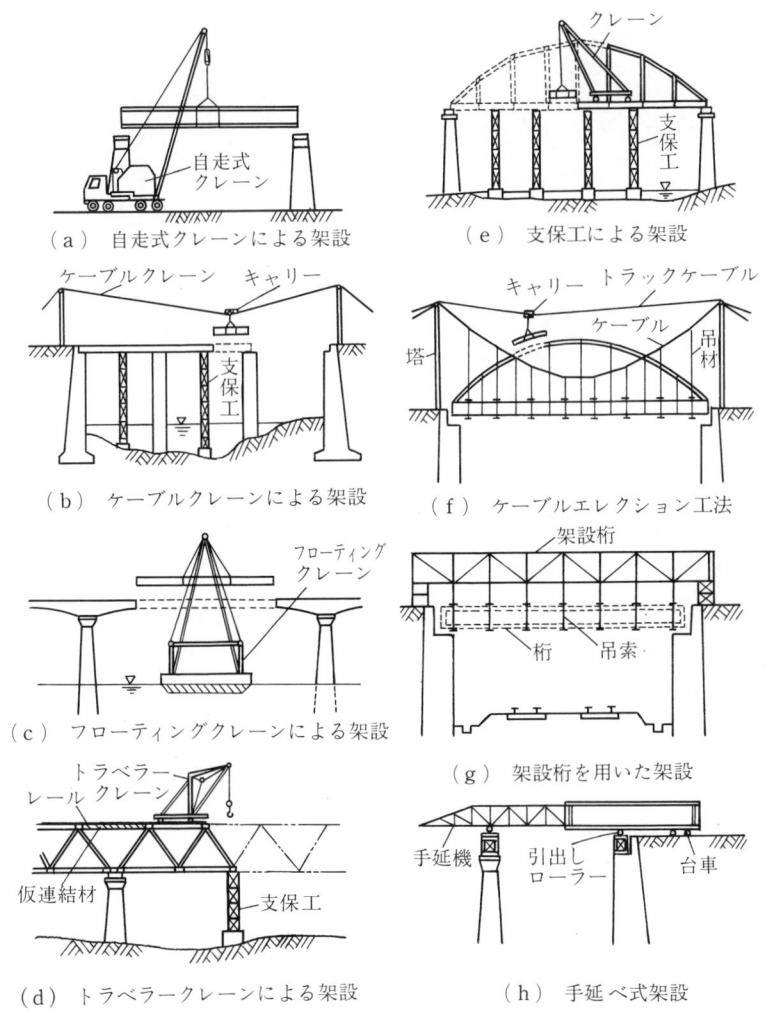

図1.17　各種の架設工法

どの架設に適しているが，トラスの場合は，弦材を補強する必要があったり，継ぎ手箇所によっては採用できない場合がある．

この他に，架設する橋をまたいで門形クレーンを設置して架設する門形クレーンによる架設法などがある．

また，支持条件によって分類すれば，次のような工法がある．

1) 支保工を用いる架設：ベント式（足場式）工法ともいう．部材またはブロックごとに支保工を設けて順次架設するもので，橋体の下に支保工の設置に適したスペースがあればきわめて単純な設備ですみ，経済的な工法である．

2) ケーブルエレクション工法：ケーブルを張り渡し，ケーブルからハンガーを垂らし，これに部材を吊り下げて架設する方法で，きわめて深い大きな谷などでも架設が可能な工法である．

3) 架設桁工法：下に道路や鉄道などが通っていて桁下空間が使えない場合に採用される方法で，架設用の桁を渡してこれを支持台にして部材を組み立てるものである．複数の主構造を架設する場合橋軸直角方向に移動して架設する．

4) 手延べ式工法：橋梁本体の先端に架設桁を取り付け，これを片持ち式に橋軸方向へ延ばし（送り出し）て前方の橋台まで届かせて架設する工法で，架設桁があれば他には架設機械が少なくてすむ方法である．

これらの工法の概要を図 1.17 に示すが，いずれの工法を採用するかは，現地の条件，橋の形式，規模，工事期間，架設施工機材の種類や経済性などを総合的に考慮して決定する必要がある．実際の架設では，これらの工法を複数組み合わせて施工される場合が多い．

(3) 維持管理

鋼構造物，特に橋梁は，もっぱら屋外において長期間供用されるので，使用上さまざまな不都合が生じる．このような，橋の供用を開始した後に生じる不都合の主な要因と対策を挙げれば次のようになる．

1) 腐食：鋼材は，空気中の水分と化合して酸化して錆が生じる．また，塩分の影響によっても腐食するので，部材の有効断面が不足したり，構造物としての正常な挙動が妨げられることがある．

処理法の一つに，水分や塩分を遮断する塗装がある．塗装は，塗料自体が時

間と気候条件などによって劣化するので，5～10年程度の周期で定期的に行う必要がある．

　最近は，塗装の代わりに，鋼部材を亜鉛メッキする方法が行われているので，運搬，架設時などにメッキを傷付けないように注意する必要がある．

　さらに，鋼材自体を錆に強い性質に改良したり，錆びにくいステンレスやチタンなどの金属を膜状に接着させる防食法も行われている．

　2）　疲労：車両の通過により，繰り返し載荷状態になるので，部材には疲労により亀裂などの損傷が生じ，全体崩壊に至る場合もある．連結部分や部材取り付け部などでは応力集中（stress concentration）などの影響が大きいので，計画や設計の段階で危険の少ない構造形式や部材構成を考えることが重要である．

　3）　その他：以上の他に，接合部のボルトのゆるみや材片の遅れ破壊，ピンやピン穴の磨耗，拡大のための構造全体や部材が異常変形，損傷を生じたり，異常な挙動を引き起こすことがある．このようなときは，部材（部品）を交換したり，補修，補強を行う必要がある．

　このような不都合によって，橋が決定的なダメージを受けないためには，適正な点検と必要な処置が的確に行われることが必要である．

　橋の点検は，その種類，使用状況等によりさまざまであり，一般に，道路や鉄道などの点検の一環として，行われることが多いが，重要なものでは，定期的な点検の他に，状況に応じて臨時の点検が行われる．

　点検は，目視によるのが普通であるが，固有振動や超音波を利用した部材の劣化の探査が行われることもある．

　点検や維持管理の設備として，普通，床板下部に通路を設置している．

## 演習問題

1.1　橋を分類する意義を述べよ．
1.2　斜張橋と吊り橋の構造力学上の違いを説明せよ．
1.3　鋼橋を計画・設計する際に考慮すべき条件を列挙して説明せよ．
1.4　深い谷に橋を架設するのに適した工法の架設方法を説明せよ．
1.5　鋼橋の維持管理上の不都合の要因と対策を述べよ．

# 2章 構造用鋼材

## 2.1 概　説

　鋼（steel）は鉄に少量の炭素を含む金属である．純鉄に近い鉄は，比較的柔らかく，伸びやすい金属であるが，他の元素が微量含まれることによって，その機械的性質や化学的性質が大きく変わる．

　鋼は，炭素含有量が 0.035 ％から 1.7 ％のもので，これ以上含有するものは鋳鉄または銑鉄である．鋼は，炭素の含有量によって分類されており，鋼構造物（鋼橋）に使用されるものは，炭素含有量が 0.18～0.3 ％のいわゆる軟鋼（普通鋼）がほとんどである．

　鋼は，炭素やそのほかの元素の含有によって性質が変わるだけでなく，金属組織の違いによっても，非常に異なる性質を示す．したがって，炭素量を調整し，微量の珪素，マンガン，クロム，ニッケルなどの添加と熱処理を合わせて施すことによって，機械的性質の優れた鋼が製造されている．また，硫黄，リンなどの元素が含まれると少量であっても，強度や靭性を著しく損なうので含有量を厳しく制限している．

　このような鋼材が，構造材料の主流を占めるようになった理由として，次のような点が考えられる．

　1）　等方等質性を有しており，弾性定数が不変であるため，設計上の仮定と実際の挙動がよく一致する．

　2）　変形能力が大きくエネルギー吸収が極めて大きいので破壊までの安全性が高い．

　3）　耐火性，耐劣化性が高くこれらの特性が不変なため耐久性に富む．

　4）　単位面積当たりの強度が大きく，加工（製作）後ただちに供用が可能である．

5) 品質の均一な信頼性の高い鋼材が大量に入手可能である．
6) 構造的な改良，補強が可能であり，再生産や再利用ができる．
7) 構造物の大部分を工場で生産することが可能である．

しかし，構造用材料として好ましくない次のような点も指摘できる．
1) 単位体積重量が大きい．
2) 生産（加工）場所が限定される．
3) 防錆処理が必要なため完成後の維持管理に経費がかかる．
4) 動的荷重に対して，振動や騒音を生じやすい．

などである．これらの問題点の中，防錆処理などは鋼の改良によってかなり解決されており，振動や騒音については設計法によって克服され，安全で美しい鋼構造物がますます多く建設されるようになっている．

## 2.2 鋼材の製造，熱処理

構造用鋼材は，含有元素を調整しながら利用しやすい形状に製造され，必要に応じて，これに熱処理が施される．

### 2.2.1 製造工程

鋼材の製造工程の概略を模式的に示すと，図2.1のようである．

製銑工程はトックリ型をした高炉と呼ばれる巨大な炉で，鉄鉱石をコークス，

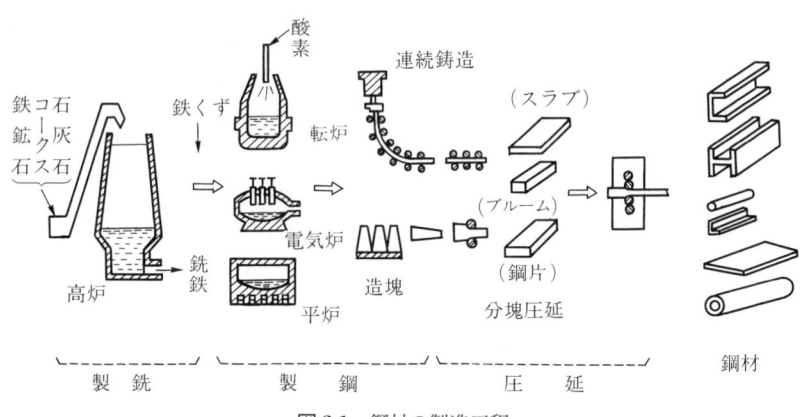

図2.1 鋼材の製造工程

石灰石などで還元融解して銑鉄をつくる工程である．銑鉄は，炭素の含有量が高く，硬くてもろい性質をもっており，不純物も比較的多く含まれている．

銑鉄の一部は，これを溶かして鋳型に流し込んで鋳物製品が作られるが，大部分を鉄くずとともに別の炉で，炭素や不純物を取り除いて鋼にする工程が製鋼工程である．製鋼に用いられる炉には，平炉，転炉，電気炉の三つがあるが，中でも空気の代わりに酸素を吹き込む転炉が多く用いられている．電気炉は合金鋼などの製造に使用される．

転炉で作られた鋼をさまざまな鋼材製品に仕上げる工程が圧延工程である．これまで，製鋼工程で作られた鋼はいったん鋼塊（インゴット）と呼ばれる大きな塊にし，この鋼塊を出来上がり寸法に応じて小さく分け，圧延工程を経て製造されていたが，現在では，ほとんどの場合，溶解したままの鋼を，鋼板にはスラブ（版状のもの）に，形鋼などにはブルーム（棒状の塊）にして圧延工程へ送る方法で製造される．

### 2.2.2 熱処理，高張力鋼
#### （1） 熱処理

鋼材は，だいたい以上のような工程で作られるが，次に述べる熱処理を行うことによって，鋼材の結晶組織の改良やさまざまな性質を改善することができる．

純鉄は，図 2.2 に示すように，温度によって結晶格子が変わり（これを変態という）体積が変化する．

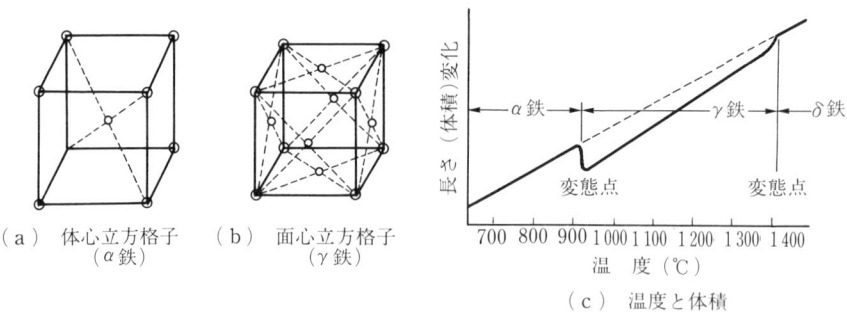

図 2.2　純鉄の結晶格子と膨張

熱処理は，鋼を所定の温度まで加熱してから再び常温まで冷却する操作であるが，炭素の含有量，温度や冷却速度によって，はじめとは全く異なる性質を示す．これは，鋼に含まれている炭素が化合ではなく，混合状態（これを固溶という）になっているため，温度や冷却速度の違いにより鉄の自由な変態が妨げられるからである．

主な熱処理には次のものがある．

1) 焼き入れ（quench）：約900℃以上に加熱し，水や油で急冷するもので，鋼の強度が増し非常に硬くなるが，著しくもろくなる．

2) 焼き戻し（temperling）：焼き入れした鋼の強度と靱性のバランスを調整するため，約700℃以下まで再加熱し冷却する操作である．

3) 焼きなまし（annealing；焼鈍）：圧延鋼材の化学成分の偏在をなくし，結晶組織を均一にし，硬化を取り除くため，温度を調節しながら加熱，冷却する．

4) 焼きならし（normalizing；焼準）：鋼の組織を均質化するために，約900℃以上まで加熱してから大気中で徐々に冷却する操作で，延びやすい性質などが増す．

これらの熱処理のうち，焼き入れ，焼き戻しの操作を組み合わせて行うことを調質という．

**(2) 高張力鋼**

含有元素を調整すると引張強度を高めることができるが，引張強度が 490 N/mm² 以上の鋼材を高張力鋼（high tensile strength steel）という．さらに，これに加えて調質を行うと，鋼の引張強度が 580 N/mm² 以上にも高まり，靱性，溶接性，加工性，均一性などが改良される．このような鋼を調質高張力鋼という．

## 2.3 鋼の性質と強さ

### 2.3.1 引張強さ

軟鋼（mild steel）から試験片を作り，引張試験を行って応力とひずみの関係を図示すれば，だいたい，図 2.3 (a) の応力・ひずみ曲線 (stress・strain curve) が得られる．

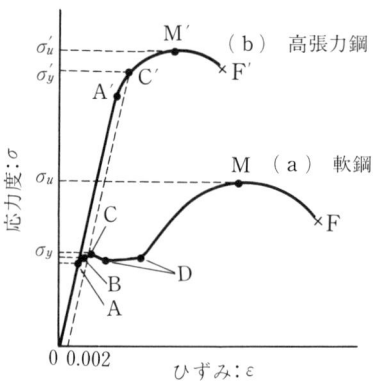

**図 2.3**　応力・ひずみ曲線

　1）　比例限界：この図で，応力度の小さい 0-A 間はほぼ直線で応力とひずみは比例しており，この直線の傾き（比例定数）をヤング係数（Young's modulus；ヤング率，縦弾性係数）といい，$E≒200\mathrm{kN/mm^2}=20×10^6\,\mathrm{N/cm^2}$ であり，A 点を比例限界（proportional limit）という．

　2）　弾性限界：A 点を超えた応力度でも，荷重を取り除けば，ひずみ（変形）もゼロに戻る限界の点（B 点）を弾性限界（elastic limit）という．B 点を超えると，荷重を除去してもひずみが残るようになるが，このように，無応力にしても残るひずみ（変形）を残留ひずみ（変形）という．

　3）　降伏点（yield point）：さらに，C 点に達すると，応力を増加させなくてもひずみだけが増加（進行）するようになるが，この現象を鋼の降伏（yield）という．応力を少し減少させるとひずみの進行が止まり（D 点），再び応力の増加に対してひずみも進行するようになる．C 点を上降伏点，D 点を下降伏点という．C または D 点の応力状態を保つ間にひずみだけが進行する部分を踊り場という．

　4）　引張強さ：踊り場におけるひずみが一定の値に達すると，再び，応力の増加に伴ってひずみが増加するようになり，最大値（M 点）に達するが，M 点を超えると，荷重を減少させてもひずみは増加してついに破断に至る．M 点に対応する応力度を引張強さ（tensile strength）という．また，降伏後，再び，応力度が増加する現象をひずみ硬化（strain hardening）という．

5) 耐力：高張力鋼の応力とひずみの関係を例示すると，図2.3(b)の曲線のようになり，ヤング率はほとんど変わらないが，降伏点がはっきりしなくなる．したがって，このような鋼では，普通鋼の降伏点の残留ひずみ0.2%に対応する応力を耐力(proof stress)といい，降伏点応力の代わりにこれを設計の基準にする．

6) 降伏比：降伏点（または耐力）と引張強さの比（$\sigma_y/\sigma_u$）を降伏比(proof ratio)といい，この値が小さいほど鋼が降伏してから破壊に至るまでに応力に余裕があることになるが，一般に，高張力鋼ほど降伏比が大きく，降伏してすぐに破壊しやすい性質をもっていることになる．

### 2.3.2 圧縮強さ，座屈，せん断強さ
#### （1）圧縮強さ
きわめて短い柱の圧縮挙動は，降伏点までは引張の場合と同じような応力・ひずみ関係が得られるが，それ以降は圧縮が進むにつれて断面が広がり，最大荷重は引張の場合より大きくなり，最大値（圧縮強さ(compression strength)）が求められない場合があるが，通常，降伏点，ヤング係数の値は引張試験の値と同じと見てよい．

#### （2）座　屈
供試体の長さが長くなると，最大圧縮荷重は降伏荷重より低くなり，いわゆる座屈(buckling)によって耐荷力が定まる．座屈耐荷力は，供試体の材質，支持条件および細長比(slenderness ratio)等によって変わってくる．また，材片を組み合わせた部材では，部材の全体としての座屈の他に，構成している材片の座屈（局部座屈）に対しても注意が必要である．

#### （3）せん断強さ
純粋なせん断強さ(shearing strength)を正確に求めることは困難であり，引張試験の結果から推定されるのが一般的である．鋼の引張強さとせん断強さの関係は，だいたい，$\tau=0.50\sim0.77\sigma$であるが，鋼道路橋示方書ではせん断ひずみエネルギー一定説により，ポアソン比(Poisson's ratio)を$\nu=0.3$にとり，$\tau=0.57\sigma$としている．

### 2.3.3 疲労，脆性
**（1）疲　労**

　鋼材に，破壊強度より低い応力度の荷重を繰り返し載荷するとやがて破壊する．このような現象を疲労（fatigue）といい，繰り返し載荷により破壊のおきる応力度を疲労強度という．疲労強度が，静的強度に近い場合は繰り返しの載荷回数は少なく，静的強度より小さくなるにしたがいその回数は増加する．さらに応力度を下げれば，やがて何度繰り返し載荷しても破壊しない応力度が求められる．これを疲労限界応力度（疲労限度；fatigue limit）という．

　繰り返し回数と疲労強度の関係は，応力振幅，応力変動範囲，供試体（部材）の形状，残留応力などによって異なるが，図2.4のように，載荷回数に対して指数関数的に減少する．

　図2.4(a)のような曲線をヴェーラー曲線（Wöhler curve）というが，これを対数目盛で表すと同図(b)のようになるので，100万回以下の疲労強度2点と100万回以上1点で実験を行えば疲労限度が得られるが，これを $S$-$N$ 線図という．通常の鋼材では，疲労限度は100万回程度の応力度であるが，実際の設計では，安全を見込んで200万回以上の繰り返し載荷を想定している．

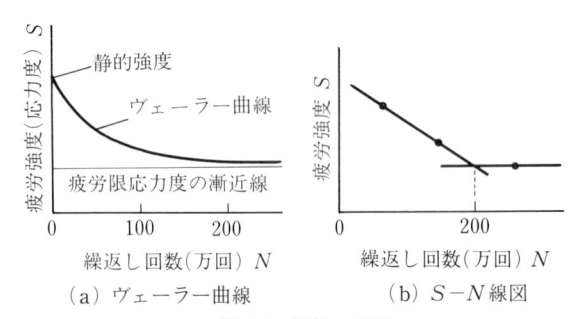

図2.4　鋼材の疲労

　鋼道路橋では，鋼床版の設計を除いて疲労に対する照査は行わなくてもよいことになっている．しかし，桁間隔が大きく，床版厚が薄くて変形が直接影響する桁では，フランジや補剛材などに多数の疲労亀裂が発見されているので，想定外の過荷重が載荷されることも念頭に置いて設計する必要がある．

**（2）脆　性**

　破壊に至るまでの変形が小さいこと，すなわち，物体が外力の作用によって

破壊するまでの間になされる仕事量（または内部に蓄えられるエネルギー）の小さいことを脆性（brittleness）という．

1) 切り欠き脆性：切り欠きを有する材片は，急激な荷重を受けるとほとんど変形しないまま破断する．この性質を切り欠き脆性といい，鋼材では低温になるほど著しく，$-20 \sim -30°C$で最ももろい性質を示す．温度の低下に伴って，もろくなる性質を低温脆性といい，最ももろくなるときの温度を遷移温度という．

このように，鋼材は条件によって非常にもろい性質ももっているので，切り欠きのある試験片に衝撃を与えて破壊に必要なエネルギーの測定（シャルピー衝撃試験）を行い品質が確かめられている．特に，溶接構造では，クラック等の欠陥が生じやすいので，溶接用の鋼材にはこの試験値が規定されている．

これらのことから，急激な断面変化のない材片を使用し，溶接によるクラックなどが発生しにくいような断面構成を採用し，気温が低い地域では，低温脆性を考慮して鋼材を選定することが望ましい．

2) 水素脆性：鋼材に水素が取り込まれるともろくなる性質を水素脆性という．調質した高張力鋼に長時間外力を作用させた状態にしておくと，ほとんど変形することなく突然破断する．このような現象を遅れ破壊というが，これは，鋼に水素が入り込むことが原因であるといわれており，この水素脆性の詳しいメカニズムについてはまだ解明の途上にある．

### 2.3.4 鋼材の機械的性質

鋼材には，いままで述べてきた機械的性質の他に次のような性質がある．

1) 塑性（plasticity）：外力が作用して変形した物体が，その外力を除去しても変形がそのまま残る性質を塑性という．鋼材の場合，弾性限度を超えた応力状態にした後，荷重を除いて無応力状態にしても変形は完全にはもとに戻らない．この場合，弾性限界を超えた程度によって変形の残存程度が異なり，弾性と塑性が共存していることになるが，降伏点を超えた状態では鋼材は塑性状態にあるとして扱うのが一般的である．

2) 延性（ductillity）：物体を引き延ばしたとき，延びたままで残る性質をいい，塑性の中での引張変形に関する性質である．鋼材を小孔を通して引き抜

き，引張強度の高いケーブル素線を製造できるのはこの性質が優れているためである．

3) 靱性 (toughness)：外力により応力が生じて破壊するときまでになされる仕事量が大きいこと，すなわち，破壊に至るまでのエネルギーの吸収が大きい性質のことである．

4) 剛性 (rigidity, stiffness)：構造物の一部または全体が荷重を受けたとき変形の小さい性質をいう．

表2.1に代表的な鋼材の機械的性質の例を示す．

**表2.1** 一般構造用および溶接構造用圧延鋼材ならびに溶接構造用耐候性熱間圧延鋼材の機械的性質の例

| 鋼 種 | 引 張 試 験 | | | | | | | | 衝 撃 試 験 | | |
|---|---|---|---|---|---|---|---|---|---|---|---|
| | 降伏点または耐力 [N/mm²] | | | | 引張強さ $\left[\dfrac{N}{mm^2}\right]$ | 伸 び | | | 記号 | 試験温度 °C | シャルピー吸収エネルギー [J] |
| | 鋼材の厚さ [mm] | | | | | 鋼材の厚さ [mm] | 試験片* | 伸び [%] | | | |
| | 16以下 | 16をこえ40以下 | 40をこえ75以下 | 75をこえるもの | | | | | | | |
| SS400 | 245以上 | 235以上 | 215以上 | 215以上 | 400〜510 | 16以下<br>16をこえ50以下<br>40をこえるもの | 1A号<br>1A号<br>4 号 | 17以上<br>21以上<br>23以上 | — | — | — |
| SM400 | 245以上 | 235以上 | 215以上 | 215以上 | 400〜510 | 16以下<br>16をこえ50以下<br>40をこえるもの | 1A号<br>1A号<br>4 号 | 18以上<br>22以上<br>24以上 | A<br>B<br>C | —<br>0<br>0 | —<br>27以上<br>47以上 |
| SMA400W | 245以上 | 235以上 | 215以上 | 215以上 | 400〜510 | 16以下<br>16をこえるもの<br>40をこえるもの | 1A号<br>1A号<br>4 号 | 17以上<br>21以上<br>23以上 | A<br>B<br>C | —<br>0<br>0 | —<br>27以上<br>47以上 |
| SM490 | 325以上 | 315以上 | 295以上 | 295以上 | 490〜610 | 16以下<br>16をこえ50以下<br>40をこえるもの | 1A号<br>1A号<br>4 号 | 17以上<br>21以上<br>23以上 | A<br>B<br>C | —<br>0<br>0 | —<br>27以上<br>47以上 |
| SM490Y | 365以上 | 355以上 | 335以上 | 325以上 | 490〜610 | 16以下<br>16をこえ50以下<br>40をこえるもの | 1A号<br>1A号<br>4 号 | 15以上<br>19以上<br>21以上 | A<br>B | —<br>0 | —<br>27以上 |
| SMA490W | 365以上 | 355以上 | 335以上 | 325以上 | 490〜610 | 16以下<br>16をこえるもの<br>40をこえるもの | 1A号<br>1A号<br>4 号 | 15以上<br>19以上<br>21以上 | A<br>B<br>C | —<br>0<br>0 | —<br>27以上<br>47以上 |

\* JIS Z 2201 (金属材料引張試験片) による

## 2.4 鋼材の種類

鋼材は鋼質，用途，形状，加工法，規格などさまざまな分類がされているが，これらはいずれも一つの鋼材を異なった面から見て分類したものである．したがって，一つの鋼材を表すのに複数の呼び方，記号等を用いる場合が多い．ここでは，代表的な数種類の分類について説明する．

### （1） 炭素の含有量による分類

鋼の性質は各種の元素の含有量によって大きく左右されるが，中でも炭素は硬さをはじめとして，熱処理などに最も大きく影響するものであり，表2.2のような分類が行われている．このうち，構造用として最も多く使用されるのは，軟鋼であるが，そのほかのものも使用されている．

表2.2 炭素含有量による分類

| 種　類 | 炭素含有量[%] | |
|---|---|---|
| 特殊極軟鋼 | 0.10以下 | 電線，溶接棒，包丁，地金 |
| 極　軟　鋼 | 0.10～0.18 | ブリキ薄板，鉄筋，釘，針金 |
| 軟　　　鋼 | 0.18～0.30 | 橋梁，船舶用鋼板 |
| 半　軟　鋼 | 0.30～0.40 | 車軸，トロッコのレール |
| 半　硬　鋼 | 0.40～0.50 | ショベル，スコップ，クランクシャフト |
| 硬　　　鋼 | 0.50～0.60 | 鉄道レール，自動車クラッチ |
| 最　硬　鋼 | 0.60以上 | 縫い針，バネ，ピアノ線，刃物，ヤスリ |

文献4より引用

### （2） 用途による分類

日本工業規格（JIS）の用途による分類のうち，鋼構造物および建設用の鋼材の代表的なものは，表2.3のようである．このほかにも，鉄道軌道用，水道配管用，一般配管用，掘削用の管材などが規定されているが，一つの用途を目的として製造されたものでも，他の用途に使用できることはもち論である．

鋼構造物には，一般構造用圧延鋼材，溶接構造用圧延鋼材および溶接構造用耐候性熱間圧延鋼材が鋼板，形鋼として最も多く使用される．

### （3） 形状による分類

最もよく用いられる鋼材の分類は形状によるものであり，建設用鋼材の場合の例を示すと表2.4のようである．

表 2.3 用途による分類の例(JIS)

| | 規 格 名 称 | JIS 番号 | 金属記号 | 製品 |
|---|---|---|---|---|
| 構造用鋼材 | 一般構造用圧延鋼材 | G 3101 | SS | 棒, 形鋼 |
| | 溶接構造用圧延鋼材 | G 3106 | SM | 厚板 |
| | リベット用圧延鋼材 | G 3104 | SV | |
| | 再生鋼材 | G 3111 | SRB | 棒鋼 |
| | 鉄筋コンクリート用鋼棒 | G 3112 | SR, SD, SDC | |
| | 溶接構造用耐候性熱間圧延鋼材 | G 3114 | SMA | 鋼板 |
| | 一般構造用軽量形鋼 | G 3350 | SSC | 軽量形鋼 |
| | 普通レール | E 1101 | | 重軌条 |
| | レール用継目板 | E 1102 | | 継目板 |
| | その他 | | | |
| 線材 | 軟鋼線材 | G 3505 | SWRM | 線材 |
| | 硬鋼線材 | G 3506 | SWRH | |
| | ピアノ線材 | G 3502 | SWRS | |
| | 被覆アーク溶接棒心線用線材 | G 3503 | SWRY | |

これらの中から，鋼構造物に関係深い鋼材について説明する．

1) 鋼板：鋼を平らな板に熱間圧延したもので，橋梁の部材の多くはこの圧延鋼板を用いて工場で製作される．鋼板には一般構造用圧延鋼材，溶接構造用圧延鋼材，溶接構造用耐候性鋼材が多く使用される．

板厚が大きな鋼板を使用する場合は，厚いほど鋼の結晶組織が粗大となり脆性が増す傾向にあるので，衝撃試験による吸収エネルギーの大きな溶接構造用

表 2.4 形状による分類の例

| | |
|---|---|
| 条鋼 | 棒鋼：丸鋼，角鋼，平鋼，六角鋼，八角鋼，バーインコイル，異形丸鋼など |
| | 形鋼：山形鋼，溝形鋼，I 形鋼，T 形鋼，H 形鋼，球平鋼，サッシバー，鋼矢板，軽量形鋼など |
| | 軌条：重軌条，軽軌条 |
| | 線材：普通線材，特殊線材 |
| 鋼板 | 厚板(厚さ 3 mm 以上)：厚板，中板，縞鋼板など |
| | 薄板(厚さ 3 mm 以下)：薄板(熱間圧延，冷間圧延)，ブリキ，亜鉛鉄板など |
| | 帯鋼 |
| 鋼管 | 継目無鋼管，溶接管(電縫管，スパイラル鋼管，ガス溶接管)，鍛接管，引抜鋼管(再生管)，コルゲートパイプなど |
| その他 | |

文献 4 より引用

鋼材を選択する必要がある．このことから，道路橋示方書では，表2.5のように鋼材の種類によって板厚の制限を設けている．

表2.5 鋼種による使用板厚の範囲

| 鋼　種 | 板厚[mm] | 6 | 8 | 16 | 25 | 32 | 40 | 50 | 100 |
|---|---|---|---|---|---|---|---|---|---|
| 構造用鋼（非溶接） | SS400 | --- | ●―――――――――――――――――― | | | | | | ● |
| 溶接構造用鋼 | SM400A | --- | ●――――――――――― | | ● | | | | |
| | SM400B | --- | ●―――――――――――――――――― | | | | ● | | |
| | SM400C | --- | ●―――――――――――――――――――――――― | | | | | | ● |
| | SM490A | --- | ●―――――――――― | | ● | | | | |
| | SM490B | --- | ●――――――――――――――――― | | | ● | | | |
| | SM490C | --- | ●―――――――――――――――――――――――― | | | | | | ● |
| | SM490YA | --- | ●――――――― | ● | | | | | |
| | SM490YB | --- | ●―――――――――――――――― | | | ● | | | |
| | SM520C | --- | ●―――――――――――――――― | | | ● | | | |
| | SM570 | --- | ●―――――――――――――――――――――――― | | | | | | ● |
| | SMA400AW | --- | ●―――――――――― | | ● | | | | |
| | SMA400BW | --- | ●―――――――――――――――― | | | ● | | | |
| | SMA400CW | --- | ●―――――――――――――――――――――――― | | | | | | ● |
| | SMA490AW | --- | ●――――――― | ● | | | | | |
| | SMA490BW | --- | ●―――――――――――――――― | | | ● | | | |
| | SMA490CW | --- | ●―――――――――――――――――――――――― | | | | | | ● |
| | SMA570W | --- | ●―――――――――――――――――――――――― | | | | | | ● |

注：板厚が8mm未満の鋼材については　道示Ⅱ4.1.4および8.4.6による．

2) 形鋼：鋼を定められた断面形に圧延したもので，代表的なものの形状と名称を図2.5に示す．

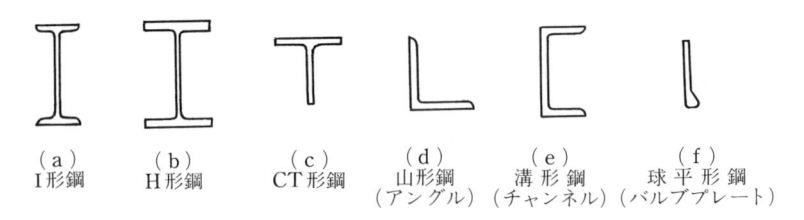

　　（a）　　　　（b）　　　　（c）　　　（d）　　　　（e）　　　　（f）
　　Ｉ形鋼　　　Ｈ形鋼　　　CT形鋼　　山形鋼　　　溝形鋼　　　球平形鋼
　　　　　　　　　　　　　　　　　　（アングル）（チャンネル）（バルブプレート）

図2.5　いろいろな形鋼

これらのうち，I形鋼，H形鋼は支間の小さい橋梁の主桁にも用いられることもあるが，CT形鋼，山形鋼，溝形鋼とともに主として横構や対傾構などに使用されることが多い．図(f)の球平鋼はもっぱら鋼床版の縦リブとして用いられる．

3) 棒鋼：丸鋼，異形棒鋼，PC棒鋼が構造用の棒鋼である．丸鋼はいわゆ

るコンクリートを補強する普通の鉄筋であり，異形棒鋼はコンクリートとの付着を強化するために表面に突起を設けたり，ねじり加工を施した異形鉄筋のことである．

　これらの棒鋼は，橋梁にはコンクリート床版の鉄筋としてだけでなく，床版と鋼桁のずれ止め（スタッド）にも使用される．

　PC鋼棒はプレストレストコンクリートに用いる棒鋼で，引き抜き，圧延，熱処理等を施した高強度の鋼材である．

　また，今日ではあまり使用されないが，リベットの素材も棒鋼の仲間である．このほかに，角鋼，平鋼，六角鋼などもあるが，橋梁ではほとんど使用されない．

　4）　線材：普通線材と特殊線材があるが，橋梁などの鋼構造物には特殊線材のうち，硬鋼線，ピアノ線，PC鋼線，PC鋼より線が用いられる．吊り橋や斜張橋のケーブルは，硬鋼線，ピアノ線に熱処理，引き抜きなどの処理や加工を施したものが使用される．PC鋼線，PC鋼より線もピアノ線を素材として作られている．

　5）　鋼管：形状には円形と角形があり，製造法は，はじめから一体として作る継ぎ目なし鋼管と，板を成形して溶接して作ったものとがある．構造用としては円形の一般構造用炭素鋼の管が使用されるが，橋梁の高欄などには角形管も用いられる．また，杭基礎用に鋼管杭，矢板用に鋼管矢板も製造されている．

　6）　その他：鋼構造物の接合用の鋼材として，溶接棒（あるいは溶接用ワイヤー）と高力ボルトがある．

　溶接棒は，炭素の含有量の少ない線材を一定の長さに切断し，これに被覆をして棒として作られたものと，線材のままメッキを施しドラムに巻きとって，被覆材とは別にしたワイヤーの状態で製造されたものとがある．

　高力ボルトは「摩擦接合用高力六角ボルト・六角ナット・平座金セット」としてJISに規定されている．このほか，接合の種類に応じて高張力鋼を素材としたさまざまのボルトが製造されている．

　このほかにも，全産業の需要に応じて各種の鋼材が生産されている．

## 演 習 問 題

**2.1** 鋼材が構造用材料として優れている点を列挙せよ．
**2.2** 鋼材の耐力，降伏比を簡単に説明せよ．
**2.3** 材料の疲労とはどのような現象か説明せよ．

# 3章
# 構造部材の設計，耐荷性状

## 3.1 設計および許容応力度
### 3.1.1 土木鋼構造物の設計

構造様式やその利用目的によって，多種にわたっている土木鋼構造物を大別すれば，橋の上部構造のような一般的な構造物と，たとえば水圧鉄管などのような特定な構造物とに分けられる．ここでは，前者に属するトラス(truss)，ラーメン（Rahmen, rigid frame），アーチ（arch）などの骨組構造や，プレートガーダー（plate girder），鋼床版（steel floor slab）などの薄肉構造物の設計を想定して，それらを構成する基本要素となる単一部材に対する基礎的解析結果を示すこととする．

構造物と部材に対して作用する外力および，それらに関連する土木構造物を示すと表3.1のようになる．

表3.1 部材，外力，構造物

| 部　　材 | 外力(あるいは応力) | | 構　造　物 | |
|---|---|---|---|---|
| 引張部材 | 軸　力 | 引張力 | トラス | ケーブル |
| 圧縮部材 | | 圧縮力 | | 柱，アーチ |
| 曲げ部材 | 曲げモーメント（およびせん断力） | | 桁 | |
| 板 | | | スラブ(床版) | |
| はり-柱 | 曲げモーメントと軸力 | | ラーメン，アーチ，タワー | |
| ねじりを伴う桁 | 曲げモーメントとねじり | | 格子桁，曲線桁 | |

### 3.1.2 安全率，許容応力

構造部材が外力の作用を受けると，部材内には垂直応力やせん断応力の異なった種類，大きさの応力度が発生する．このような状態のときに，その部材が，

その外力の作用で破壊することがなく安全であるためには，少なくとも，まずその部材内の各所に発生している応力度のうちで最大のものが，その部材を構成している材料の強さ以下であることが最小限必要な条件である．

ところが，材料の強さの値は，多くはよくそろった材料についての，静荷重載荷試験結果の平均値であるけれども，通常，現場で使用する材料が常に良くそろった材料とは限らない．さらに静荷重載荷試験結果から示される強さは，たとえば，荷重が急激に載荷されるときや，繰り返し載荷のときには，相当小さな値になると割り引きして考えておく必要がある．したがって，構造部材が実際の荷重作用を受けたとき，その安全を保つ方法としては，あらかじめ構造部材を構成する材料の静荷重載荷試験による強さを1より大きいある数値$f$で割った値を求めておき，部材に発生している最大応力をその値以下になるようにすることが最小限必要である．この場合の数値$f$を安全率（factor of safety）という．また，材料の静荷重載荷試験強さを$f$で割った値をその材料の許容応力度（allowable stress）といい，応力度の種類に対応して，許容引張応力度，許容圧縮応力度，許容せん断応力度などと呼んでいる．すなわち，許容応力度（$\sigma_a$），安全率（$f>1$），材料の強さ（$\sigma_s$）の間の関係は次式のようになる．

$$\sigma_a = \frac{\sigma_s}{f} \tag{3.1}$$

安全率$f$の大きさを定めるには，材料の均一度すなわち信頼度，外力の作用状態すなわち応力の発生状態ならびに応力計算の正確さなどを詳細に検討し，載荷の緩急および繰り返しの程度などの特殊な事項を考慮する必要がある．しかし，実際には，各種の設計基準（すなわち示方書）に許容応力度の値そのものが与えられている．

構造用鋼では，材料の強さとしては極限強さ（極強：材料が破断するときの応力度）ではなく，降伏点応力度を強さの基準として許容応力度が定められている．

### 3.1.3　設計法概説
#### （1）　許容応力度設計法
設計の立場から，構造物の保安を保証するための方策としては，「構造部材内

に生ずる最大応力を，その部材を構成する材料の許容応力度以下にしておくことが必要である」という主張に答えながら行う設計法を，許容応力度設計法という．現在，土木，特に鋼構造の設計には，この許容応力度設計法が中心になっていると考えてよい．

許容応力度設計法は，構造部材を弾性体と仮定して設計計算が行われるので，弾性設計法とも呼ばれる．

この設計法は，非常に簡便であり，実績も豊富であるので，とくに鋼構造物の設計では中心的役割を果たしている．しかし，鉄筋コンクリート構造などの設計にこの設計法を適用するような場合には，次のような問題点が指摘されていることに留意しなければならない．すなわち，

（i）材料の力学的特性が非線形を示す場合，その材料に作用する応力度が断面力に比例しないので，破壊に対する安全率と許容応力度を定めるときの安全率とが必ずしも一致しない．すなわち，破壊に対する安全度を一定に保つには不便である．

（ii）材料の不均一性や荷重のばらつき，応力計算の精密さ，部材寸法のばらつき，設計構造物の重要度などの不確定要因と安全率との関連度が明確でない．

などの点である．

**（2） 終局強度設計法**

許容応力度設計法の問題点を克服するための方法として，近年鋼構造設計に取り入れられつつある設計法である．

この設計法は，非線形性を考慮して求めた，部材断面の破壊耐力がその断面に作用する設計断面力以上であることを確かめ，破壊に対する安全を保つという設計法である．すなわち，設計荷重に適当な大きさの係数を乗じて設計断面力を求めることによって安全性を確保する計算を行うので，荷重係数法とも呼ばれる．この終局強度設計法については，剛性（使用性）の確保には別途検討が必要であり，また，安全性に対する各種の不確定要因と荷重係数との関係は必ずしも明確ではないとの指摘がある．

**（3） 限界状態設計法**

この設計法は次のような特徴をもち，「許容応力度設計法」や「終局強度設計

法」の問題点の軽減をはかろうとするものである．

（ⅰ）「限界状態」という概念を導入し，これを定量的に定義することにより，設計に必要な安全性，使用性などの要求に対応する部材断面算定のための設計体系を一つにまとめている．

（ⅱ）荷重と材料強度に関する事項が別々に取り扱われ，それらに関係する不確定要因が，要因ごとに考慮されている．

この設計法は，わが国では，昭和61年制定の土木学会コンクリート標準示方書に「限界状態設計法」の概念が導入され，以来，コンクリート構造物の設計に用いられている設計法である．

## 3.2 軸力を受ける部材の設計

作用線が軸軸に一致するような引張り外力 $P$ を受けている部材，すなわち，引張り部材（あるいは圧縮外力 $P$ を受けている部材，いわゆる短柱）を設計する場合，許容応力度設計法では，一般には，まず適当な横断形状および横断面積 $A$ を仮定し，横断面に対する垂直応力度 $\sigma_x$ を算出し，これらの絶対値が，許容引張応力度 $\sigma_{ta}$（または許容圧縮応力度 $\sigma_{ca}$）以下になるようにすればよい．すなわち，

$$\frac{P}{A} = \sigma_x \leq \sigma_{ta} = \frac{\sigma_y}{f} \tag{3.2}$$

である．ここで，$\sigma_{ta}$ は構造用鋼材の許容引張応力度で，降伏点応力度 $\sigma_y$ を安全率 $f$ で割ったものであり，鋼道路橋示方書（以下示方書または道示と略記する）には，表3.2のように明示されている（道示Ⅱ 3.2.1）．なお，安全率 $f$ の値は，一つの目安として1.7であるが，構造物の安全性の程度，鋼材の種類などが考慮して決められ，表3.2の場合も1.7が用いられている．また，この許容軸方向引張応力度の値は，そのまま，許容曲げ引張応力度の値を示している（なお一般に，短柱は，鉄筋コンクリートの設計において，長柱と区別して呼

表3.2 許容引張応力度の例[N/mm²]（道示Ⅱ 3.2.1）

| 鋼材の板厚 [mm] \ 鋼種 | SS 400，SM 400，SMA 400 W | SM 490 |
|---|---|---|
| 40 以下 | 140 | 185 |
| 40 をこえ 100 以下 | 125 | 175 |

ばれているので，以下では触れないこととする）．

さらに，式(3.2)を利用する場合，荷重 $P$ の繰り返しの回数，応力集中の発生，寒冷地における低温の影響およびあまり細長い引張材を使用した場合には，部材としての剛性の不足に対する対応等に十分な考慮を払う必要がある．

## 3.3 軸圧縮力を受ける部材

### 3.3.1 長柱の座屈（弾性域内の柱）

図 3.1 に示すような両端 A と B が滑節になっている，まっすぐな細長い圧縮部材（柱）A B にその材軸線（直線）に沿って圧縮力が作用する場合，圧縮力 $P$ が小さい範囲では曲がった柱は $P$ が除去されれば，その弾性によって元の直線形に戻るが，圧縮力 $P$ がある大きさ以上になると，$P$ を除去しても柱は曲がったまま元に戻らなくなる．この現象を柱の座屈（この場合曲げ座屈）という．座屈を生じさせる最小限度の圧縮力をその柱の危険荷重（座屈荷重）といい，柱の設計には，その柱の座屈強度に対応した設計を行う必要がある．

柱の危険荷重を解析的に見出すには，危険荷重は柱の元の材軸線に沿って作用しながら，しかも柱を曲がった状態に保つに足りる大きさの圧縮力であるので，この状態（座屈変形した状態）でのつり合いを考えることとなる．

[例題 3.1] 図 3.1 に示す長柱の危険荷重（座屈荷重）を求めよ．

[解] 図 3.1 において，座屈変形をおこしている圧縮力を $P$ とすれば，柱断面($x$点：C 断面）の曲げモーメントは

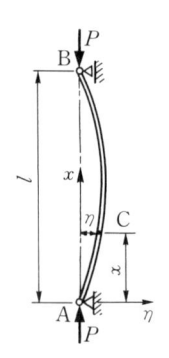

**図 3.1** 圧縮材の座屈

$$M_x = P \cdot \eta \tag{a}$$

であるから，座屈変形曲線の微分方程式は，

$$\frac{d^2\eta}{dx^2} = -\frac{M_x}{E \cdot I_z} = -\frac{P \cdot \eta}{E \cdot I_z} = -\alpha^2 \cdot \eta \tag{b}$$

となる．ただし，

$$\alpha^2 = \frac{P}{E \cdot I_z} \tag{c}$$

とおき，

$$\eta \neq 0 \tag{d}$$

なる条件式を満たしているものとする．

柱の断面積が一定，すなわち，$z$軸（紙面に垂直）に関する曲げ剛度 $EI_z =$ 一定であるとすれば，式（b）の解は

$$\eta = A \cdot \cos \alpha x + B \cdot \sin \alpha x \tag{e}$$

となる．ここで $A$，$B$ は積分定数である．

ところで，端条件（境界条件）は両端 A，B が滑節である条件

$$(\eta)_{x=0} = 0, \qquad (\eta)_{x=l} = 0 \tag{f}$$

と，式（d）が満足されねばならないことから，結局

$$\sin \alpha l = 0 \quad \text{すなわち} \quad \alpha \cdot l = n \cdot \pi \tag{g}$$

（ただし，$n = 1, 2, \cdots\cdots$）なる条件式が得られる．

式（c）と（g）から

$$P = \frac{n^2 \cdot \pi^2 \cdot E \cdot I_z}{l^2} \tag{h}$$

が得られるが，計算上の真の危険荷重は $n=1$ とした最小値をとるべきであるから，$n=1$ として

$$P_{cr} = \frac{\pi^2 \cdot E \cdot I_z}{l^2} \tag{3.3}$$

が求める危険荷重である．

この関係式の $I_z$ は，柱断面の最小断面二次モーメント（弱軸についての断面二次モーメント）でなければならない．

次に，両端が，滑節である例題の場合とは異なる端条件の長柱の危険荷重も，式（3.3）を求めたのと同程度の理論的計算によって求めることができ，一般に，

$$P_{cr} = \frac{\pi^2 \cdot E \cdot I_z}{L^2} \tag{3.4}$$

のような形で求められる．ここで，$L$ は柱の計算上の長さ（有効座屈長）であり，

$$L = \omega \cdot l = \beta \cdot l \tag{3.5}$$

で与えられる．式 (3.5) で $l$ は実長，すなわち，柱両端間の距離であり，$\omega$ は端条件に応じて取るべき値である．例を表 3.3 に示す．なお，実用設計上では，上記より複雑な計算と実験的・経験的検討を経た上で $\omega$ の値より安全側の係数として，示方書には推奨値 $\beta$ が与えられている（道示 II 3.2.1）．

表 3.3　柱の有効座屈長の例　（道示 II 3.2.1）

|  | 理論値($\omega$) | 推奨値($\beta$) |
|---|---|---|
| 両端滑節 | 1.0 | 1.0 |
| 両端剛節 | 1/2 = 0.5 | 0.65 |
| 一端剛節他端滑節 | $1/\sqrt{2} \fallingdotseq 0.7$ | 0.8 |

式 (3.4) をオイラーの柱公式と呼び，とくに $\omega = 1.0$ の場合をオイラーの危険圧縮荷重基本値（オイラーの座屈荷重）という．

式 (3.4) の両辺を柱の断面積 $A$ で割ると

$$\sigma_{cr} = \frac{P_{cr}}{A} = \frac{\pi^2 \cdot E \cdot I_z}{L^2 \cdot A} = \frac{\pi^2 \cdot E}{(L/r)^2} \tag{3.6}$$

が得られる．ここで，$r$ は柱の横断面の最小断面二次半径（回転半径）であり，$\lambda \equiv L/r$ をその柱の細長比という．この細長比の大きい柱こそ，力学的に細長い柱である．オイラーの柱公式は，危険応力度 $\sigma_{cr}$ が弾性限界応力度 $\sigma_{EL}$ を超過しない範囲においてだけ適用される．すなわち，

$$\sigma_{cr} = \frac{\pi^2 \cdot E}{(L/r)^2} \leq \sigma_{EL} \tag{ⅰ}$$

より，

$$\lambda \equiv \frac{L}{r} \geq \sqrt{\frac{\pi^2 \cdot E}{\sigma_{EL}}} \tag{3.7}$$

のような条件式が得られる．式 (3.7) の条件が満足される程度に十分に細長い柱の強さはオイラーの柱公式を適用して算出される．式 (3.7) を満足する程度に十分細長い柱を弾性領域内の柱といい，たとえば，材料が構造用鋼材である場合については $(L/r) \geq 110$ 程度が弾性領域内の柱である．

3.3 軸圧縮力を受ける部材　39

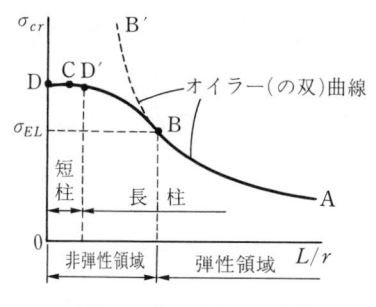

図3.2 柱の座屈応力曲線

式 (3.6) の $\sigma_{cr}$ と $L/r$ の関係をオイラー（の双）曲線といい，図3.2の座屈応力曲線の ABB′ に示すようになる．BB′ の部分は無効であり，点 B の $L/r$ の座標が $\sqrt{\pi^2 \cdot E/\sigma_{EL}}$ に相当する．

細長比が $(L/r) < \sqrt{\pi^2 \cdot E/\sigma_{EL}}$ で表される範囲の柱を，非弾性領域内の柱といい，非弾性領域内の柱について，実験の示すところによれば図3.2の曲線 BCD のようになる．

### 3.3.2　圧縮部材の耐荷力

圧縮材を設計するには，その部材の耐荷力を求める必要がある．耐荷力には初期不整や残留応力などが一般に問題となる．これらの問題に対応した理論計算や多くの実験結果が，圧縮部材の耐荷力を評価するのに役立ち，また，多くの設計基準となる耐荷力曲線が提案されている．耐荷力曲線の表示法としては，横軸に部材の細長比の関係値をとり，縦軸は耐荷力（最高強度；$\sigma_{cr}$）を降伏点 $\sigma_Y$ で割って無次元化した値をもって表示する方法が行われている．さらに，細長比と降伏点，ヤング率を組み合わせた次のようなパラメータ $\lambda_b$ を用いて耐荷力曲線を表示するのが一般的である．

$$\lambda_b = \frac{1}{\pi}\sqrt{\frac{\sigma_Y}{E}} \cdot \lambda \qquad (\text{a})$$

この細長比パラメータ $\lambda_b$ を用いると，式 (3.6) は

$$\frac{\sigma_{cr}}{\sigma_Y} = \frac{1}{\lambda_b^2} \qquad (3.6)'$$

のような2次曲線で与えられ，図3.3のようになる．

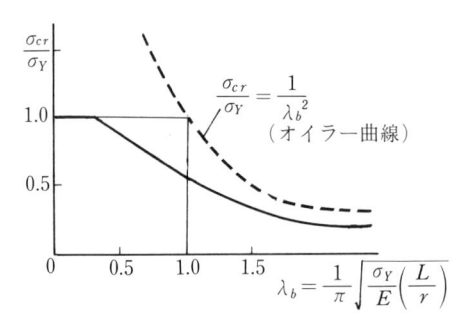

**図 3.3** 無次元表示したオイラー曲線

示方書では初期不整や残留応力など諸事情に配慮した結果，設計のための耐荷力曲線として次式を与えている（図 3.3 参照）．

$$\frac{\sigma_{cr}}{\sigma_Y}=1.0 \qquad (\lambda_b \leq 0.2) \qquad (\mathrm{b})$$

$$\frac{\sigma_{cr}}{\sigma_Y}=1.109-0.545\lambda_b \qquad (0.2<\lambda_b \leq 1.0) \qquad (\mathrm{c})$$

$$\frac{\sigma_{cr}}{\sigma_Y}=\frac{1.0}{0.773+\lambda_b^2} \qquad (1.0<\lambda_b) \qquad (\mathrm{d})$$

これらの関係式より，局部座屈を考慮しない場合の圧縮力を受ける部材の許容軸圧縮応力度として示方書は，表 3.4 のような値を与えている（道示 II 3.2.1）．

**表 3.4** 許容軸圧縮応力度の例 [N/mm²]　（道示 II 3.2.1）

| 鋼材の板厚[mm] \ 鋼種 | SS 400，SM 400，SMA 400 W | SM 490 |
|---|---|---|
| 40 以下 | $\frac{L}{r} \leq 18 : 140$<br>$18<\frac{L}{r} \leq 92 :\ 140-0.82\left(\frac{L}{r}-18\right)$<br>$92<\frac{L}{r}\ :\ \left(\frac{1{,}200{,}000}{6{,}700+\left(\frac{L}{r}\right)^2}\right)$ | $\frac{L}{r} \leq 16 : 185$<br>$16<\frac{L}{r} \leq 79 :\ 185-1.2\left(\frac{L}{r}-16\right)$<br>$79<\frac{L}{r}\ :\ \left(\frac{1{,}200{,}00}{5{,}000+\left(\frac{L}{r}\right)^2}\right)$ |
| 40 をこえ 100 以下 | $\frac{L}{r} \leq 19 : 125$<br>$19<\frac{L}{r} \leq 96 :\ 125-0.68\left(\frac{L}{r}-19\right)$<br>$96<\frac{L}{r}\ :\ \left(\frac{1{,}200{,}000}{7{,}300+\left(\frac{L}{r}\right)^2}\right)$ | $\frac{L}{r} \leq 16 : 175$<br>$16<\frac{L}{r} \leq 82 :\ 175-1.1\left(\frac{L}{r}-16\right)$<br>$82<\frac{L}{r}\ :\ \left(\frac{1{,}200{,}00}{5{,}300+\left(\frac{L}{r}\right)^2}\right)$ |
| 備考 | $L$：部材の有効座屈長 [cm]，$r$：部材の総断面の断面二次半径 [cm] | |

## 3.4 曲げを受ける部材
### 3.4.1 曲げ部材の挙動

外力の作用に対応して，曲げモーメントとせん断力が発生する部材，いわゆるはり（あるいは桁）において，「はりが変形前に平面であった断面は変形後も平面を保つ」という仮定（ベルヌーイ・オイラーの平面保持の仮定）のもとで，中立軸から $y$ の距離にある点における垂直応力度およびせん応力度は，作用断面力が曲げモーメント $M$，せん断力 $S$ である時，それぞれ次のように与えられることを知っている．

$$\sigma = \frac{M}{I} \cdot y \leq \sigma_a \tag{3.8}$$

$$\tau = \frac{S \cdot G}{I \cdot b} \leq \tau_a \tag{3.9}$$

ここに，$I$ は中立軸に関する断面二次モーメント，$b$ は着目点における断面の幅，$G$ は着目点の外側部分の中立軸に関する断面一次モーメントである．ただし，薄肉Ⅰ形断面（プレートガーダー）の腹板のせん断応力度は，式 (3.11) で求めてよい．

したがって，これらの応力度が許容応力度以下になるように設計されておれば，一応の安全は確保されるわけであるが，一般的に曲げ部材の耐荷力を論ずる場合，さまざまな条件・因子の影響を受けることを考慮しなければならない．

鋼構造物を構成する桁の場合は，たとえば，桁を構成する材料特性，桁の構成断面寸法，桁を製作する際の初期応力・変形，桁が支える床や桁相互の連結様式，さらに桁の支持条件など，各種の影響が指摘されている．

このように各種の条件・因子がさまざまに組み合わさって，耐荷力に影響を及ぼすから，実際の曲げ部材の崩壊形式は複雑であり，耐荷力の簡潔で的確な評価は通常容易ではない．

**例題 3.2** 許容曲げ応力度が $\sigma_a = 13720 \text{ N/cm}^2$ の材料を用いた，スパン 30 m の単純ばり（はりの高さは 1 m で上下対称断面とする）に，9800 N/m の等分布荷重が満載された場合，はりの断面二次モーメントはどれだけ必要か．

[解] 式 (3.8) を $I$ について解けば $I \geq M \cdot y/\sigma_a$ である．はりの最大曲げモーメントは支間中央に生じ，$M_{max}=98\times3000^2/8$ N・cm であり，はりの縁端距離は，高さの 1/2，$y=100/2=50$ cm であるので，求める断面二次モーメントは

$$I \geq (98\times3000^2/8)\times50/13720 = 401786 \fallingdotseq 402000 \text{ cm}^4$$

である．

### 3.4.2 横ねじれ座屈強度および許容曲げ圧縮応力度

図 3.4 に示すような単純支持された開断面の両端で，強軸まわりに曲げが作用するとき，はりの弾性横ねじれ座屈強度 $M_{cr}$ は図のような二軸対称断面で，$x$ 軸に関する断面二次モーメント $I_x$ が，$y$ 軸に関する断面二次モーメント $I_y$ に比べて十分大きい場合は次式で与えられている．

$$M_{cr} = \frac{\pi}{k_y \cdot L}\sqrt{E \cdot I_y \cdot G \cdot K\left\{1+\frac{E \cdot I_w}{G \cdot K}\cdot\left(\frac{\pi}{k_z \cdot L}\right)^2\right\}} \tag{3.10}$$

ここに，$EI_y$ は $y$ 軸に関する曲げ剛性，$EI_w$ は断面のそりねじり剛性，$GK$ は断面のねじり剛性，$k_y$，$k_z$ は横ねじれ変形の水平変位（$u$）とねじれ角 $\beta$（図 3.4 参照）に関連して材端の支持条件から決められる係数であり，たとえば，両端単純支持の場合は，$k_y=k_z=1.0$，両端固定の場合は，$k_y=k_z=0.5$ である．

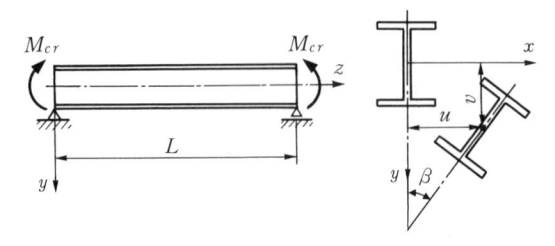

図 3.4　I 形断面ばりの横ねじれ座屈変形

また，局部座屈に支配される場合を除くと曲げ座屈部材の最大圧縮応力度は，はりの固定間に起きる横ねじれ座屈によって発生する．したがって，これらのことから，示方書では，はりの許容曲げ圧縮応力度は，横ねじれ座屈強度を安全率（$f=1.7$）で割って表 3.5 のように定めている（道示 II 3.2.1）．

なお，この表の適用に関して，示方書には細部にわたる注意事項が列挙してあるが，ここでは省略する．

表 3.5 許容曲げ圧縮応力度の例[N/mm²]　（道示II 3.2.1）

(a) 圧縮フランジがコンクリート床板などで直接固定されている場合および箱型断面, π 型断面の場合

| 鋼材の板厚[mm] | 鋼種 | SS 400, SM 400, SMA 400 W | SM 490 |
|---|---|---|---|
| 40 以下 | | 140 | 185 |
| 40 をこえ 100 以下 | | 125 | 175 |

(b) (a)に規定する以外の場合

| 鋼材の板厚[mm] | 鋼種 | SS 400, SM 400, SMA 400 W | SM 490 |
|---|---|---|---|
| $\dfrac{A_w}{A_c} \leq 2$ | 40 以下 | $\dfrac{L}{b} \leq 4.5 : 140$<br>$4.5 < \dfrac{L}{b} \leq 30 : 140 - 2.4\left(\dfrac{L}{b} - 4.5\right)$ | $\dfrac{L}{b} \leq 4.0 : 185$<br>$4.0 < \dfrac{L}{b} \leq 30 : 185 - 3.8\left(\dfrac{L}{b} - 4.0\right)$ |
| | 40 をこえ 100 以下 | $\dfrac{L}{b} \leq 5.0 : 125$<br>$5.0 < \dfrac{L}{b} \leq 30 : 125 - 2.2\left(\dfrac{L}{b} - 5.0\right)$ | $\dfrac{L}{b} \leq 4.0 : 175$<br>$4.0 < \dfrac{L}{b} \leq 30 : 175 - 3.6\left(\dfrac{L}{b} - 4.0\right)$ |
| $2 < \dfrac{A_w}{A_c}$ | 40 以下 | $\dfrac{L}{b} \leq \dfrac{9}{k} : 140$<br>$\dfrac{9}{k} < \dfrac{L}{b} \leq 30 : 140 - 1.2\left(k\dfrac{L}{b} - 9.0\right)$ | $\dfrac{L}{b} \leq \dfrac{8}{k} : 185$<br>$\dfrac{8}{k} < \dfrac{L}{b} \leq 30 : 185 - 1.9\left(k\dfrac{L}{b} - 8.0\right)$ |
| | 40 をこえ 100 以下 | $\dfrac{L}{b} \leq \dfrac{10}{k} : 125$<br>$\dfrac{10}{k} < \dfrac{L}{b} \leq 30 : 125 - 1.1\left(k\dfrac{L}{b} - 10\right)$ | $\dfrac{L}{b} \leq \dfrac{8}{k} : 175$<br>$\dfrac{8}{k} < \dfrac{L}{b} \leq 30 : 175 - 1.8\left(k\dfrac{L}{b} - 8.0\right)$ |

備考　$A_w$：腹板の総断面積[cm²]　　$A_c$：圧縮フランジの総断面積[cm²]
　　　$L$：圧縮フランジの固定点間距離[cm]　　$b$：圧縮フランジ幅[cm]
　　　$k = \sqrt{3 + \dfrac{A_w}{2A_c}}$

### 3.4.3 曲げに伴うせん断応力

　曲げに伴うせん断応力度は，式 (3.9) のようになり，その最大値は，多くの場合，はりの中立軸の位置に起こる．その値は，たとえば，I 形断面のはりでは，ウェブの断面積で割った平均せん断応力度と比べて，わずかに高い程度の値である．したがって，設計では，このような断面形のときは，平均応力度

$$\tau_{\mathrm{ave}} = \dfrac{S}{A_w} \tag{3.11}$$

が用いられる．なお，薄肉断面フランジのせん断流の理論や薄肉腹板のせん断座屈などについては，別途の考察が必要である．

　一方，たとえば，I 形断面のフランジとウェブの接合箇所など曲げ応力 σ とせ

ん断応力 $\tau$ がともに大きな応力となる場合の組合せ応力に対する照査は，フォン・ミゼス（Von Mises）の降伏条件，式（3.12），（3.13）が参照されている．

$$\sigma^2 + 3\tau^2 = \sigma_y^2 \qquad (3.12)_1$$

または

$$\left(\frac{\sigma}{\sigma_y}\right)^2 + \left(\frac{\tau}{\sigma_y/\sqrt{3}}\right)^2 = 1 \qquad (3.12)_2$$

降伏せん断応力，

$$\tau_y = \frac{\sigma_y}{\sqrt{3}} \qquad (3.13)$$

表 3.6 に示す鋼道路橋示方書の許容せん断応力度は，式（3.13）の値を安全率（$f = 1.7$）で割った値を基にしている（道示 II 3.2.1）．

表 3.6 許容せん断応力度の例 [N/mm²]（道示 II 3.2.1）

| 鋼材の板厚 [mm] \ 鋼種 | SS 400, SM 400, SMA 400 W | SM 490 |
|---|---|---|
| 40 以下 | 80 | 105 |
| 40 をこえ 100 以下 | 75 | 100 |

この関係式（3.13）を用いると，式（3.12）は

$$\left(\frac{\sigma}{\sigma_y}\right)^2 + \left(\frac{\tau}{\tau_y}\right)^2 = 1 \qquad (3.14)$$

となるので示方書では，曲げによる垂直応力度とせん断応力度の合成応力の安全照査は，

$$\sigma \leq \sigma_a, \quad \tau \leq \tau_a \qquad (3.15)$$

$$\left(\frac{\sigma}{1.1\sigma_a}\right)^2 + \left(\frac{\tau}{1.1\tau_a}\right)^2 \leq 1 \qquad (3.16)_1$$

または

$$\left(\frac{\sigma}{\sigma_a}\right)^2 + \left(\frac{\tau}{\tau_a}\right)^2 \leq 1.2 \qquad (3.16)_2$$

により行うことにしている．ここに，$\sigma$ は曲げによる応力度，$\tau$ は曲げに伴うせん断応力度，$\sigma_a$ は曲げによる許容引張応力度，$\tau_a$ は許容せん断応力度である．

例題 3.3　鋼種 SS 400 の許容せん断応力度を求めよ．

[解] 降伏点応力度は，SS 400 の場合，$\sigma_y=23520$ N/cm$^2$ であるので，安全率を $f=1.7$ とすれば，式 (3.13) より

$$\tau_a=23520/1.7\sqrt{3}=7988 \text{ N/cm}^2=7.99 \text{ kN/cm}^2 \fallingdotseq 80 \text{ N/mm}^2$$

である．

## 3.5 圧縮と曲げを受ける部材

### 3.5.1 両端に曲げを受ける圧縮材の弾性座屈

ここでは，軸圧縮力と両端に曲げモーメントを同時に受ける圧縮材（長柱）の座屈を考える．

変形は，曲げ変形の微分方程式

$$\frac{d^2\eta}{dx^2}=-\frac{M}{E \cdot I_z} \tag{a}$$

にしたがって生じ，座屈は，曲げモーメントが作用する面内に起きると考える．

図 3.5 を参照して，両端の作用曲げモーメントを $M_A$，$M_B$ とすれば，$x$ 断面の曲げモーメントは，

$$M_0(x)=M_A-\frac{(M_A-M_B)}{L}x \tag{b}$$

であるので，$x$ 点の曲げモーメントは，図 3.5 を参照して

$$M(x)=M_0(x)+P\cdot\eta \tag{c}$$

である．したがって，これを式（a）に代入して，次の微分方程式

$$\frac{d^2M}{dx^2}+\alpha^2\cdot M=\frac{d^2M_0}{dx^2} \tag{3.17}$$

が得られる．ここに，

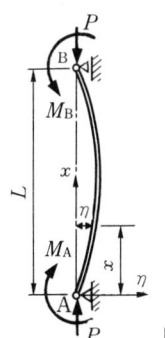

図 3.5 圧縮力と曲げを受ける部材

$$\alpha^2 = \frac{P}{E \cdot I_z} \text{ であり,} \qquad \frac{d^2 M_0}{dx^2} = 0 \tag{d}$$

である．式 (3.17) を $x=0$ で $M=M_A$, $x=L$ で $M=M_B$ となる境界条件で解けば

$$M(x) = \frac{M_B - M_A \cdot \cos \alpha L}{\sin \alpha L} \cdot \sin \alpha x + M_A \cdot \cos \alpha x \tag{e}$$

が得られる．最大曲げモーメントが発生する位置 $x_1$ は

$$\tan \alpha x_1 = \frac{(M_B/M_A) - \cos \alpha L}{\sin \alpha L} \tag{f}$$

であるので, $M_{\max}$ は

$$M_{\max} = M_A \cdot \sec \alpha x_1 \tag{3.18}$$

である．

$M_A = M_B$ のとき, $M_{\max}$ はスパン中央 ($x_1 = L/2$) に生じ，その値は

$$M_{\max} = M_A \cdot \sec\left(\alpha \cdot \frac{L}{2}\right) \tag{g}$$

である．

圧縮力 $P$ とたわみ変形の関係は，$P$ が小さいときは普通のはり理論にしたがった経過を経て $P$ が増大し，$P_{cr}$ に近づくと危険断面の曲げモーメントは $\infty$ に近づくことになる．

部材断面に生じる弾性域内の最大圧縮縁応力度は，軸応力度と曲げ応力度の和として得られ

$$\sigma_{\max} = \frac{P}{A} + \frac{M_{\max}}{I_z} \cdot y_b = \frac{P}{A} \cdot \left\{ 1 + \frac{A \cdot e}{I_z} \cdot y_b \cdot \sec\left(\alpha \cdot \frac{L}{2}\right) \right\} \tag{3.19}$$

となる．ここに，$y_b$ は断面の図心から圧縮縁までの距離，$A$ は断面積，$e$ は偏心距離 ($e = M_A/P$) である．さらに，式(3.4)および(c)から $\alpha L/2 = (\pi/2)\sqrt{P/P_E}$ が得られるので，

$$\sigma_{\max} = \frac{P}{A} \cdot \left\{ 1 + \frac{A \cdot e}{I_z} \cdot y_b \cdot \sec\left(\frac{\pi}{2}\sqrt{\frac{P}{P_E}}\right) \right\} \tag{3.20}$$

となる．ここに，$P_E = P_{cr}$ (オイラー座屈荷重) である．

したがって，部材の最大圧縮縁応力が材料の降伏点 $\sigma_y$ に対する比の関係式は

$$\frac{P}{P_y} + \frac{M_{\max}}{M_y} = 1 \tag{3.21}$$

となり，式 (3.18) を用いれば

$$\frac{P}{P_y} + \frac{M_A}{M_y} \cdot \sec ax_1 = 1 \tag{3.22}$$

と表せる．ここに，$P_y$，$M_y$ はそれぞれ降伏点荷重，降伏モーメントである．

### 3.5.2　軸力と曲げモーメントを受ける部材の設計

鋼道路橋示方書には，はり－柱部材の最大強度（耐荷力）を求める関係式として，理論解析より得られた強度計算式を利用しやすいように次式 (3.23) のような簡略化した照査式を示している．

$$\frac{P}{P_{cr}} + \frac{M}{M_P} \cdot \left(\frac{1}{1 - P/P_E}\right) = 1 \tag{3.23}$$

ここに，$P_{cr}$ は軸力のみが作用する部材の耐力（危険荷重），$M_P$ は全塑性モーメント，$P_E$ はオイラーの弾性座屈荷重である．なお，この実用公式 (3.23) と図 3.6 に示す相関式（理論式）

$$\frac{P}{P_y} + \frac{M}{M_P} \fallingdotseq 1 \tag{h}$$

とは，実用的な $L/r$ の範囲ではよく一致している．

軸方向力が圧縮で $xy$ 面内に曲げ変形する場合，示方書には，式 (3.23) を応力度で表した次の式 (3.24) が示されている（道示II 3.3）．

$$\frac{\sigma_c}{\sigma_{cr}} + \frac{\sigma_b}{\sigma_y} \cdot \left(\frac{1}{1 - \sigma_c/\sigma_E}\right) \leq 1 \tag{3.24}$$

ここに，$\sigma_c$ は照査する断面に作用する軸方向圧縮応力度，$\sigma_b$ は曲げモーメントによる曲げ応力度，$\sigma_{cr}$ は軸方向圧縮耐力，$\sigma_y$ は全塑性曲げ圧縮応力度，$\sigma_E$ は

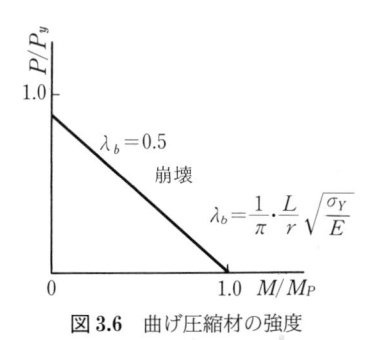

図 3.6　曲げ圧縮材の強度

## 3.6 圧縮力を受ける板要素の座屈

鋼構造部材は，これまで述べたように，部材が全体として座屈すれば，それは構造物の崩壊につながるが，部材の断面は一般に薄肉の板要素で構成されているので，図 3.7 に示すように，板要素が局部的な座屈を生じることがある．このような局部座屈の場合は，応力の再配分により直ちに崩壊につながらないこともあるが，圧縮力に曲げやせん断を伴う場合，そして特に板の局部座屈と全体座屈強度が接近していると，局部座屈と全体座屈が同時に起きる連成座屈となって部材の強度が低下する．したがって，設計には部材を構成する板要素の局部的な座屈に関する照査も重要な事項である．

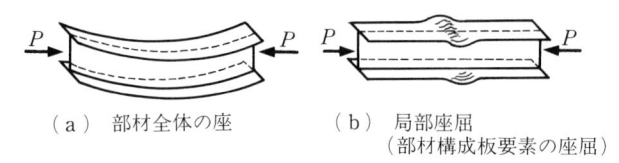

（a）部材全体の座　　（b）局部座屈
　　　　　　　　　　　　（部材構成板要素の座屈）

図 3.7　圧縮材の座屈変形

### 3.6.1 等方性板の座屈

板の座屈は，面内荷重がある値（危険荷重）に達すると，面外に変形した板は面内荷重を取り除いても，もとの形には戻らない現象である．危険荷重の算定は，柱の場合と同様に板の変形状態におけるつり合いを考えて座屈基本式が求められる．図 3.8 のような等方性平板のたわみ $w$ の支配方程式は次式のように書ける．

$$D \cdot \left( \frac{\partial^4 w}{\partial x^4} + 2 \cdot \frac{\partial^4 w}{\partial x^2 \cdot \partial y^2} + \frac{\partial^4 w}{\partial y^4} \right) = p(x, y) \tag{3.25}$$

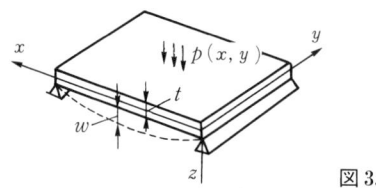

図 3.8　平　板

ここに，$w(x, y)$ は $z$ 方向のたわみ，$p(x, y)$ は荷重である．また，$D$ は板の単位幅当たりの曲げ剛性で次式で表される．

$$D = \frac{E \cdot t^3}{12 \cdot (1-\nu)} \tag{3.26}$$

ここに，$t$ は板厚，$E$ はヤング率，$\nu$ はポアソン比である．

図 3.9 のように周辺が単純支持され，長方形板の $x$ 方向に一様な圧縮応力が作用する場合を考えてみよう．

**図 3.9** 長方形平板の座屈

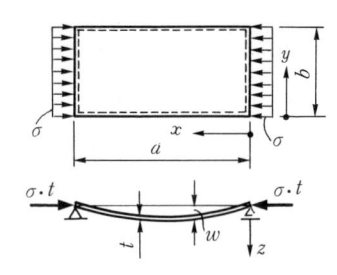

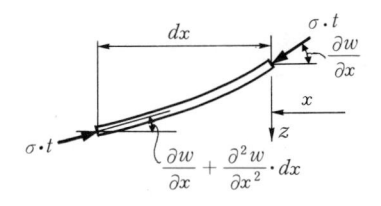

**図 3.10** 平板要素の座屈変形

図 3.10 の変形状態における $z$ 方向の力は，

$$\sigma \cdot t \cdot \frac{\partial w}{\partial x} - \sigma \cdot t \cdot \left( \frac{\partial w}{\partial x} + \frac{\partial^2 w}{\partial x^2} \cdot dx \right) = -\sigma \cdot t \cdot \frac{\partial^2 w}{\partial x^2} \cdot dx \tag{a}$$

であるので，板の単位面積当たりの $z$ 方向の分布力 $p(x, y)$ は

$$p(x, y) = -\sigma \cdot t \cdot \frac{\partial^2 w}{\partial x^2} \tag{3.27}$$

となる．これを式 (3.25) の右辺に代入すれば

$$D \cdot \left( \frac{\partial^4 w}{\partial x^4} + 2 \cdot \frac{\partial^4 w}{\partial x^2 \cdot \partial y^2} + \frac{\partial^4 w}{\partial y^4} \right) + \sigma \cdot t \cdot \frac{\partial^2 w}{\partial x^2} = 0 \tag{3.28}$$

のような，座屈変形状態におけるつり合い式が得られる．

この 4 階の偏微分方程式が板の座屈基本式であり，積分定数 8 個に対応した境界条件に合わせて解くことにより，危険荷重（応力度：$\sigma_{cr}$）が得られることになる．

**例題 3.4** 座屈基本式 (3.28) を満足する解を仮定し，4 辺単純支持の長方形板で，各辺でたわみと曲げモーメントが 0 という条件の場合の危険応力度を求めよ．

[解] 4辺単純支持の場合，各辺でたわみと曲げモーメントが0という条件を満足する解として

$$w(x, y) = A_{mn} \cdot \sin\left(\frac{m \cdot \pi \cdot x}{a}\right) \cdot \sin\left(\frac{n \cdot \pi \cdot y}{b}\right) \quad (m, n = 1, 2, 3, \cdots) \quad (b)$$

を仮定する．ここで，$A_{mn}$ は未定のままであるので，たわみの最大値を決定できないけれども，これを式 (3.28) に代入して整理すれば，板の座屈応力は

$$\sigma = \frac{\pi^2 \cdot D}{b^2 \cdot t} \cdot \left(m \cdot \frac{b}{a} + \frac{n^2}{m} \cdot \frac{a}{b}\right)^2 \quad (c)$$

となる．

この $\sigma$ の最小値は，$n=1$ の場合であり，

$$\sigma = \frac{\pi^2 \cdot D}{b^2 \cdot t} \cdot \left(m \cdot \frac{b}{a} + \frac{1}{m} \cdot \frac{a}{b}\right)^2 = \frac{\pi^2 \cdot E \cdot t^2}{12 b^2 \cdot (1-\nu^2)} \cdot \left(m \cdot \frac{b}{a} + \frac{1}{m} \cdot \frac{a}{b}\right)^2 \quad (d)$$

となるので，板の危険応力度は，結局

$$\sigma_{cr} = k \cdot \frac{\pi^2 \cdot E}{12(1-\nu^2)} \cdot \left(\frac{t}{b}\right)^2 \quad (3.29)$$

となる．ここに，

$$k = \left(m \cdot \frac{b}{a} + \frac{1}{m} \cdot \frac{a}{b}\right)^2 \quad (m = 1, 2, 3, \cdots\cdots) \quad (3.30)$$

である．

### 3.6.2 鋼板の耐荷力

柱の全体座屈解析では，実験値などを考慮して耐荷力を求めたが，鋼板の場合も理論計算値と多くの実験値をもとに，実際の設計に用いる板の耐荷力を定めている．その一つが次に示すような無次元化された表示で，これもオイラー式と呼んでいる．

$$\frac{\sigma_{cr}}{\sigma_y} = \frac{1}{R^2} \quad (3.31)$$

ここに，

$$R = \frac{b}{t} \sqrt{\frac{\sigma_y}{E} \cdot \frac{12(1-\nu^2)}{\pi^2 \cdot k}} \quad (3.32)$$

である．

この $R$ は，換算幅厚比と呼ばれる座屈パラメータであり，板の幅厚比 ($b/t$) を危険応力度 $\sigma_{cr}$ が降伏点 $\sigma_y$ に等しいとき ($\sigma_{cr} = \sigma_y$) の幅厚比との比にとって無次元化したものである．$k$ は式 (3.30) に示す座屈係数である．

図3.11 圧縮板の耐荷力曲線

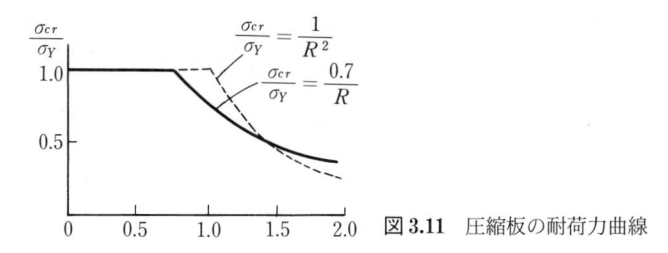

なお，式（3.31）を危険応力度は降伏点を超えないとした場合の耐荷力曲線を描くと図3.11のようになる．

### 3.6.3 板要素の設計

圧縮板の耐荷力は，前節に述べたように求められる．しかし，実際の設計でしばしば使用される，両縁支持された板に圧縮力が作用する場合の必要最小厚さ，局部座屈に対応する許容応力度については道路橋示方書に詳しい規定があるので，ここにその一部を記述する．

**（1） 圧縮力を受ける両縁支持板，自由突出板の設計**

両縁支持板の最小板厚と局部座屈に対する許容応力度を表3.7，表3.8に示

表3.7 圧縮応力を受ける両縁支持板の最小板厚の例(道示Ⅱ 4.2.2)

| 鋼材の板厚 [mm] \ 鋼種 | SS 400, SM 400, SMA 400 W | SM 490 |
|---|---|---|
| 40 以下 | $\dfrac{b}{56\gamma}$ | $\dfrac{b}{48\gamma}$ |
| 40 をこえ 100 以下 | $\dfrac{b}{58\gamma}$ | $\dfrac{b}{50\gamma}$ |

表3.8 両縁支持板の局部座屈に対する許容応力度の例[N/mm²]（道示Ⅱ 4.2.2）

| 鋼材の板厚[mm] \ 鋼種 | SS 400, SM 400, SMA 400 W | SM 490 |
|---|---|---|
| 40 以下 | $\dfrac{b}{t} \leqq 38.7\gamma : 140$ <br> $38.7\gamma \leqq \dfrac{b}{t} \leqq 80\gamma : 210{,}000\left(\dfrac{t\gamma}{b}\right)^2$ | $\dfrac{b}{t} \leqq 33.7\gamma : 185$ <br> $33.7\gamma \leqq \dfrac{b}{t} \leqq 80\gamma : 210{,}000\left(\dfrac{t\gamma}{b}\right)^2$ |
| 40 をこえ 100 以下 | $\dfrac{b}{t} \leqq 41.0\gamma : 125$ <br> $41.0\gamma \leqq \dfrac{b}{t} \leqq 80\gamma : 210{,}000\left(\dfrac{t\gamma}{b}\right)^2$ | $\dfrac{b}{t} \leqq 34.6\gamma : 175$ <br> $34.6\gamma \leqq \dfrac{b}{t} \leqq 80\gamma : 210{,}000\left(\dfrac{t\gamma}{b}\right)^2$ |

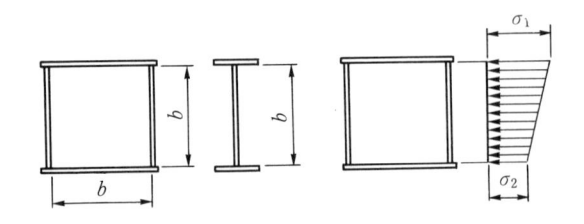

（a）板の固定縁間距離　　（b）板の縁応力度

**図 3.12**　圧縮力を受ける板

す（道示Ⅱ 4.2.2）．表中の $b$ の取り方は，図 3.12 に示すようであり，

$$t \geq \frac{b}{80\gamma} \quad \text{かつ} \quad t \geq \frac{b}{200}$$

である．ここで，$t$ は板厚であり，係数 $\gamma$ は板面内の応力勾配が板の座屈に及ぼす影響を表す係数で，

$$\gamma = 0.65\phi^2 + 0.13\phi + 1.0$$

$$\phi = \frac{\sigma_1 - \sigma_2}{\sigma_1} \quad (\sigma_1 \geq \sigma_2 \text{ で圧縮応力を正とする})$$

より求める．

**表 3.9**　自由突出板の局部座屈に対する許容応力度の例 [N/mm²]（道示Ⅱ 4.2.3）

| 鋼材の板厚 [mm] ＼ 鋼種 | SS 400, SM 400, SMA 400 W | SM 490 |
|---|---|---|
| 40 以下 | $\frac{b}{t} \leq 12.8 : 140$<br>$12.8 < \frac{b}{t} \leq 16 : 23{,}000\left(\frac{t}{b}\right)^2$ | $\frac{b}{t} \leq 11.2 : 185$<br>$11.2 < \frac{b}{t} \leq 16 : 23{,}000\left(\frac{t}{b}\right)^2$ |
| 40 をこえ100 以下 | $\frac{b}{t} \leq 13.6 : 125$<br>$13.6 < \frac{b}{t} \leq 16 : 23{,}000\left(\frac{t}{b}\right)^2$ | $\frac{b}{t} \leq 11.5 : 175$<br>$11.5 < \frac{b}{t} \leq 16 : 23{,}000\left(\frac{t}{b}\right)^2$ |

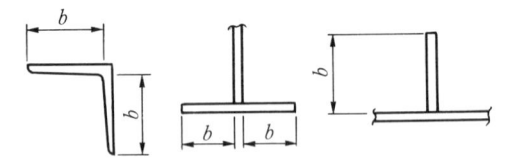

**図 3.13**　自由突出幅

また，圧縮力を受ける自由突出板の板厚 $t$ は，突出幅 $b$ の 1/16 以上とし，局部座屈に対する許容応力度は，表 3.9 に示すようである．突出幅 $b$ は，図 3.13 に示すように取ることにしている（道示Ⅱ 4.2.3）．なお，板の局部座屈に対する許容応力度の基準耐荷力曲線は，幅厚比のパラメータ $R$ を用いて

$$\left. \begin{array}{l} \dfrac{\sigma_{cr}}{\sigma_y}=1.0 \quad (R \leqq 0.7) \\[2mm] \dfrac{\sigma_{cr}}{\sigma_y}=\dfrac{0.5}{R^2} \quad (0.7<R) \end{array} \right\} \qquad (3.33)$$

ここに，

$$R=\dfrac{b}{t}\sqrt{\dfrac{\sigma_y}{E}\cdot\dfrac{12(1-\nu^2)}{\pi^2\cdot k}} \qquad (\mathrm{f})$$

である（式 (3.31) 参照）．すなわち，$0.7<R$ の領域で，オイラーの座屈強度の安全側の 1/2 を基準耐荷力としている．

これは，面外たわみや剛性の低下を生じやすいことを考慮した規定である．また，座屈係数 $k$ の値は両端支持の場合は 4.0，自由突出板の場合は 0.43 である．

なお，これらの規定は，プレートガーダーの腹板には適用しないことになっている．

**（2） 圧縮力を受ける両縁支持の補剛板の設計**

板の局部座屈に対する抵抗を増すために，図 3.14 のように長手方向（縦方向）やそれに加えてそれと直角方向（横方向）に平鋼や U 字形鋼を補剛材として溶接して補強した補剛板が使用される場合がある．

このような補剛板に圧縮力が作用した場合も，全体としての座屈と補剛材で囲まれた要素部分の局部座屈が起きる（この場合，補剛材そのものは座屈しないと考え，そのように設計されているものとする）．補剛板が図 3.14 のような

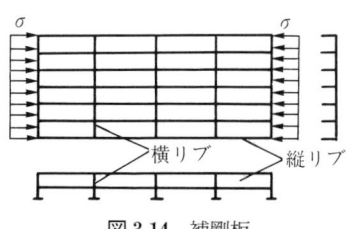

**図 3.14 補剛板**

圧縮力を受けると，縦方向（荷重作用方向）の補剛材が横方向の補剛材に比べてより直接的に有効に働くものであるが，補剛材の間隔，補剛材の断面積，補剛板の縦横の寸法および断面二次モーメントの比（正確には剛比）などの諸要因が，補剛板の危険荷重に影響する．補剛板の座屈に関する実験値，理論計算についても多くのデータが発表されているがここでは，示方書に示されている設計照査のための規定の一部を表 3.10，3.11 に示す（道示II 4.2.4）．

表 3.10 圧縮応力を受ける補剛板の最小板厚の例 （道示II 4.2.4）

| 鋼材の板厚[mm] \ 鋼種 | SS 400，SM 400，SMA 400 W | SM 490 |
|---|---|---|
| 40 以下 | $\dfrac{b}{56\gamma n}$ | $\dfrac{b}{48\gamma n}$ |
| 40 をこえ 100 以下 | $\dfrac{b}{58\gamma n}$ | $\dfrac{b}{50\gamma n}$ |

表 3.11 補剛板の局部座屈に対する許容応力度の例[N/mm²]（道示II 4.2.4）

| 鋼材の板厚[mm] \ 鋼種 | SS 400，SM 400，SMA 400 W | SM 490 |
|---|---|---|
| 40 以下 | $\dfrac{b}{t} \leq 28\gamma n \;:\; 140$ <br> $28\gamma n < \dfrac{b}{t} \leq 56\gamma n \;:\; 140 - 2.6\left(\dfrac{b}{t\gamma n} - 28\right)$ <br> $56\gamma n < \dfrac{b}{t} \leq 80\gamma n \;:\; 210{,}000\left(\dfrac{t\gamma n}{b}\right)^2$ | $\dfrac{b}{t} \leq 24\gamma n \;:\; 185$ <br> $24\gamma n < \dfrac{b}{t} \leq 48\gamma n \;:\; 185 - 3.9\left(\dfrac{b}{t\gamma n} - 24\right)$ <br> $48\gamma n < \dfrac{b}{t} \leq 80\gamma n \;:\; 210{,}000\left(\dfrac{t\gamma n}{b}\right)^2$ |
| 40 をこえ 100 以下 | $\dfrac{b}{t} \leq 28\gamma n \;:\; 125$ <br> $28\gamma n < \dfrac{b}{t} \leq 58\gamma n \;:\; 125 - 2.1\left(\dfrac{b}{t\gamma n} - 28\right)$ <br> $58\gamma n < \dfrac{b}{t} \leq 80\gamma n \;:\; 210{,}000\left(\dfrac{t\gamma n}{b}\right)^2$ | $\dfrac{b}{t} \leq 24\gamma n \;:\; 185$ <br> $24\gamma n < \dfrac{b}{t} \leq 48\gamma n \;:\; 185 - 3.9\left(\dfrac{b}{t\gamma n} - 24\right)$ <br> $50\gamma n < \dfrac{b}{t} \leq 80\gamma n \;:\; 210{,}000\left(\dfrac{t\gamma n}{b}\right)^2$ |

表 3.10 において，$t \geq b/(80\gamma \cdot n)$ であり，$t$ は板厚[cm]，$b$ は補剛板の全幅[cm]，$n$ は縦方向の補剛材によって区切られるパネル数（$n \geq 2$）である．また，$\gamma$ は応力勾配による係数で

$$\gamma = 0.65\left(\dfrac{\phi}{n}\right)^2 + 0.13\left(\dfrac{\phi}{n}\right) + 1.0$$

で求める．

ここで，$\phi$ は応力勾配，

$$\phi = \frac{\sigma_1 - \sigma_2}{\sigma_1}$$

$\sigma_1$, $\sigma_2$ は作用圧縮応力度（圧縮を正，$\sigma_1 \geq \sigma_2$）である（図 3.15 参照）．

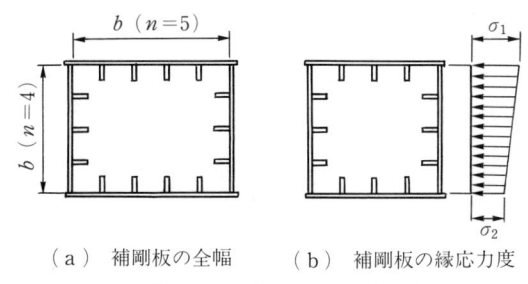

(a) 補剛板の全幅　　(b) 補剛板の縁応力度

図 3.15　圧縮力を受ける補剛板

なお，示方書には，補剛板の基準耐荷力曲線として，幅厚比パラメータ $R_R$ による次式が与えられている．

$$\left.\begin{aligned}\frac{\sigma_{cr}}{\sigma_y} &= 1.0 & (R_R \leq 0.5) \\ \frac{\sigma_{cr}}{\sigma_y} &= 1.5 - R_R & (0.5 < R_R \leq 1.0) \\ \frac{\sigma_{cr}}{\sigma_y} &= \frac{0.5}{R_R^2} & (1.0 < R_R)\end{aligned}\right\} \quad (3.34)$$

ここに，

$$R_R = \frac{b}{t}\sqrt{\frac{\sigma_y}{E} \cdot \frac{12(1-\nu^2)}{\pi^2 \cdot k_R}}$$

$k_R$ は座屈係数（$=4n^2$），$n$ は補剛材で区切られるパネル数である．

## 演習問題

**3.1**　鋼構造部材の安全照査において，設計したい部材に対応して考慮すべき外力およびその部材が構成要素となっている土木構造物を表にまとめて列挙せよ．

**3.2**　構造部材を設計する際に，安全率が重要な問題となる．安全率の重要性について説明せよ．

**3.3**　許容応力度設計法を他の設計法と比較した場合の問題点を説明せよ．

**3.4**　横×縦＝20×30 cm の長方形断面の単純ばり（支間長 12 m）の支間中央に，集中

荷重が作用している．このはりの許容曲げ応力度が $\sigma_a = 9.8\,\mathrm{kN/cm^2}$ である場合，載荷できる荷重の最大値を求めよ．

**3.5** 軸方向圧縮力を受ける SS 400 の鋼製柱の許容軸方向圧縮応力度はどれだけに取るべきか（細長比：$L/r = 40$ とする）．

**3.6** 図 3.16 に示すような偏心荷重を受ける圧縮材の弾性曲げ座屈曲線を求めよ．

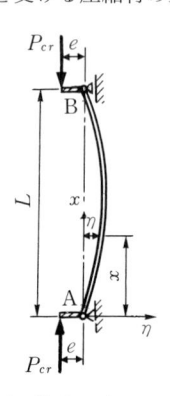

図 3.16　偏心荷重を受ける圧縮材

**3.7** 鋼板の耐荷力を考えるとき，換算幅厚比と呼ばれる座屈パラメータ $R$ が使われる．この $R$ はどのようなものか説明せよ．

#  4 章 鋼材の接合法

## 4.1 接合の定義，機能，種類

### 4.1.1 接合の定義

鋼構造物（鋼橋）が，その目的機能を発揮するためには，鋼材が一定の形と寸法の材片に加工され，必要な強さと働きを有する断面の部材に作られ，これらが所定の位置・形状を保つように組み立てられていなければならない．

すなわち，鋼構造物は鋼材を
① 一つの材片を別の形，大きさを有する材片に加工する．
② 材片を組み合わせて材片とは異なる断面形状の部材を作る．
③ 部材を構造物の機能を発揮するように全体として組み立てる．
ということが行われなければならない．これは，
① 効率の良い断面を構成する（応力度に応じて断面積を変化させる）．
② 自由な断面を構成する（なるべく美しい構造物にする）．
③ 全体を一体として作れない（運搬や架設を容易にする）．
ためである．このように，材片や部材をつなぎ合わせることを総称して接合 (connection) という．この総称としての接合を，連結 (joint) ともいう．

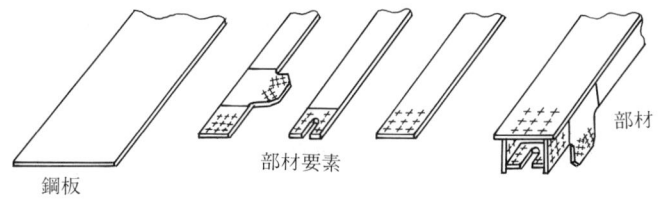

図 4.1 鋼構造部材の接合
(a) 部材要素（材片）の加工
(b) 部材の製作

### 4.1.2 接合の種類

接合をその働き（機能）で分類すると，
1) 耐力接合：力を伝達する．
2) 組立（綴合わせ）接合：材片を所定の位置・断面形状に保つ．
3) てんげき（填隙）接合：隙間を埋めたり，ふたをする．
4) 仮付け接合：完成するまでの間だけ接合しておく．

などが考えられる．

接合の基本は，材片（目的の材片を母材という）と材片の接合である．

材片の接触部分を具体的につなぐ（接着させる）方法によって分類すれば，表 4.1 に示すようになる．

**表 4.1 鋼材の接合**

```
金属(鋼材) ─┬─ 機械的接合 ─┬─ リベット接合
  の接合     │              ├─ ボルト接合 ─┬─ 普通ボルト接合
           │              │              └─ 高力ボルト接合
           │              ├─ ピン接合
           │              └─ その他
           └─ 冶金的接合 ─┬─ 融  接 ─┬─ ガス溶接
               (溶接)     │  (溶接)  ├─ アーク溶接
                         │          └─ その他
                         ├─ 圧  接 ─┬─ 電気抵抗溶接
                         │          ├─ 鍛接
                         │          └─ その他
                         └─ ろ う 接 ─┬─ 硬ろう接
                                      └─ 軟ろう接
```

これらの接合において，機械的接合法は，材片と材片を重ねるか，母材以外の材片を重ねて（添えて）穴をあけ，穴にボルトやリベットを通し，これを介して力を伝達する．母材以外の材片を添えて接合するものを添接(splice)といい，このとき，添える材片を添接板(splice plate)または連結板という．

冶金的接合法は，母材と母材の間に，母材以外の金属を溶かし込んでそれを接着剤にして接合する「ろう接」と，母材と同じものを溶かして付け加え，接合後は母材どうしが一体となるようにした「溶接(welding)」とがある．

このうち，鋼構造物では，主に工場で材片を加工し，断面を構成し，部材を製作する接合としては溶接が，部材を現場で目的の機能を発揮するように組み

立てる接合にはボルト（リベット）接合が用いられる．

　鋼構造物に用いられる，接合形式（母材の接し方，形）の主な種類を挙げれば，次のようになる．
　1) 重ね接合：母材がお互いに重なっている接合．
　2) 突合せ接合：母材の端面が突き合わさっている接合．
　3) T形接合：母材の端面と表面がT字形に接している接合．
　ここまで，「……接合」といってきたが，これらを「……継手」ともいう．
　以下では，鋼構造物における鋼材の接合法のうち，溶接と高力ボルト接合について述べる．

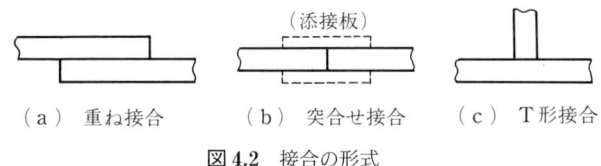

（a）重ね接合　　（b）突合せ接合（添接板）　　（c）T形接合

図4.2　接合の形式

## 4.2 溶　　　接

### 4.2.1 概説（特徴）

　何らかの熱源を利用して鋼材の接触部分を溶融して，材片同士のその部分を一体に融合させて継ぎ合わせるものである．
　この溶接を高力ボルト接合と比較してみると，次のような特徴がある．
① 接合部分が簡明である．
　［接合部分の構造が単純で余分な材片が不要であり，外観が美しくできる．］
② 応力伝達の効率がよい．
　［母材と全く同等の強度が得られ，断面の連続性が保たれるので応力伝達が円滑である．］
③ 設計，施工の自由度が大きい．
　［板厚や幅を自由にとることができ，細かい形状変化にも対応できる．］
④ 製作や架設の効率がよい．
　［全体あるいは部材の重量が小さくなるので加工や運搬が容易になる．］

⑤ 水密性構造物の製作が容易．
   ［気体や液体が漏れないので気体や液体の貯蔵構造物などが容易にできる．］
⑥ 防錆処理が容易である．
   ［嫌気性気体を封入することも可能であり，また表面積も少ないので塗装作業なども容易である．］

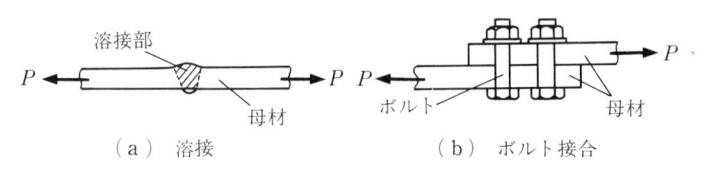

（a）溶接　　　　　　（b）ボルト接合

図4.3　接合断面の比較

しかし，高熱を加えて鋼材を一旦溶かすので，次のような問題も生じる．
① ねじれ，局部的収縮などの変形を生じ，残留応力が発生する．
② 材質に変化を生じやすい．
   ［溶接方法によっては空気中の元素が取り込まれて，鋼材を劣化させることがある．］
③ 加工，製作の設備や技術の差が品質や信頼性に影響する．
   ［技術や熟練の差が出来上がりにばらつきを起こす．］
④ 応力集中の影響が大きく出る．
   ［断面の急変，内部の傷や欠陥の影響を受けやすい．］
⑤ 接合の一部の欠陥が全体に及ぶ．
   ［接合が一体であるので一カ所の破壊は接合部全体の破壊と同じである．］
⑥ 変形や振動の影響を受けやすい．
   ［余分な材片がないので設計寸法以外の断面が全くないので剛性不足になりやすく変形や振動の影響を受けやすい．］

### 4.2.2　溶接の種類と構造

鋼材の接合のうち，金属を溶かして行うものとしては，

1) 融接：両材片の接着部を熱によって溶かし，これに外から溶けた金属を加え一体にした溶融部を形成して接合する方法．
2) 圧接：材片の接触部に熱と圧力を加えて溶融一体化して接合する方法．
3) ろう接：材片の接着部の間に，別の融点の低い金属を溶かして流し込み，これを接着剤として接合する方法．

の三つがある．一般に，ただ，「溶接」というときは，1)の融接を指す場合が普通で，鋼構造物ではほとんどこれが用いられる．

これら溶接の鋼材（金属）を溶かす熱源としては，ガスの燃焼熱（融接，ろう接），電気の抵抗熱（圧接），電気の放電（アーク：arc）熱（融接）などである．

鋼構造物の部材を製作する工程では，材片を所要の形状寸法に切断，加工するにはガスの燃焼熱を，加工した材片を部材に組み立てるにはアーク熱を利用することが多い．

鋼構造の製作で最も多く使用されるアーク溶接は，鋼材を溶かす熱源としてアーク熱を利用したもので，通常，接合材片の間を少し空け（この隙間を開先：グルーブ（groove）という），この開先に溶けた鋼材（これを溶加材という）を加え，材片と一体にして接合するものである．この場合，アークを安定させ，溶けた母材や溶加材（溶融部）に大気中の酸素，窒素などの元素が進入するのを防ぐとともに，凝固，冷却を緩やかにして材質の変化を防止するためにガスや膜などで保護して溶接する．

### （1）代表的なアーク溶接

1) 被覆アーク溶接

溶加材と電極を兼ねる心線に，被覆剤を塗布乾燥させた溶接棒を用い，この溶接棒と材片の間に回路を作って行う溶接である．

被覆剤には，主にガスになって溶融部を覆うセルローズ系とスラッグ（溶滓，滓塊：slug）になって覆うイルミナイト系のものとがあり，鋼材の種類などによってさまざまの成分が添加される．

心線は，材片の厚さ，溶接長さあるいは溶接姿勢などに対応できるよう，数種類のものが用いられている．

この被覆アーク溶接は，一般に，溶接工が溶接棒をホルダーで保持しながら

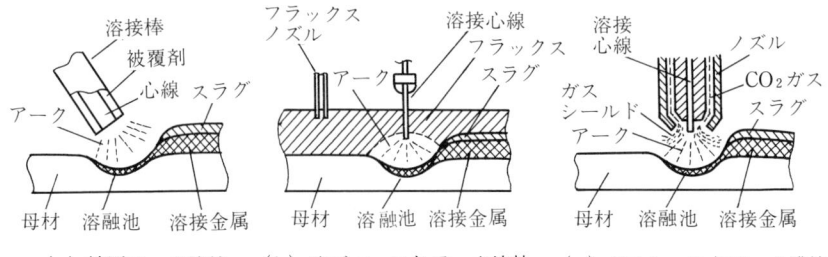

(a) 被覆アーク溶接　　(b) サブマージドアーク溶接　　(c) ガスシールドアーク溶接

図 4.4　代表的な溶接法の断面模式図

移動させて行うもので，熟練を要するが，溶接方向や溶接条件の点で比較的自由な作業ができるという特徴をもっている．

2）　サブマージドアーク溶接

これは，被覆アーク溶接の溶接棒の心線と被覆剤を別々にし，被覆剤は粒状にしてアークをとばす前面上部に盛り，その中にコイル状に巻いた心線（電極棒）を突っ込んで，アークの長さ（電極棒の間隔）と速度を一定に保ちながら移動して自動的に溶接するものである．溶け込みが深く，速度も速いので高能率であり，品質のばらつきが少ない．しかし，施工条件に制限があり，一度に大断面を溶接するので熱の影響が大きい．

3）　ガスシールドアーク溶接

この方法は，被覆剤の代わりにガスでアークを覆って，アーク溶接を行うもので，ガスには不活性ガスあるいは炭酸ガスが用いられる．サブマージドアーク溶接よりは自由な溶接ができ，被覆アーク溶接より溶け込みは深く，溶接速度もかなり速いので作業能率は良く，品質のばらつきも少ないという利点があるが，風の影響を受けやすいなどの欠点もある．

（2）　溶接継手（溶接接合部）の構造，欠陥

溶接継手の接合材片の接している部分の隙間を開先（グルーブ）というが，このように，材片の接し方と開先の有無によって図 4.5 のように分類している．開先を設ける溶接を「グルーブ溶接（groove weld）」といい，開先を作らないで材片を接触させた状態で溶加材で接合する溶接を「すみ肉溶接（fillet weld）」という．

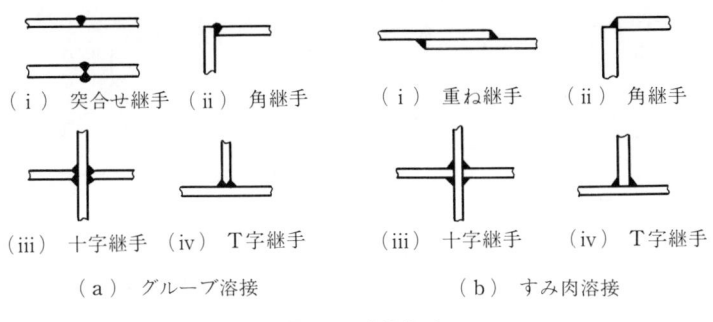

```
     （ⅰ） 突合せ継手  （ⅱ） 角継手      （ⅰ） 重ね継手   （ⅱ） 角継手

     （ⅲ） 十字継手   （ⅳ） T字継手     （ⅲ） 十字継手   （ⅳ） T字継手
           （a） グルーブ溶接                （b） すみ肉溶接
```

図 4.5　溶接継手

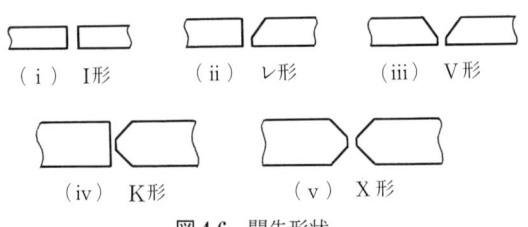

```
     （ⅰ） I形      （ⅱ） レ形      （ⅲ） V形

            （ⅳ） K形         （v） X形
```

図 4.6　開先形状

　グルーブ溶接の開先形状（接合材片を応力伝達方向に平行な平面で切った時の断面形状）の，代表的なものを図 4.6 に挙げる．

　I 形は薄い板に，レ，v 形は 15 mm 程度の板に，それ以上の厚さの板には K，X 形の開先が作られる．このほかにも，板厚や溶接の方法等によって，U，J 形の開先を設けて溶接を行う．

　材片の接合部は，一般に外見上は単純であるけれども，母材に溶加材が加わり混合した，複雑な構造・組織状態になっており，各種の欠陥が生じる恐れがある．接合部の断面の構造・組織の呼び方および欠陥の種類を示すと，図 4.7 のようなものが挙げられる．

　これらの欠陥は，余盛り過大，のど厚不足，脚長過不足，オーバーラップ，アンダーカットなどの形状寸法上の外部欠陥と溶け込み不良，内部割れ，ブローホール（気孔）などの内部欠陥に分けることができる（図 4.7(b) 参照）．欠陥があると，応力集中や疲労による強度の減少の原因になるので，なるべく欠陥の生じにくい断面の採用を考える注意が必要である．

　欠陥の検査方法には，外観の目視検査の他，浸透液探傷法，磁粉探傷法など

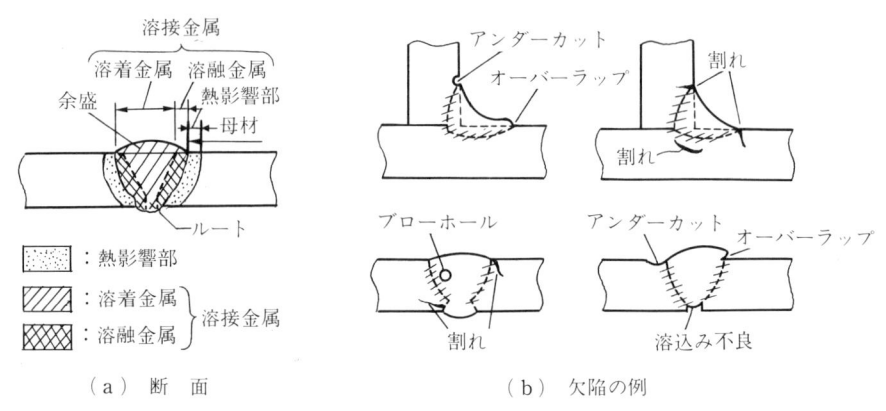

**図 4.7 溶接部の断面, 欠陥の例**

が表面や浅い欠陥に用いられ, 内部欠陥は, 放射線探傷法, 超音波探傷法などによって検査されている. これらは鋼材などの引張試験のように, 部材片を全く傷つけたり変形させたりしないので, 非破壊検査といっている.

溶接には, 強度に重大な影響を与える欠陥が生じる恐れがあるので, JIS[*]に詳細な試験方法が規定されており, 欠陥をその種類と形状によって1～3種に分け, 一定の範囲内にある個数によって, 1～4級の4等級に分類している.

### 4.2.3 溶接継手の設計と留意点

**（1） 継ぎ手部の応力度の算定**

溶接継手の応力の伝達は, 図4.8に示すように, のど厚(throat：応力を伝える有効厚さ)とその長さ(溶接線といい, そのうちの有効長)で作られる面(これを「のど面積」という)を通して行われると仮定する.

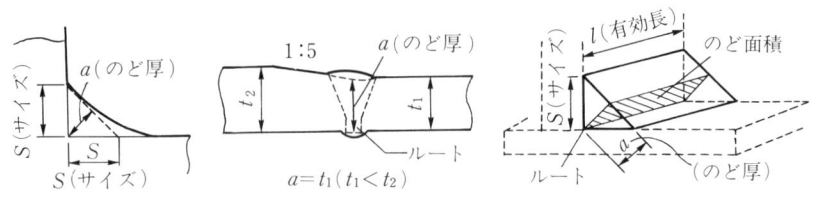

**図 4.8 溶接継手ののど厚とのど面積**

---

[*]：JIS Z3104 （JIS：日本工業規格）

すみ肉溶接には，溶着部および材片間の外力の作用方向にかかわらず，せん断応力が生じると考えて設計する．したがって，のど厚を $a$，有効長を $l$ とすればのど面積 $\bar{A}$ は

$$\bar{A} = \Sigma a \cdot l \tag{4.1}$$

である．

溶接継手に，直力（軸力）$P$ が作用する場合の応力度は，グルーブ溶接では

$$\sigma = P/\bar{A} = P/\Sigma a \cdot l \tag{4.2}$$

であるが，すみ肉溶接ではこの応力もせん断応力とみなすのが普通である．

もち論，この継手にせん断力（のど面に平行な力）$S$ が作用すれば，

$$\tau = S/\bar{A} = S/\Sigma a \cdot l \tag{4.3}$$

となりこれはせん断応力度である．

継手に曲げモーメントが作用する場合は，のど面積を曲げ応力に垂直な平面に投影した面積を有効断面とみなして断面二次モーメント $I$ を計算し，

$$\sigma = \frac{M}{I} \cdot y \tag{4.4}$$

によって応力を求める．すみ肉溶接の場合は，図 4.9 に示すように，のど面積を接合面に展開した断面を用いるのが一般的である．したがって，

$$\tau_b = \frac{M}{I} \cdot y \tag{4.4}'$$

である．

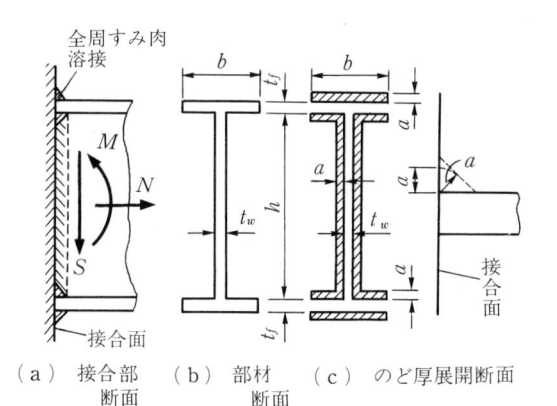

（a）接合部断面　（b）部材断面　（c）のど厚展開断面

図 4.9　のど面積の展開

## (2) 合成応力度とその照査

いままで求めた溶接部に生じる応力度は，設計基準に定められた許容応力度以下でなければならない．鋼道路橋の設計示方書には表 4.2 のような許容応力度が定められている（道示 II 3.2.3）．

**表 4.2** 溶接部の許容応力度の例 [N/mm²]（道示 II 3.2.3）

| 鋼種 | | | SS400, SM400, SMA400W | | SM 490 | |
|---|---|---|---|---|---|---|
| | 鋼材の板厚[mm] 溶接の種類 | | 40 以下 | 40 をこえ 100 以下 | 40 以下 | 40 をこえ 100 以下 |
| 工場溶接 | 全断面溶込み グループ溶接 | 圧縮応力度 | 140 | 125 | 185 | 175 |
| | | 引張応力度 | 140 | 125 | 185 | 175 |
| | | せん断応力度 | 80 | 75 | 105 | 100 |
| | すみ肉溶接, 部分溶込み グループ溶接 | せん断応力度 | 80 | 75 | 105 | 100 |
| 現場溶接 | | | 原則として工場溶接と同じ値とする | | | |

しかし，曲げモーメントや軸力による垂直応力とせん断やねじりによるせん断応力が同時に生じる場合には，これらの合成応力度について安全を調べる必要がある．

最大せん断ひずみエネルギー一定説によれば，$\sqrt{\sigma^2 + 3\tau^2}$ が許容応力度以下であればよいとされているので，たとえば，道路橋では，載荷状態にばらつきがあることなどから 1 割の許容応力度の割増を考慮して，次のような照査式を定めている．

$$\left(\frac{\sigma}{\sigma_a}\right)^2 + \left(\frac{\tau}{\tau_a}\right)^2 \leq 1.2 \tag{4.5}$$

すみ肉溶接では，曲げモーメントによる応力度もせん断応力度として扱うので次のようになる．

$$\left(\frac{\tau_b}{\tau_a}\right)^2 + \left(\frac{\tau}{\tau_a}\right)^2 \leq 1.0 \tag{4.6}$$

これらの式で，$\tau$ はせん断応力度，$\tau_b$ は曲げモーメント（または軸力）によるすみ肉溶接の応力度で，式 (4.3)，式 (4.4)′ で求められる．

## (3) 継手設計上の注意事項

溶接継手の設計上の注意点を挙げると次のようである．

① 溶接線が交差したり，重なったりしないようにする．熱影響部を集中させない，材質の変化を少なくするなどのためである．I形断面(プレートガーダー)の例を示すと，図4.10のようである．この例の補剛材の接合の開孔部をスカーラップ（scallop）という．

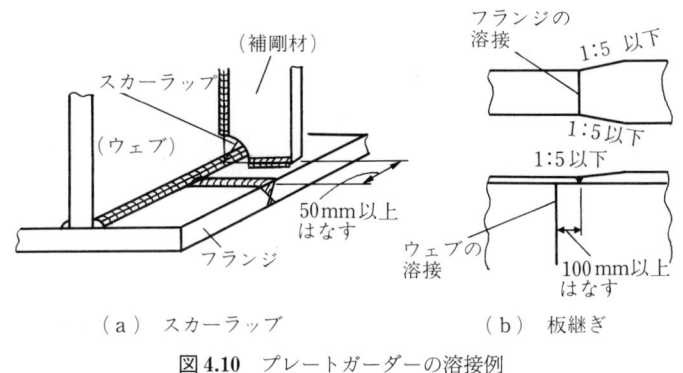

（a）スカーラップ　　　　　（b）板継ぎ

図4.10　プレートガーダーの溶接例

② 断面は急変させない．厚さ，幅の異なる板の接合は，応力集中を避け，応力伝達を円滑にするために，図4.10(b)のように厚さ幅ともに徐々に変化させる．
③ 材片の取り扱いや溶接施工が容易なように材片の組合せを考える．
④ 同一の継ぎ手部を異なる接合法（ボルト接合など）と併用しない．溶接と高力ボルト接合は一部併用できるが，なるべく避けるのがよい．

**（4）溶接記号**

溶接記号の代表的なものを図4.11（次頁）に示す．

**例題 4.1**　図4.12（次頁）のような重ね全周すみ肉溶接継手の許容伝達力 $P_a$ を求めよ．ただし，溶接の許容応力度は $\tau_a=7800 \text{ N/cm}^2$ である．

**[解]**　式 (4.2) を $P$ について解けば，$P=\sigma \cdot \Sigma al$ であり，応力はせん断応力であるので，許容伝達力は $P_a \leq \tau_a \cdot \Sigma al$ で求められる．のど厚は $a=s/\sqrt{2}=1/\sqrt{2}=0.707$ cm であり，溶接線は全周有効であるので，

$$P_a \leq 7800 \times 2 \times 0.707 \times (10+20) = 330926 \text{ N} \fallingdotseq 330 \text{ kN}$$

68　4章　鋼材の接合法

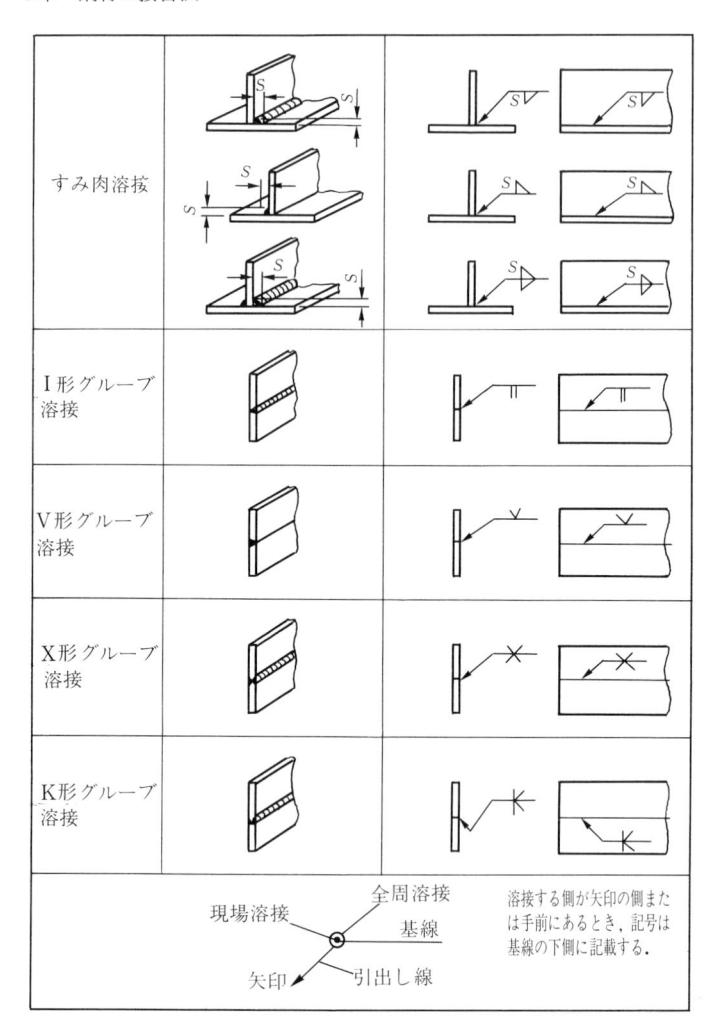

| | | |
|---|---|---|
| すみ肉溶接 | | |
| I形グルーブ溶接 | | |
| V形グルーブ溶接 | | |
| X形グルーブ溶接 | | |
| K形グルーブ溶接 | | |
| | 現場溶接　全周溶接　基線　矢印　引出し線 | 溶接する側が矢印の側または手前にあるとき，記号は基線の下側に記載する． |

図 4.11　溶接記号の例

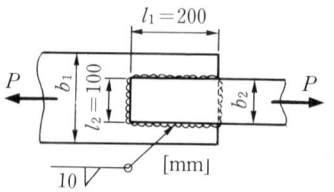

図 4.12　重ね全周すみ肉溶接継手の例

**例題 4.2** 図 4.13 に示すような突き合わせ全周すみ肉溶接継手（フランジの厚さ部分の溶接は無効とする）の曲げモーメントによる最大応力度を求めよ。ただし、作用曲げモーメントは $M=100\,\mathrm{kN\cdot m}$、断面寸法は $b_f=30\,\mathrm{cm}$、$t_f=20\,\mathrm{mm}$、$h_w=60\,\mathrm{cm}$、$t_w=9\,\mathrm{mm}$、溶接のサイズは $s=8\,\mathrm{mm}$ である。

**[解]** のど厚は $a=s/\sqrt{2}=0.8/\sqrt{2}=0.57\,\mathrm{cm}$ であるので、図 4.13 のような展開図が得られる。

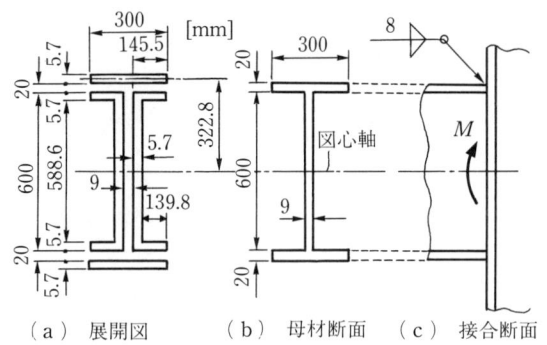

**図 4.13** 溶接継手の展開図

この図を参照して、断面二次モーメントは
$$I = 2\times(14.55\times 60^3 - 13.98\times 58.86^3)/12 + 2\times 32.28^2\times 30\times 0.57$$
$$= 84302\,\mathrm{cm}^4$$

である。また、$y=y_u=y_l=h_w/2+t_f+a=60/2+2+0.57=32.57\,\mathrm{cm}$ であるので、

$$\sigma = \tau = \frac{M}{I}\cdot y = \frac{10000000}{84302}\times 32.57 = 3863.5\,\mathrm{N/cm^2}$$

が得られる。

## 4.3 高力ボルト接合

### 4.3.1 高力ボルト接合の種類、特徴

高力ボルト接合は、高張力鋼で作られたボルト、ナット、座金のセットで材片を締め付けて、連結する接合法である。材片とボルト（セット）の間には複雑な応力挙動が考えられるが、鋼材そのものには金属学的な変化を与えない機械的接合法の一つである。

**（1）種類、特徴**

鋼構造物に使用される高力ボルト接合は、摩擦接合、支圧接合、引張接合の

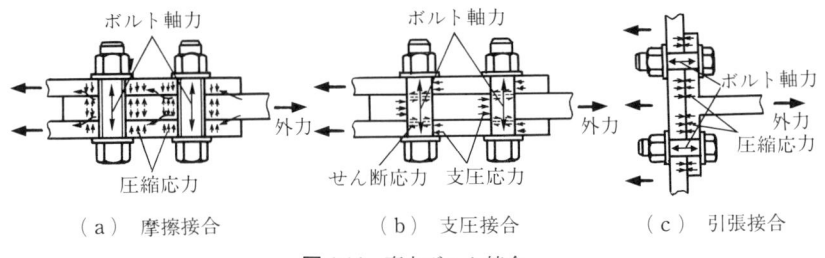

(a) 摩擦接合　　　　　　　（b) 支圧接合　　　　　　　（c) 引張接合

図 **4.14** 高力ボルト接合

三つである．

  1） 摩擦接合（friction grip connection）

　これは材片（母材，連結板）をボルトの軸応力度が降伏点の 75％以上の強さで締め付け（これを軸力の導入という），材片間の摩擦（friction）によって応力を伝達する．継手材片の接触面によって応力伝達が行われるので応力集中が起こりにくく，疲労にも比較的強く，継手部分の剛性も大きいので，鋼橋では最も多く用いられる接合である．

  2） 支圧接合（bearing connection）

　ボルト軸力導入による材片間の摩擦力とともに，ボルト自体の強度（ボルト軸部のせん断強さ，ボルトと材片間の支圧強さ（bearing strength））によって応力の伝達を行う．摩擦接合と同様にボルトの締め付けを行うので，材片間の摩擦力を超えた力に対してボルトにせん断応力や支圧応力が生じることになり，一般に，ボルト一本当たりの許容力は大きくとれる．しかし，材片間にずれを減らすため，ボルト軸部と材片の間に隙間ができないように，軸部に溝を付けボルトを外径より少し小さい穴をあけた材片に打ち込んで接合する．このため，ボルト穴の精度管理は非常に厳しく行われる必要がある．

  3） 引張接合（tensile-type bolted connection）

　これはボルトの軸と平行な方向の応力を伝達する形式の接合である．したがって，伝達する力の大きさ符号によってボルトの軸力が変動する．これに対して，1），2）の接合のボルト軸力は伝達する力の方向に直角であり，伝達力の大小符号に関係なく一定である．橋梁では，ラーメン橋脚や塔柱の継手やそれらを下部構造に固定する場合などに使用される．

　構造のどの部分にどのボルト接合を用いるかは，継手部の材片構成，剛性，

応力状態，ボルトの許容力，締め付け軸力などについて検討する必要がある．

**（2）　高力ボルト接合のボルト類**

　鋼道路橋の摩擦接合には，高力六角ボルトとトルシア形高力ボルト（一定のねじり力以上の回転力（トルク）を与えるとボルトの先端部が切断するようにしたボルト）が使用される．ナットは六角ナットで，高力座金（平座金）とセットになっている．

　ボルトの寸法は，日本工業規格(JIS)[*]には，ねじの呼び径（ボルトの軸の直径と同じ）として，12 mm から 30 mm までが規定されているが，鋼道路橋では，20，22，24 mm（M 20，M 22，M 24 という）の3種類を使用する（道示 II 4.3.2）．

　また，機械的性質（強度）としては，高力六角ボルトでは，F 8 T，F 10 T が規定してあるが，トルシア形ボルトは JIS の規定にないので，道路橋の設計では，日本道路協会が定めた，S 10 T を用いる．

　引張接合には主に六角ボルトが使用される．

　鋼道路橋の支圧接合には，日本道路協会の暫定規定に定めてある，B 8 T，B 10 T を使用する．

　高力ボルトの標準的な断面を図 4.15 に示す．

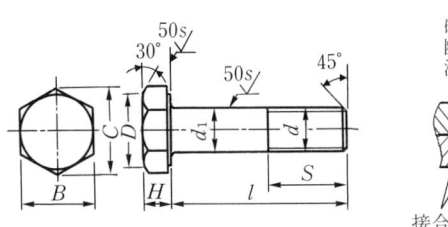

（a）　六角ボルト（JIS B1186）　　　（b）　トルシア形ボルト

図 4.15　高力ボルト

## 4.3.2　ボルトの強さと必要数
**（1）　ボルトの締め付け**

　高力ボルト接合は，ボルトで材片を締め付け，材片間に生じた摩擦力によっ

---
[*]：JIS B 1186

て応力を伝達するので，通常，使用するボルトによって導入できる軸力（これを設計ボルト軸力という）を定めている．この軸力は，鋼道路橋で用いられるボルトでは，降伏点（耐力）の75％，および85％を基準にして定めてあり，摩擦接合の場合，表4.3に示す値である．これは次式(4.7)で求められたものである．

$$N_f = \alpha \cdot \sigma_y \cdot A_e \tag{4.7}$$

ここに，$N_f$ は設計ボルト軸力，$\alpha$ は降伏点に対する比率，$\sigma_y$ は耐力，$A_e$ は有効断面積である．

表4.3 ボルト軸力と1ボルト1摩擦面あたりの許容力[kN]（道示Ⅱ 3.2.3）

| ねじの呼び \ ボルトの種類 | 設計ボルト軸力 F 8 T | 設計ボルト軸力 F 10 T S 10 T | 許容力 F 8 T | 許容力 F 10 T S 10 T |
|---|---|---|---|---|
| M 20 | 133 | 165 | 31 | 39 |
| M 22 | 165 | 205 | 39 | 48 |
| M 24 | 192 | 238 | 45 | 56 |

軸力を与える方法には，トルク法とナット回転法がある．

1) トルク法

ボルト軸力とボルト締めをするために，ナットを回転させる力（回転モーメント：これをトルクという）は比例すると考え，所定のトルクになるまでナットを回転させてボルト締めを行えば，ボルトの軸には必要な軸力が発生しているとするものである．すなわち，軸力とトルクの間には

$$T = k \cdot d \cdot N \tag{4.8}$$

なる関係がある．ここに，$T$ はトルク，$k$ はトルク係数，$d$ はボルトの呼び径，$N$ はボルト軸力である．

このトルクを与える器具として，トルクレンチ（トルクを測ることのできる大型のスパナ）やトルクを制御しながらナットを締め付ける電動式のトルクレンチが用いられる．この方法は，ボルト（ナット，座金がセットになっている）の保管状態などによって軸力に大きなばらつきが起きるので，その管理には細心の注意をはらう必要がある．

### 2) ナット回転法

ナットが1回転するとねじが一山分進むので,それに応じてボルトが伸び,軸力が発生するが,このナットの回転角度で軸力を制御する方法である.この方法は,軸応力が耐力(降伏点)を超えることになるので,遅れ破壊を引き起こす恐れがあるため,鋼道路橋ではこの危険の比較的少ないF8T,B8Tに対してのみこの方法を使用するよう規定している.

### (2) ボルトの許容力

ボルトの締め付け力(軸力:$N$)で材片間が圧縮されておれば,材片をずらす力 $\rho$ は,すべり係数(摩擦係数)を $\mu$ とすれば,$\rho = \mu N$ である.したがって,安全率を $f$ とすれば,ボルト1本1摩擦面当たりの許容伝達力 $\rho_a$ (以下単に許容力という)は

$$\rho_a = \frac{\mu}{f} \cdot N \tag{4.9}$$

で与えられる.この式のすべり係数 $\mu$ は,粗面(いわゆる鋼材の黒皮を除去した状態)の場合で0.4を標準にしている.これで求めた,鋼道路橋の場合の許容力を表4.3に示す(道示II 2.2.3).

### (3) 必要なボルトの数

接合断面はボルトで締め付けられた材片の接触面は完全に均等に接着されているものとみなして必要本数を算定する.

#### 1) 軸力(直力)を伝達する場合

たとえば,図4.16に示すような接合では板Aに作用する力 $P$ は①の面を通

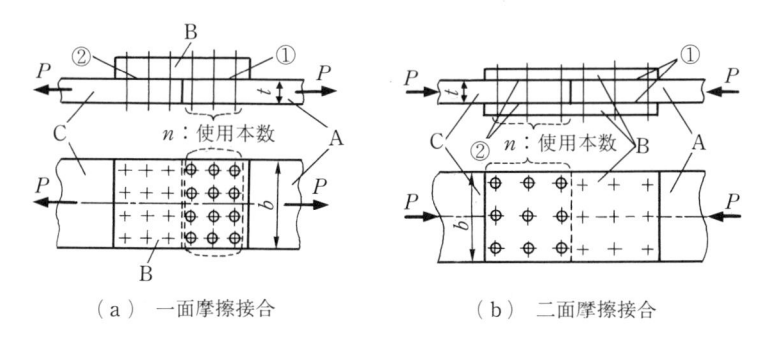

(a) 一面摩擦接合　　　(b) 二面摩擦接合

**図4.16** 軸力が作用するボルト接合

して，Bに伝達され，さらに，②の面を通してCに伝達されると考える．したがって，この場合の必要なボルト本数 $n$ は，次式で求めればよい．

$$n=\frac{P}{\rho_a} \tag{4.10}$$

ボルトの応力で考えれば次のような関係が得られる．

$$\rho_P=\frac{P}{n} \leqq \rho_a \tag{4.11}$$

実際に使用する本数は，この必要本数をもとに，ボルトの径に応じて，板の幅やボルト配置の制限等を考慮して決定する．一般に，作用力に対してなるべく対称な配置にするのがよい．したがって，突合せ継手の場合は，板厚方向にも対称になる図 4.16(b) の二面摩擦接合の方が好ましい．

2) 曲げモーメントの作用を受けるボルト

曲げモーメントあるいは曲げモーメントと軸力の同時作用を受ける材片のように断面位置によって応力度の大きさが異なる場合も，連結板と母材は完全に接着されているものとみなして算定する．したがって，母材断面に生じている応力は接している部分の連結板が負担するものとして設計する．

たとえば，図 4.17 の場合，$i$ 列目のボルト群は，図中斜線を施した部分の応力を分担することになり，この部分の平均応力度を $\bar{\sigma}_i=(\sigma_{i-1}+\sigma_i)/2$, 面積を $A_i=t(g_{i-1}+g_i)/2$ とすれば，応力の総和は

$$P_i=\bar{\sigma}_i \cdot A_i \tag{4.12}$$

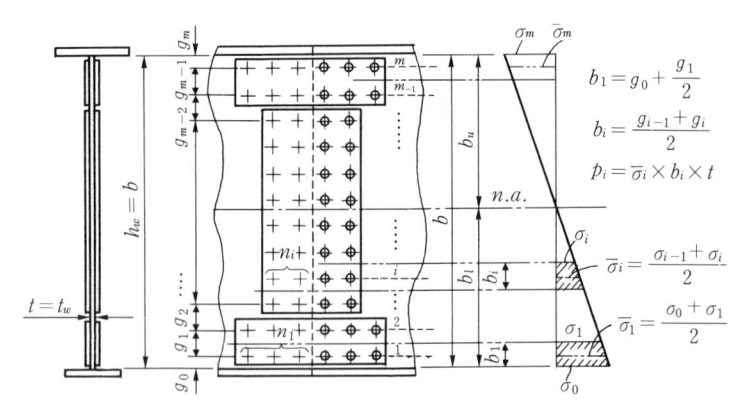

図 4.17 曲げモーメントを受ける板のボルト接合

になる．それゆえ，必要なボルト本数 $n_i$ は

$$n_i = \frac{P_i}{\rho_a} \tag{4.13}$$

で求められる．逆に応力について解けば，曲げモーメントによる応力は

$$\rho_i = \frac{P_i}{n_i} \leq \rho_a \tag{4.14}$$

であるので，これらの最大値が許容力以下であればよいことになる．

3) 組合せ応力が作用するボルト

せん断力 $S$ を受けるボルトについても連結板は完全に母材に接着していると考えるから，すべてのボルトに均等に応力を生じることになる．したがって

$$\rho_s = \frac{S}{n} \leq \rho_a \tag{4.15}$$

が得られる．ここに，$n$ はボルト本数．

さらに，軸方向力とせん断力が同時に（組合せ応力が）作用するボルトは

$$\rho = \sqrt{\rho_P^2 + \rho_s^2} \leq \rho_a \tag{4.16}$$

で照査する．ここに，$\rho_P$ は軸方向力の合計である．

**例題 4.3**　F 10 T(S 10 T)の降伏点応力度は $\rho_y = 880 \text{ N/mm}^2$ である．M 22 の場合，降伏点に対する比率を $a = 0.75$ としてボルトの設計軸力を求めよ．

**解**　$d = 22 \text{ mm}$ のボルトの有効断面積は $A_e = 303 \text{ mm}^2$ であるから，

$$N_f = 0.75 \times 880 \times 303 = 199980 \text{ N} = 200 \text{ kN}$$

となる．

**例題 4.4**　図 4.18 に示すようなボルト配置の重ね継手（高力ボルト摩擦接合）に，曲げモーメント $M = 100 \text{ kN·m}$，せん断力 $S = 84 \text{ kN}$ が作用した場合

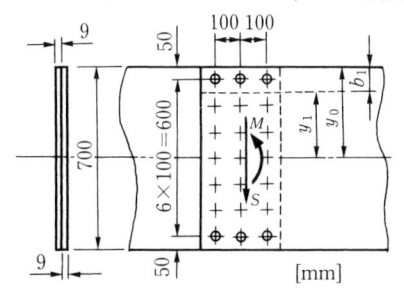

図 4.18　重ね継手

の最大合成応力を求めよ．

**[解]** 曲げモーメントに対しては，断面の応力度がそのまま，ボルトに作用するので，断面の応力度を求める．

断面二次モーメントは
$$I = 0.9 \times 70^3 / 12 = 25725 \text{ cm}^4$$
であり，縁距は
$$y_0 = 70/2 = 35 \text{ cm}, \quad y_1 = 35 - 10 = 25 \text{ cm}$$
であるので，
$$\sigma_0 = 10000000 \times 35 / 25725 = 13605 \text{ N/cm}^2, \quad \sigma_1 = 13605 \times 25/35 = 9718 \text{ N/cm}^2.$$
これから，最外縁のボルトが分担する軸力は
$$P_1 = \{(13605 + 9718)/2\}(35 - 25) \times 0.9 = 104953.5 \text{ N}$$
であるので，曲げモーメントによるボルトの応力は
$$\rho_M = P_1 / n_1 = 104953/3 = 34984 \text{ N}$$
である．一方，せん断力による応力は均等に作用すると考えるので，
$$\rho_S = S/n = 84000/21 = 4000 \text{ N}$$
である．したがって，合成応力は
$$\rho = \sqrt{\rho_M^2 + \rho_S^2} = \sqrt{34984^2 + 4000^2} = 35212 \text{ N}$$
となる．

### 4.3.3 接合材片の設計

ボルト接合は機械的接合法であるので，鋼材の材質は冶金学的影響はないが，接合材片（母材および連結板）にボルトを通すための穴（円孔）があけられるので，力の伝達を考えるときは，この穴の影響を考慮しなければならない．

#### （1） ボルトの径と全強

1） 設計上のボルト穴の径

鋼橋で使用されるボルトの直径は，20，22，24 mm であるが，この使用ボルトの径を「呼び径」といい，$d_1$ で表す．

実際にあけられる穴は，これに一定の余裕を加えた径である（通常，鋼道路橋では 1.5 mm を加える）．穴のあけ方としては，所定の径のドリルを用いるか，パンチであけた穴を所定の寸法に仕上げる方法などがとられる．

さらに，穴の周りが加工によって傷つけられること，整合のため穴の再加工

が必要となる，などの理由から，実際にあけられる径とは別に，断面を算定(設計)するための穴の径を考えねばならない．設計上の材片の穴の径は $d$ で表し，示方書の規定では，呼び径に 3 mm を加えた値を用いる．すなわち，

設計上の穴の径：$d = d_1 + 3$ [mm]

2) ボルト穴の配置

穴の配置は，図 4.19 に示すように，応力に直角な方向に直列に並べる場合とジグザグに配置する場合（千鳥配置）とがある．

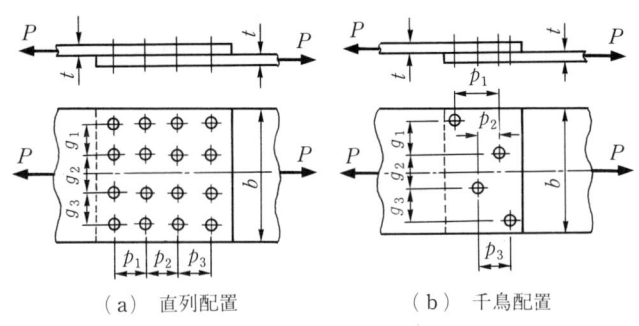

（a）直列配置　　　　　（b）千鳥配置

**図 4.19** ボルト穴の配置と作用力

力の作用線に平行なボルトの並びをボルト線（$g$ をボルト線間距離），これに沿ったボルトの間隔をボルトピッチ（$p$）という．

3) 材片の純断面積と全強

部材片に圧縮力が作用する場合，穴があっても中にボルトが詰まっているので，通常の応力伝達には影響はないと考える．

一方，引張力が作用する場合は，穴にボルトが詰まっていても，そこでは応力が伝達できないと考え，穴の部分の断面積を差し引くことにしている．したがって，材片の有効な断面積は，幅を $b$，厚さを $t$ とすれば，圧縮の場合の有効断面積（：総断面積）は

$$A_g = b \cdot t \tag{4.17}$$

であり，引張の場合，全体の幅から，並び方を考慮して穴の径を引いた幅（：純幅）を $b_n$ とすれば，引張の場合の有効断面積（：純断面積）は

$$A_n = b_n \cdot t \tag{4.18}$$

である．

これらは，何枚かの材片から構成された部材の場合は，構成する材片ごとに求めたものを加えればよい．

純幅 $b_n$ を求めるには，穴の配置を考慮する必要がある．

作用力に対して垂直方向に直列の場合には，全幅から穴の径 $d$ をその個数だけ差し引けばよい．したがって，たとえば，図 4.19(a)では，

$$b_n = b - 4 \cdot d \quad (：純幅) \tag{4.19}$$

となる．ここで，$d$ は先に述べた設計上の穴の径で $d = d_1 + 3$ [mm] である．

千鳥配列の場合には，示方書は次のように規定している（道示 II 4.3.7）．

直径 $d$ の穴が，図 4.19(b)のように配置された材片では，最初の一個は穴の径 $d$ をそのまま差し引き，その次の穴からは，

$$w_i = d - p_i^2 / 4g_i \tag{4.20}$$

で求められる値 $w_i$ を順次差し引くことにしている．すなわち，

$$b_n = b - d - w_1 - w_2 - w_3 \quad (：純幅) \tag{4.21}$$

である．差し引く経路が複数考えられる場合は，断面積が小さいほど危険であるので，これらの中の最小値を純断面積の算定に用いる．

このようにして求められた有効断面積に許容応力度を乗じた値

$$\text{引張材の全強} = \text{引張許容応力度} \times \text{純断面積} \quad P_t = \sigma_{ta} \cdot A_n \tag{4.22}$$

$$\text{圧縮材の全強} = \text{圧縮許容応力度} \times \text{総断面積} \quad P_c = \sigma_{ca} \cdot A_g \tag{4.23}$$

を「全強」という．全強はその部材または材片が伝達できる力（断面力，部材力）の許容最大値を与えるものである．

部材に曲げが作用する場合は，上式に曲げによる許容応力度を用いればよい．

**例題 4.5** 図 4.20 に示すようなボルト配置の材片の純幅を求めよ．ただし，

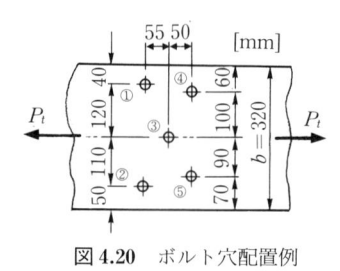

図 4.20 ボルト穴配置例

使用ボルトの径は $d_1=22$ mm とする．

**[解]** 設計上のボルト穴の径は $d=d_1+3=22+3=25$ mm である．
はじめに，直列の，①-②または④-⑤の経路の幅を考える．この場合は，全幅から2個分の穴を控除すればよい．
$$b_{n1}=b-2d=32-2\times 2.5=27 \text{ cm}$$
次に，千鳥の経路を考える．ピッチとボルト線間距離の組合せから，控除幅

①-③：$w_1=2.5-5.5^2/4\times 12=1.870$ cm，
③-②：$w_2=2.5-5.5^2/4\times 11=1.813$ cm，
④-③：$w_3=2.5-5.0^2/4\times 10=1.875$ cm，
③-⑤：$w_4=2.5-5.0^2/4\times 9=1.806$ cm，

が求められる．これらより，控除幅の和が最も大きくなるのは，④-③-②の経路である．すなわち，全幅より，1個の $d$ と $w_2$ と $w_3$ を引く場合
$$b_{n2}=b-d-w_2-w_3=32-2.5-1.813-1.875=25.812 \text{ cm}$$
である．よって，$b_{n1}$ と $b_{n2}$ を比べて $b_{n2}$ が求める純幅である．

## （2）ボルト穴の間隔

実際にボルト接合を行う場合，間隔が近すぎて，隣のボルトに接触して施工できなかったり，傷を付けたりなどの不都合が起きるので，ボルトの配置，間隔について次のような制限を設けている（道示Ⅱ 6.3.10, 6.3.11, 6.3.12）．

1）ボルト穴の中心間隔

間隔が小さすぎるとボルト締めができなかったり，ボルトや材片を損傷する

表4.4 ボルト穴の間隔[単位：mm] （道示Ⅱ 6.3.10, 6.3.11）

| ボルトの呼び | 中心間隔 | | | | 中心からの縁端距離 | | |
|---|---|---|---|---|---|---|---|
| | 最小[1] | 最大 | | | 最小 | | 最大 |
| | | 応力方向[2]：$p$ | | 応力直角方向：$g$ | 圧延縁，仕上げ縁，自動ガス切断縁 | せん断縁，手動ガス切断縁 | |
| M 20 | 65 | 130 | $12t$，ただし千鳥の場合は $15t-\dfrac{3}{8}g$ との小さい方 | $24t$ ただし≤300 | 28 | 32 | 外側の板厚の8倍 ただし≤150 |
| M 22 | 75 | 150 | | | 32 | 37 | |
| M 24 | 85 | 170 | | | 37 | 42 | |

1）やむをえない場合はボルト径の3倍まで小さくすることができる
2）千鳥配置の場合はボルト線間距離

恐れがある．また，大きすぎると材片間に隙間ができ，塵埃や雨水が進入し腐食の原因になり，これに圧縮力が作用すると板が局部座屈を生ずる恐れがあるので，鋼道路橋では表 4.4 のような，最大と最小の間隔を規定している．

2） ボルト穴の縁端距離

ボルト穴から材片の端までの距離（これを縁端距離という）があまり小さいと，材片に図 4.21 のような破断が起こり，十分に強度を発揮することができない．また，大きすぎても材片間の密着性が損なわれ，錆や材質の劣化の原因になるので，表 4.4 のような制限を設けている．

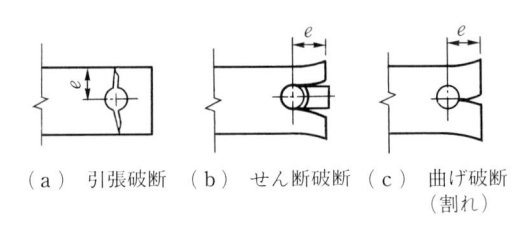

（a） 引張破断　（b） せん断破断　（c） 曲げ破断
　　　　　　　　　　　　　　　　　　　　（割れ）

図 4.21　材片縁端部の破断の例

### （3） 設計作用力と実応力

接合部を構成する材片の最小必要断面積，連結板，ボルト本数等を算定する接合部の設計作用力は，原則としてその接合部の位置で求めた実際の値（実応力）をとる．しかし，実応力があまり小さい場合は，全強の一定割合以上の応力（鋼道路橋では，全強の 75％以上）で設計する．これは，一般に接合部は，応力に余裕のある所に設けることが多いので，接合部を実応力に対してのみ安全に設計しておくと，不測の過荷重が作用した場合，断面の本体（母材）は全強の強さがあるにもかかわらず，この部分が弱点になるのでこれを避けるとともに，全体として強度にアンバランスが生じないようにするためである．

## 演 習 問 題

**4.1** 図 4.22 に示す，サイズ $s=7\,\mathrm{mm}$ の全周すみ肉溶接の応力度を求めよ．ただし，作用荷重は $P=300\,\mathrm{kN}$ である．

**4.2** 図 4.9 に示すような全周すみ肉溶接継手の応力度を求めよ．ただし，作用曲げモ

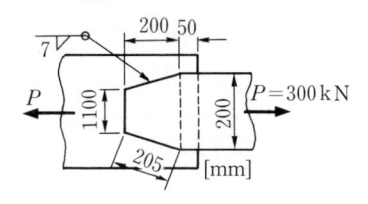

図4.22 重ね全周すみ肉溶接継手(2)

ーメントは $M=90\,\mathrm{kN\cdot m}$, $b_f=25\,\mathrm{cm}$, $t_f=20\,\mathrm{mm}$, $h_w=50\,\mathrm{cm}$, $t_w=10\,\mathrm{mm}$, サイズは $s=10\,\mathrm{mm}$ である.

**4.3** 図4.16(b)において, $b=400\,\mathrm{mm}$, $t=15\,\mathrm{mm}$ とし, 作用圧縮力 $P=686\,\mathrm{kN}$ とすればボルトは何本必要か. ただし, ボルトの許容力は $P_a=48\,\mathrm{kN}$ である.

**4.4** 図4.17 において, $t=10\,\mathrm{mm}$, $b=120\,\mathrm{cm}$, $g_0=g_m=5\,\mathrm{cm}$, $g_1=\cdots=g_{n-1}=10\,\mathrm{cm}$, $b_l=61.2\,\mathrm{cm}$, $b_u=58.8\,\mathrm{cm}$ であり, 曲げモーメントによる応力度が $\sigma_0=\sigma_l=13.2\,\mathrm{kN/cm^2}$, $\sigma_m=\sigma_u=12.7\,\mathrm{kN/cm^2}$ であれば, 1列目, 3列目のボルト1本に作用する曲げによる応力を求めよ.

**4.5** 前問の断面に曲げモーメントの他にせん断力 $S=600\,\mathrm{kN}$ が作用する場合の1列目, 3列目のボルト1本に作用する合成応力を求めよ.

**4.6** 図4.23に示すようなボルト配置の板の全強を求めよ. ただし, ボルト呼び径; $d_1=22\,\mathrm{mm}$ (設計上のボルト穴の径; $d=25\,\mathrm{mm}$), 許容応力度は $\sigma_{ca}=11.76\,\mathrm{kN/cm^2}$, $\sigma_{ta}=13.72\,\mathrm{kN/cm^2}$ である.

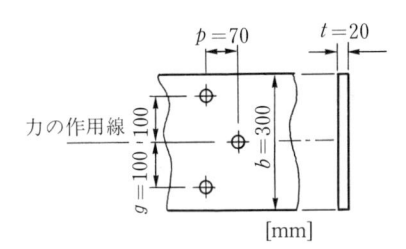

図4.23 ボルト穴の配置

# 5章
# 橋梁に作用する荷重

　橋の構造部分に作用し，変形と応力を生じるものを荷重(load)という．荷重は，橋の架設目的物の重量と橋自身の重量（自重：empty weight）が主なものであるが，風圧（wind pressure）や温度変化等の気象条件に起因するもののほか，流速，水圧（hydraulic pressure）や土圧（soil pressure），さらに，地震力等も荷重となる．また，荷重はその作用状態から，常時作用するもの，しばしば作用するもの，まれに作用するものなどが考えられるほか，作用位置が固定されているものや移動するもの，あるいは一点に集中して作用するものやある範囲に分布して作用する荷重などが考えられ，その作用方向，大きさなどさまざまである．ここでは，鋼道路橋の荷重について述べる．

## 5.1 荷重の分類
　荷重を分類して見ると，次のように考えられる．

### 5.1.1 作用状態による分類
（1） 作用方向による分類
　1） 鉛直荷重（vertical load）：橋の自重（死荷重:dead load）や目的対象物（自動車や列車）の重量（活荷重：live load）など．重力作用に起因するこれらの荷重が橋の設計において最大の影響を与え主構造は，まずこの荷重を支えるように考えられる．
　2） 水平荷重（horizontal load）：風圧（風荷重），地震の影響（地震力），列車の横揺れ（横荷重）など．これらの荷重は，対風構などの主構造以外の部分で支持するように設計されるのが一般的であるが，橋の規模が大きくなるほど，その割合が増大する．

**(2) 集中度による分類**

1) 集中荷重（concentrated load）：自動車や列車などの車輪からの荷重（輪荷重，軸荷重などという）．

2) 分布荷重（distributed load）：橋の自重，風圧，地震力などで一次元的な分布と二次元（平面）的な分布が考えられる．

### 5.1.2 変動状態による分類

**（1） 作用位置の変動による分類**

1) 固定荷重（fixed load）：自重のように作用位置が定まっている荷重．一般に静荷重（statical load）．

2) 移動荷重（moved load）：自動車や列車のように作用位置が変わるもので，動荷重（dynamical load）とみなされる．移動や変動によって生じる振動や衝撃（impact）を考慮して設計する．

**（2） 時間的変動による分類**

1) 静荷重：作用時刻（期間）によって荷重の大きさに変化のないもの．

2) 動荷重：作用する時間によって荷重（応力，変位）の大きさが変化するもの．振動したり瞬間的に極めて短時間に作用するような荷重を「衝撃」という．荷重の値そのものは変わらなくても，移動すれば，任意の着目点の応力や変形は変化するので，前述の移動荷重は動荷重ということになる．

**（3） 死荷重と活荷重**

1) 死荷重：固定荷重で時間的に変動しない荷重．一般に自重をいう．

2) 活荷重：自動車や列車のように載荷位置を自由に変える荷重．影響線を用いて最も不利な状態の静荷重として載荷する．載荷位置を決めた後の取り扱いは死荷重と同じであるが，荷重の移動や振動の影響を衝撃として，活荷重のうちの一定割合を加算して設計する．

死荷重と活荷重の割合は橋の種類，構造形式などによって異なるが，一般に鉄道橋より道路橋の方が死荷重の割合が高い．

### 5.1.3 設計示方書の荷重

1) 主荷重（main load）：常時作用して設計上常に考慮しなければならな

い主要な荷重で，自重，架設目的物の重量や橋の構造特性上避けられないものなどである（死荷重，活荷重，衝撃など）．

2） 従荷重（secondary load）：自重や架設目的物の重量以外で常時作用する荷重や主荷重に準じて橋に影響を与えるもの（風圧や地震力）などである．

3） その他の荷重：作用頻度も小さく，橋梁に与える影響度が比較的少ない荷重．

4） 特殊荷重（particular load）：考慮しなくてもよい場合もあるが，条件によっては必ず考慮しなければならないような荷重（地盤変動の影響や施工時の荷重など）．

橋にはこれらの種々の荷重が，さまざまな組合せで作用するが，それらが橋全体あるいは橋を構成している各部材に最も不利に作用した場合でも，機能を損なうことなく安全な橋でなければならない．

## 5.2 死荷重

### 5.2.1 死荷重の構成

死荷重は橋の自重のことであり，橋を構成する構造部材と諸施設および添架物などの重量で構成される，衝撃や振動を伴わない荷重である．一般的な道路橋の場合の死荷重の構成の内訳を示すと次のようになる．

① 橋の諸施設および添架物の重量：高欄や照明などの施設と水道管，ガス管，電力線，通信線などの重量で構成．

② 橋床の重量：床版，舗装，地覆，分離帯などの重量で構成．

③ 床組の重量：縦桁，横桁の重量で構成．

④ 主構造の重量：対風構（対傾構，横構など）を含む主桁，主構の重量．

橋に載荷される死荷重は以上のように分けて考えるのが一般的であり，その値の算定もこの内訳のように分離して行うのが普通である．しかし，構造形式によっては，必ずしも分けて算定できない場合もある．

完成した橋は，その自重が橋全体に均一に分布しているわけではないが，設計段階では等分布荷重と考える．主構造を設計する死荷重のうちの鋼材の重量（鋼重）は，橋全体に均等に分布していると考え，橋床面上の等分布荷重として設計する．死荷重は，細かく観察すれば工事の期間中および供用期間中変動

しているはずであるが，工事中も完成後も変わらないものとして扱うのが普通である．また，これらの死荷重のうち，②，③，④は，橋の強度に直接関与する部分であるので，的確に推定することが非常に重要である．

### 5.2.2 死荷重の値の推定

死荷重を構成するもののうち，①はあらかじめ確定した値を決めることができる．②の部分は，床組の配置と使用材料が決まれば容易に算出できる．③は，この部分の設計が完了しないと確定できないし，構造形式によっては④の部分と一体として設計される場合もあるので，主構造の設計が完了しないと算定できない場合がある．④の主構造については，対風構，連結等を含むので橋全体の設計が完了しないと確定できないのが一般的である．したがって，床組や主構造の部分の死荷重は，適当な方法で推定しなければならない．通常の桁橋やトラス橋については，設計便覧等に過去の例が図表として示されているのでそれらを参考にして仮定する（図5.1参照）．

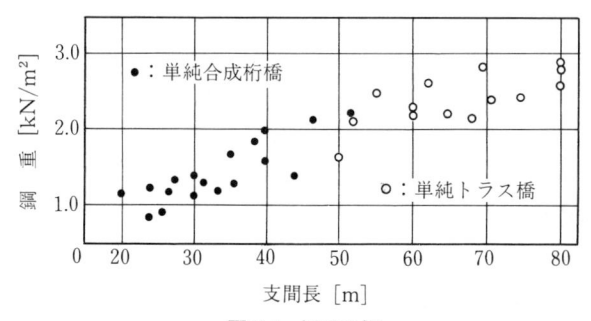

図5.1 鋼重の例

設計完了後死荷重を精算し，はじめの仮定値と比較してその差が大きい場合は再度仮定しなおして設計する必要がある．しかし，静定橋梁で通常の支間の橋では，①，②の死荷重の割合が比較的大きいので，全体にわたって再設計が必要になる場合は少ない．推定死荷重と精算した死荷重の差異の許容限度は規定されていないが，差異の値そのものより，全応力に対する仮定誤差による差の割合の方が問題であり，設計断面の基本寸法に変化を生じない程度であればよいといえる．道路橋では表5.1のように各材料の単位体積重量を規定してい

表5.1 道路橋材料の単位体積重量[kN/m³]　（道示I 2.2.1）

| 材　料 | 単位重量 | 材　料 | 単位重量 |
|---|---|---|---|
| 鋼・鋳鋼・鍛鋼 | 77.0 | コンクリート | 23.0 |
| 鋳鉄 | 71.0 | セメントモルタル | 21.0 |
| アルミニウム | 27.5 | 木材 | 8.0 |
| 鉄筋コンクリート | 24.5 | 歴青材(防水用) | 11.0 |
| プレストレストコンクリート | 24.5 | アスファルト舗装 | 22.5 |

る（道示I 2.1.2）．

## 5.3　道路橋の活荷重，衝撃

　橋の自重である死荷重の次に，架設目的物の重量を考えるが，交通路の一部である道路橋や鉄道橋では，橋に設けた通路を通行するものが荷重となる．道路橋では，橋に設けた道路上を自動車，路面電車，自転車，歩行者など種々雑多なものが通過する．これらの重量が荷重として，大きさも位置もランダムに橋に載荷されることになるが，これらを個別に載荷して設計することはできないので，道路橋では自動車の重量を基にして設計する．このような荷重を死荷重に対して活荷重という．

　活荷重は通常，載荷位置，載荷範囲を自由に変えることができる移動荷重で振動や衝撃を伴う．

　道路橋の活荷重は，自動車の通行台数，大型車両の混入割合等を根拠にして定められているが，車両の大型化が進み，その混入率は時代とともに高くなる傾向にある．

　橋の設計では，着目点に最も危険な影響を与えると考えられる載荷状態について，その安全性を確認する必要があるので，部材の種類部位に応じて影響線を用いて最大応力が生じる載荷状態を求めなければならない．

### 5.3.1　活荷重

　道路橋には，通常の道路と同じく荷重の原因となる種々の交通が考えられるが，活荷重として，車道には自動車，路面電車の走行を，歩道上には歩行者の通行を想定している．一般に道路を走行する自動車は大型車両から小型車や二輪車等の比較的軽い小型車両までが混合している．これらを橋の荷重とする場

合，狭い範囲（設計支間長が短い橋床や床組）の設計では，集中荷重が支配的となるので，大型車両を集中荷重（T荷重）と仮定したものを考え，広い範囲（主構造：主構や主桁）の設計には，小型車両を支間全体に分布する等分布荷重（$p_2$），大型車両をその載荷位置が特定できる狭い範囲に分布する等分布荷重（$p_1$）の2種類の等分布荷重（L荷重）におきかえたものを載荷することにしている．このT荷重とL荷重を自動車荷重という（道示Ⅰ 2.2.2）．

これらの活荷重は，道路の重要度が高く，大型車両の通行量が多い橋に適用するB荷重とB荷重を軽減したA荷重の2種類を規定している．

下部構造の設計には，原則として主構造を設計するL荷重を用いる．

次に，床，床組等を設計する場合と主構造を設計する場合の活荷重について説明する．

### （1） 床や床組を設計する場合のB活荷重

1） 設計支間長が比較的短い床版や縦桁横桁等を設計する場合

車道部分に図 5.2 に示すような，1組（一対）のT荷重（接触部分の応力，変形等の挙動を直接解析するような場合を除けば，載荷面の中心に作用する集中荷重と考えてよい）を橋軸方向に1組，橋軸直角方向（幅員方向）には制限なく，設計部材に最も不利な応力が生じるように載荷して設計する．さらに，

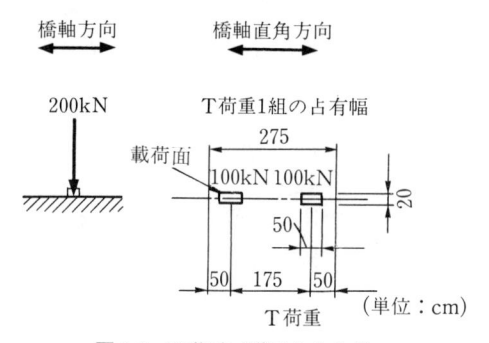

**図 5.2** T荷重（道示Ⅰ 2.2.2）

**表 5.2** 床組等の設計に用いる係数（道示Ⅰ 2.2.2）

| 部材の支間長 $L$[m] | $L \leq 4$ | $L > 4$ |
|---|---|---|
| 係　数 | 1.0 | $\dfrac{L}{32} + \dfrac{7}{8}$ |

床組を設計する場合は，このT荷重で求めた断面力に支間長によって，表5.2の係数（1.5を超えないこと）を乗じた値を用いて設計する（道示Ⅰ 2.1.3）．

また，支間長が特に長い縦桁などは，T荷重とL荷重のうち不利な応力を与える荷重を用いて設計する．

2） 歩道に載荷する荷重

歩道には，群集，歩行者，自転車などの通行を想定して等分布荷重を載荷するが，これを群集荷重といい，その値が示方書に定められている（道示Ⅰ 2.1.3）．

3） 路面電車などの軌道がある場合

当該の軌道に定める車両重量とT荷重のうち，不利な方を用いて設計する．軌道車両は両数に制限はないものとし，部材に最も不利な応力を与えるように載荷する．

**（2） 主構造（主桁や主構）を設計する場合のB活荷重**

1） 設計支間長が比較的長い主構造を設計する場合

車道部分に，図5.3，表5.3に示すようなL荷重（大きさ，載荷長さの異なる2種類の等分布荷重）を1橋につき各一個ずつ載荷する（道示Ⅰ 2.2.2）．

これらのL荷重を設計している点，または部材に最も不利な応力が生じるように橋の幅員方向5.5 mの範囲（主載荷幅）にはそのままの値の荷重（主載荷荷重）を，残りの部分（従載荷幅）には1/2にした値の荷重（従載荷荷重）を

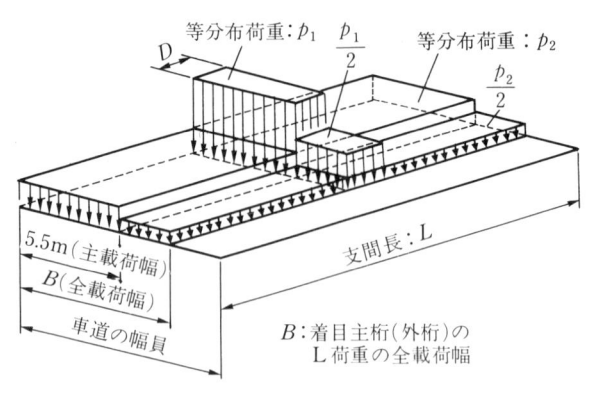

図5.3 L荷重の載荷（外主桁）

5.3 道路橋の活荷重，衝撃　　89

表5.3　L荷重(B活荷重)[kN/m²](道示Ⅰ 2.2.2)

| 載荷長 $D$[m] | 主載荷荷重(幅5.5 m) | | | | | | 従載荷荷重 |
|---|---|---|---|---|---|---|---|
| | 等分布荷重 $p_1$ | | 等分布荷重 $p_2$ | | | | |
| | 曲げモーメントを算出する場合 | せん断力を算出する場合 | $L≦80$ | $80<L≦130$ | $L<130$ | | |
| 10 | 10 | 12 | 3.5 | $4.3-0.01L$ | 3.0 | | 主載荷荷重の50% |

$L$：支間長[m]

載荷する．支間長が大きくなると，L荷重で想定している荷重が橋全体に満載される確率が小さくなるので，載荷長さを制限していない方の等分布荷重は，支間長によって軽減する．この支間長の取り方は構造形式によって定めている．

　支間長が特に短い主構造の場合には，L荷重だけでなくT荷重を載荷して，不利な応力を与える荷重で設計する．この場合のT荷重は幅員方向には2組を限度とし，3組目からは1/2に減じた荷重を載荷する．このT荷重によって求めた断面力には表5.2の係数を乗じる．

2) 歩道に載荷する荷重

　歩道には，群集荷重として表5.4の等分布荷重を載荷する（道示Ⅰ 2.2.2）．

表5.4　歩道等に載荷する等分布荷重[kN/m²]（道示Ⅰ 2.2.2）

| 支間長 $L$[m] | $L≦80$ | $80<L≦130$ | $130<L$ |
|---|---|---|---|
| 等分布荷重 | 3.5 | $4.3-0.01L$ | 3.0 |

3) 軌道がある場合

　軌道に規定する荷重を載荷するので，L荷重の載荷幅からこの部分を除いてもよい．

(3) 大型車の通行が少ない場合の活荷重（A活荷重）

　基本的にはB活荷重と同じ荷重を載荷する．ただし，T荷重による床版の設計では曲げモーメントの値を20%軽減し，床組の設計では支間長による断面力の割り増し（表5.2の適用）は行わない．また，L荷重の車両載荷位置を特定する等分布荷重（$p_1$）の載荷長（$D$）を短く（6 m に）取る．

### 5.3.2 衝　撃

活荷重は自動車や列車であるので，載荷位置が移動したり振動を伴っているので，橋に動力学的な影響を与える．このような動力学的な影響を静的な荷重に置き換えたものを衝撃という．この衝撃は，荷重の種類や載荷方法および橋の構造形式などによってその大きさや影響の程度は異なる．

いま，単純ばりの支間中央に $P$ なる荷重が載荷され，$\delta$ なるたわみが生じている場合を考える．この荷重が徐々に 0 から $P$ に達したとすれば，このときの $P$ による仕事量は $U_1 = P\delta/2$ である．一方，単純に，$P$ の大きさの力が $\delta$ だけ変位すれば，$P$ による仕事量は $U_2 = P\delta$ である．このことからも，荷重が突然載荷されると静かに載荷される場合に比べて 2 倍の変形を生じることになる．橋の活荷重は，荷重自身も変動（振動）するとともに移動しているので，もう少し複雑な挙動になると考えられる．

活荷重の場合は，実際の挙動にあわせて荷重を載荷することは不可能であるので，この影響を活荷重を割り増しして載荷して設計することにしている．この割り増し係数を衝撃係数という．

自動車や列車が支間中央に急速に近づくほど，載荷時間は短くなり影響が大きくなると考えられる．すなわち，車の走行速度が速いほど，支間が短いほど変化率が大きいので，影響が大きいことになる．したがって，鋼道路橋の設計では，支間が小さいほど衝撃の影響が大きくなるような次のような式で衝撃係数を求めることにしている（道示 I 2.2.3）．

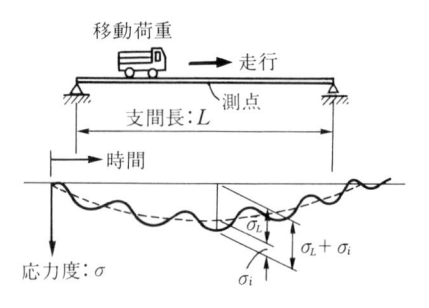

図5.4　移動荷重による応力の変動

5.3 道路橋の活荷重，衝撃　91

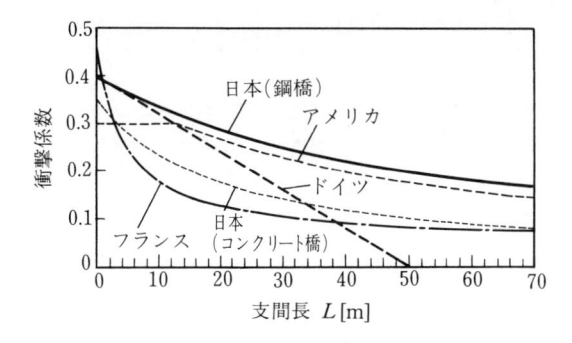

図 5.5　衝撃係数の比較

$$i = \frac{20}{50+L} \tag{5.1}$$

ここで，$L$ は支間長であるが，橋の構造形式や部材（断面力の影響線）によって取り方が異なるので，どの部材の衝撃係数であるかを確認して適用する必要がある．各国の道路橋の支間長に対する衝撃係数の値を図 5.5 に示す．

衝撃を考慮するのは，荷重の段階でも，断面力の段階でもあるいは応力度の段階でもよい．いま，活荷重による応力度を $\sigma_L$，衝撃による応力度を $\sigma_i$，衝撃係数を $i$ とすると，$\sigma_i = i \cdot \sigma_L$ であるので，設計応力度 $\sigma$ は

$$\sigma = \sigma_L + \sigma_i = \sigma_L \cdot (1+i) \tag{5.2}$$

で求めればよい．

**例題 5.1**　図 5.6(a) に示すような間隔で並列に配置された主桁に，単純支

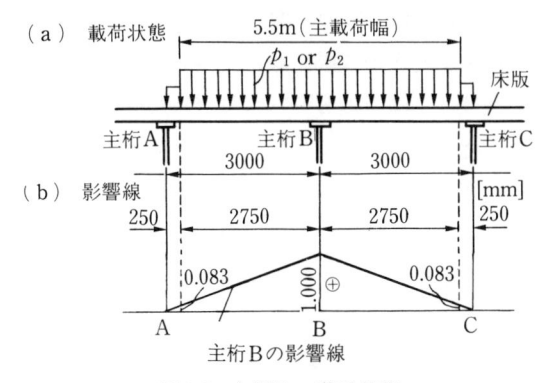

図 5.6　主桁 B の荷重載荷

持の床版を通して,活荷重(L荷重)が載荷された場合,主桁Bの荷重強度を求めよ.

**[解]** 床版からの反力が,主桁の荷重であるので,図(b)のように,主桁Bの反力の影響線を描き,その面積を求める.この場合,主載荷幅と従載荷幅に分けて求め,縦載荷幅部分の面積を1/2するのがよい.

したがって,影響線面積を $F_B$ とすると,
$$F_B = 2 \times \{2.75 \times (1+0.083)/2 + 0.083 \times 0.25/4\} = 2.989 \fallingdotseq 2.99 \text{ m}$$
であるので,これに,荷重強度を乗ずればよい.

たとえば,$p_{B1} = p_1 \cdot F_B = 2.99 p_1$ である.

## 5.4 道路橋のその他の荷重

### 5.4.1 風荷重

橋はいつも風雨にさらされているので,橋自身および活荷重(自動車)には風圧が作用する.この風圧の作用を風荷重という.風が橋に作用する方向は一定ではないが,風圧は構造物の表面に垂直に作用するとき最大になるので,橋軸に平行な鉛直面に垂直に作用し,水平面内に分布する荷重と考える.また,風の強さは場所と時間によって変動するが,衝撃を伴わない等分布移動荷重と考えて扱うのが一般的である.

一般に風圧と風速の関係は
$$p = \frac{1}{2} \cdot c \cdot \rho \cdot v^2 \tag{5.3}$$
で与えられる.ここに,$p$ は風圧,$v$ は風速,$c$ は部材の断面形状や風の吹き方等に関係する補正係数,$\rho$ は空気の密度(通常 $\rho \fallingdotseq 1.23 \text{ N·s}^2/\text{m}^4$)である.風速は,架設地点の実測値や過去の強風記録に基づいて基準になる風速を決めて求めている.補正係数は,断面の外形形状より求めた抗力係数と風の吹き方を考慮して求めたガスト応答係数の二つに分けて定めている.このようにして,求めた風圧を上部構造の鉛直投影面積を乗じて,橋軸単位長さ当たりの風荷重を算定する.示方書には単位面積当たりの風荷重の値の他,橋の形式別に活荷重の載荷を考慮した上で単位長さ当たりの風荷重が与えられている(道示Ⅰ 2.1.10).

## 5.4.2 地震の影響

複雑な地殻地帯の上にあるわが国の場合，橋の設計に地震の影響を考慮することは非常に重要である．

地震の影響を考慮する場合，構造形式，使用材料，地形や地盤の性質等が複雑に関係しており，また，上部構造と下部構造の区別なく影響を受けるので，これらを一体化して解析することが必要になるが，これを的確かつ正確に設計に取り入れることは困難である．

地震による地盤振動が橋に作用する場合，一般に振動の水平成分が支配的であると考えられるので，橋の設計に地震の影響を考慮する方法として，橋の死荷重の一定の割合を水平面内に作用する静的な荷重として載荷する震度法がとられている．この割合を設計震度という．

示方書では，設計震度として標準設計水平震度（標準となる水平加速度の鉛直加速度（重力加速度）に対する割合）に橋の重要度，地盤の影響などを考慮する係数を乗じて，次式で求めた値を用いることにしている．

$$k_h = \nu_1 \cdot \nu_2 \cdot \nu_3 \cdot \nu_4 \cdot k_0 \tag{5.4}$$

ここで，$k_0$ は標準設計水平震度（0.2 をとる），$\nu_1$ は地域別補正係数（地震の発生の高い順にＡＢＣの三つの地域に分けて，1.0，0.85，0.7 をとる），$\nu_2$ は地盤別補正係数（地盤のよい順にⅠ，Ⅱ，Ⅲ種の三つの種別に分けて，0.8，1.0，1.2 をとる），$\nu_3$ は重要度別補正係数（重要度の高い順に1級，2級の2ランクに分けて 1.0，0.8 をとる），$\nu_4$ は固有周期別補正係数（地盤の種別ごとに固有振動周期を三つに区分して，1.0 から $1.65T^{-2/3}$ の間の値をとる．ここで，$T$ は構造物の固有周期）である．

## 5.4.3 温度の影響

不静定橋梁（たとえば，ラーメン橋やアーチ橋のような橋）であったり，橋に不静定構造と同様な拘束をうける部分が含まれていれば，一様な温度の上昇下降に対して部材に応力が発生する．また，部材間や断面内（たとえば，日陰と直射日光を受ける部分など）に温度差が生じる場合には，静定橋梁であっても部材に応力が生じる．橋の設計では，このような温度変化によって生じる応力についてもその安全性を検討する必要がある．

道路橋示方書では一様な温度変化は，+20°Cを基準として −10〜+50°C（寒冷地では +10°Cを基準として −30°C〜+50°C）を取っている．また，部材間や断面内の温度差は ±15°Cとして設計するよう規定している．鋼材の線膨張係数は $12 \times 10^{-6}$ としている（道示 I 2.2.10）．

### 5.4.4 雪荷重

降雪が考えられる地方では，積雪を雪荷重として考慮する必要がある．道路は除雪するのが原則であるが，実際は，自動車はさまざまな状態の道路を通行している．橋の設計においては，圧縮された雪上を自動車が通行する場合と自動車が通行不能になるほど積雪した場合とを考える．雪上を自動車が走行する場合としては，圧縮された 15 cm 程度の重量を見込んで，$1\,\mathrm{kN/m^2}$ の雪荷重を載荷する．

また，多雪地帯で自動車の走行を考えない場合は，既往の最大の積雪量，雪の性質や橋の構造形式等によって影響を受けるけれども，$3〜3.5\,\mathrm{kN/m^2}$ の雪荷重を見込むのが一般的である．実際はこれらの中間的な交通状態が考えられるが，いずれかで設計すれば安全である．

### 5.4.5 支点の移動

不静定橋梁は支点変位が生じにくい地点や強固な基礎地盤上に架設されるのが一般的であるが，長期の圧密沈下などによって，支点の移動，回転が予想される場合は，この影響を考慮しなければならない．この場合，最終の変形量を推定して断面力を計算し，他の断面力に加える．

### 5.4.6 施工時荷重

特別な構造や架設工法を採用した場合には，部材の運搬中や架設中に作用する力に対して，各部材の応力，安定性および変形等を照査する必要がある．
架設中は完成後とは異なる構造系となるもので，死荷重，架設機材，風，地震，温度変化等に対して安全性を確認しておく必要がある．すなわち，架設中は完成後の応力度より大きくなったり，符号が逆になったりする場合があるので，施工時の構造系，荷重系で応力変形等を検討しておくのが望ましい．また，

通常，架設時の荷重は，橋が完成すれば消滅する一時的な荷重であるが，完成後も残留応力となる場合があるので注意する必要がある．

### 5.4.7 衝突荷重

跨道橋や立体交差部のように，道路の中に設置した橋脚の設計では，自動車の衝突を考える必要がある．このような橋脚で防護工が設けられていない場合は，たとえば，道路面から 1.8 m の高さに

  車道方向について：   ：1000 kN（=100 tf）

  車道直角方向について  ：500 kN（= 50 tf）

のいずれかの荷重が水平に作用するものとして設計する（道示Ⅰ 2.2.7）．ここでいう車道とは，設計している橋の道路ではなく，その橋の橋脚が設置された（橋がまたいでいる）道路の車道のことである．

道路以外の河川や航路などに設置された橋脚については，流木や船舶の衝突を考慮して設計する．

### 5.4.8 その他

道路橋の設計においては，構造形式や製作・施工方法等によって，以上述べてきた荷重の他に，主荷重として，プレストレスによる力，コンクリートのクリープの影響，コンクリートの乾燥収縮の影響，土圧，水圧，浮力または揚圧力を考える．また，特殊荷重として，波圧，遠心荷重（車両が曲線上を走行する場合遠心力で外側へ飛び出そうとする力），制動荷重（車両が停止や発進する場合橋軸に平行な方向に作用する力）などを考える．

歩車道境界には必要に応じて車両防護柵を設ける．また，高欄には歩道表面から一定の高さに推力を作用させて設計する．

## 5.5 影響線による荷重の載荷

設計部材ごとに影響線を描いて，その部材に最も不利になるように載荷する．荷重が集中荷重ならば影響線縦距値の和が最大になるように載荷し，等分布荷重ならば，影響線面積が最大になるように載せればよい．

この場合，荷重は載荷可能な範囲に載るよう注意し，複数の載荷方法が考え

(a) 載荷状態①

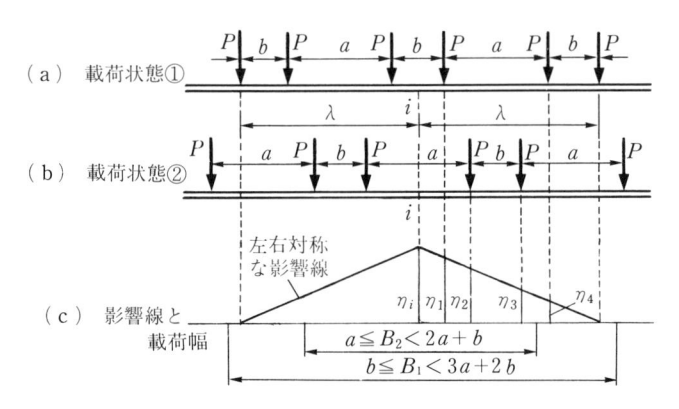

(b) 載荷状態②

(c) 影響線と載荷幅

左右対称な影響線

$a \leq B_2 < 2a+b$
$b \leq B_1 < 3a+2b$

図5.7　組になった集中荷重の載荷例

られるときは，それらの不利な方をとる必要がある．

たとえば，図5.7のように，2個一組（間隔 $a$）の集中荷重が $b$ の間隔で自由な組数（個数）載荷される場合，載荷幅に制限がなければ，荷重直下の影響線の縦距値の和の大きい方（図の $\eta_1+\eta_4$ と $\eta_2+\eta_3$ の大きい方）をとればよいが，載荷幅に制限があると自由に載荷できないので注意しなければならない．すなわち，載荷幅が $B_1<3a+2b$ に制限されると2組しか載荷できないので，載荷状態①になり，$B_2<2a+b$ に制限されると1組しか載荷できないので，載荷状態②が支配的となる．このことは，2組載荷と3組載荷の場合も同様である．

また，図5.8のように影響線が折れ線になる部材に一定載荷長の等分布荷重（L荷重の等分布荷重 $p_1$ など）を載荷する場合は，頂点を挟む部分の影響線面

面積 $F(\eta_1=\eta_2$ のとき $|F|_{\max})$

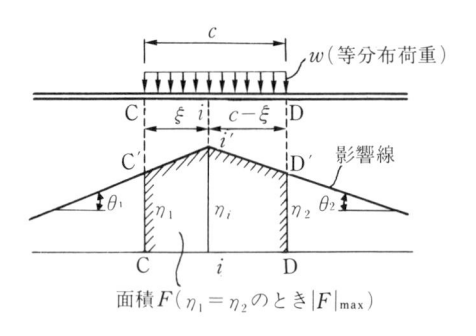

図5.8　一定載荷長の等分布荷重の載荷

積（図のF）の絶対値が最大になるような位置に載荷しなければならない．

**例題 5.2** 図 5.8 の影響線の $i$ 点をはさむ一定幅 $c$ の範囲の，絶対値最大の影響線面積を求めよ．

**解** 影響線の $i$ 点の左右の傾きを $\alpha=|\tan\theta_1|, \beta=|\tan\theta_2|$ とすれば図の記号を用いて

$$\eta_1=\eta_i-\xi\cdot\alpha \tag{a}$$

$$\eta_2=\eta_i-(c-\xi)\cdot\beta \tag{b}$$

であるから，面積 $F$ は

$$F=[(2\eta_i-\xi\cdot\alpha)\cdot\xi+\{2\eta_i-(c-\xi)\cdot\beta\}\cdot(c-\xi)]/2 \tag{c}$$

となる．これを $\xi$ について整理して，$dF/d\xi=0$ より $F$ が最大になる $\xi$ を求めると

$$\xi=\frac{\beta}{\alpha+\beta}\cdot c \tag{d}$$

である．これらを式(a)，(b)に代入すれば

$$\eta=\eta_1=\eta_2=\eta_i-\frac{\alpha\cdot\beta}{\alpha+\beta}\cdot c \tag{5.5}$$

が得られる．したがって，

$$|F|_{\max}=\frac{c}{2}\cdot\left(2\eta_i-\frac{\alpha\cdot\beta}{\alpha+\beta}\cdot c\right) \tag{5.6}$$

となる．

## 5.6 荷重の組合せによる許容応力度の割増

橋にはその設計の各段階において，いままで述べてきた種々の荷重が，その部材にとって最も不利な状態になるよう，単独に，あるいは複数で載荷されることになる．荷重のこのような載荷組合せを考えるとき，死荷重と活荷重，衝撃などの主要な荷重が同時に載荷される場合は，加算された応力に対して無条件に安全でなければならない．しかし，荷重の組合せ方によってはその確率や頻度が小さかったり，組み合わせた荷重による応力の比率がアンバランスで影響度が異なったりするので，合算した応力をみな同じ許容応力度以下にするのはあまり賢明でない．示方書では荷重の組合せによって，許容応力度の割り増しができるように規定している（道示Ⅱ 2.2, Ⅱ 3.1）．

道路橋では，主荷重（死荷重，活荷重，衝撃など）および主荷重に相当する特殊荷重（雪荷重など）の組合せの場合は許容応力度を割増しないが，たとえば，これに加えて従荷重の風荷重が載荷される場合は 25 % の割増を行い，風荷重のみの載荷で応力度を検討する場合は 20 % の割増を行うなどである．

## 演習問題

**5.1** 死荷重を推定する場合，実際より大きく仮定すると危険な場合があるが，それはどのような断面力（反力）の場合か．

**5.2** 主桁の支間長が $L=30$ m の桁橋の衝撃係数は，鋼道路橋の規定ではどれだけになるか．

**5.3** 図 5.7 の荷重載荷において，$\lambda=3.0$ m，$a=2.75$ m，$b=1.0$ m，$\eta_i=1.0$，$B_2=7.5$ m の場合，$P$ を何組載荷できるか．

**5.4** 図 5.8 において，$c=6$ m，$\alpha=0.6$，$\beta=0.4$，$\eta_i=2.4$ m である場合，影響線面積の最大値を求めよ．

# 6章
# 橋床，床組，対風構

## 6.1 橋梁の床

　橋梁の床(橋床：floor)は，目的の荷重を直接支え，これを床組(floor system：縦桁と横桁で構成)を通して，あるいは直接，主構造に伝達する部分で，交通を目的とした橋梁の場合，一般に版状であるのでこれを床版(floor slab)という．道路橋の場合，すべて床版であるが，鉄道橋では，軌道を直接縦桁や主桁上に設けた，いわゆる開床式のものが多かったが，最近では振動や騒音などの吸収性や，塵埃等の落下防止などの面から床版を用いる閉床式が多くなっている．以下では，道路橋の床版について述べる．

### 6.1.1 道路橋の床版，舗装
**(1) 床 版**

　道路橋の床は，力学的に荷重を支える床版と床版を覆っている舗装(pavement)で構成されている．

　道路橋の床版の種類としては次のようなものがある．
(ⅰ)　鉄筋コンクリート床版(RC床版：reinforced concrete slab)
(ⅱ)　鋼床版(steel plate floor deck)
(ⅲ)　その他(PC床版，グリッド床，グレーチング床版など)

　このうち，鉄筋コンクリート床版は，設計や施工が容易で保守管理の経費も比較的安価なため最も多く用いられているが，単位面積当たりの重量が大きいので，床組の高さを大きくしなければならないという難点がある．

　これに対して，鋼床版は単位面積当たりの重量が小さい(したがって橋梁全体の重量も小さい)ので桁高が低くできる．また，他の部材と同様に工場で製作されるので施工精度もよく，工期も短くできるため，大支間，大幅員の長大

橋梁に多く用いられているが，相対的な重量が小さいために振動や騒音が大きくなる恐れがあり，高度な設計（解析）や製作技術が要求される．この鋼床版は，荷重を直接支える床であると同時に，主構造に荷重を伝える床組の役目ももっており，さらに，主構造の一部分を構成している場合が多い．

（a）鉄筋コンクリート床版　　（b）鋼床版

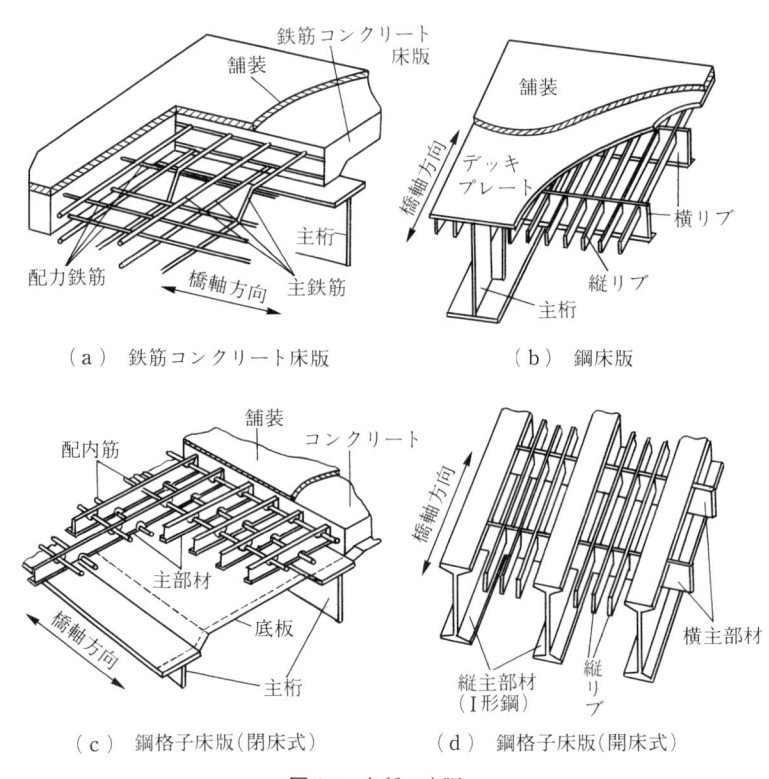

（c）鋼格子床版（閉床式）　　（d）鋼格子床版（開床式）

図 6.1　各種の床版

このほかに，工期短縮のために，工場であらかじめプレキャストした RC 床版や PC 床版（pre-stressed concrete slab）を現場で組み込むことも行われている．また，長大橋梁には風が吹き抜けられるように，帯板などを縦横方向に格子状に組んだオープングリッド（open grid），オープングレーティング（open grating）が床版として用いられる．

（2）舗　装

床版の損傷防止と走行（あるいは通行）の快適性を高め，騒音や振動を軽減

することを主な目的として，床版には舗装が施される．

アスファルト舗装が一般的であるが，コンクリート舗装も用いられる．厚さは床版の構造やアスファルトの種類によって異なるが，車道で5～8 cmであり，歩道は2～3 cm程度である．

このような舗装が備えるべき望ましい条件として，次のような点を挙げることができる．

① 床版によく付着すること．
② 耐久性があること．
③ 防水性があること．
④ 平滑に仕上がること．
⑤ 振動や音の吸収がよいこと．

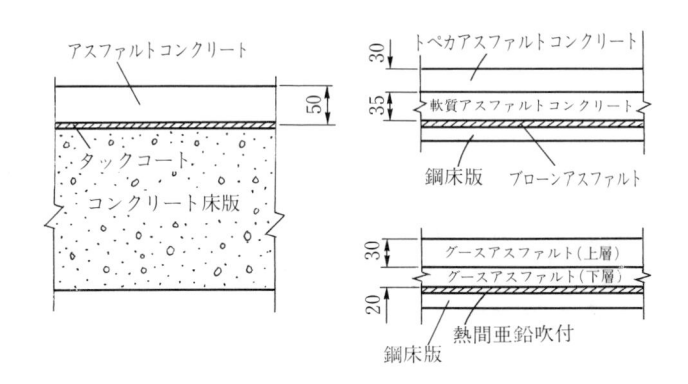

（a） 鉄筋コンクリート床版の例　　　（b） 鋼床版の例

図 6.2　舗装の断面の例（mm）

## 6.1.2　鉄筋コンクリート床版

### （1）支間長，床版厚

一方向のみに主鉄筋を配置した一方向版と，二方向に主鉄筋を用いる二方向版があるが，ほとんどは一方向版である．一方向版は，長方形床版が長辺のみで支持されていると考え，短支間方向のみに主鉄筋を配置し，主鉄筋と直角方向（長辺方向）は，これが無限に並んでいるとみなして設計する．実際の床版は，縦桁と横桁からなる長方形版として支持されていて無限ではないが，長辺

と短辺の比が 2：1 以上であれば，荷重はほとんど短辺の支間で伝達される（したがって，長辺が支持辺となる）ので，通常，床版の辺の比を 2：1 以上にして，一方向版として設計するのが普通である（道示 II 8.2）．

床版の応力変形挙動は，支持条件や床版厚によって影響されるので，示方書では床版を設計する支間長の取り方や床版厚を規定している（道示 II 8.2.3, 4.2.5）．

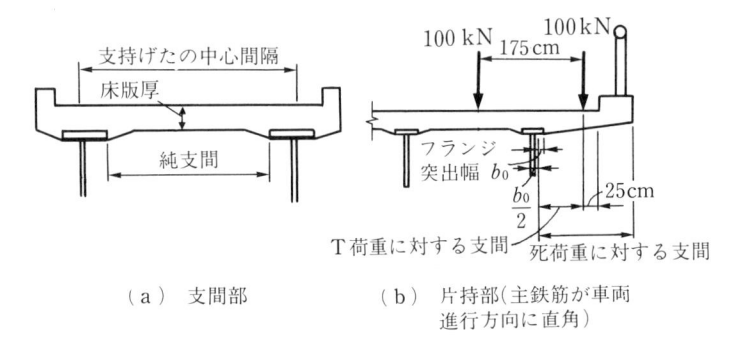

（a） 支間部　　　　（b） 片持部（主鉄筋が車両進行方向に直角）

**図 6.3** 床版の支間（道示 II 8.2.3）

たとえば，床版の短辺が縦桁などで支持（単純支持）された場合には，純支間に床版厚を加えたものが支持縦桁の中心間隔より小さい場合は，これを設計支間長に取ることができる．また，片持ち部の場合は，図（b）のように死荷重に対しては，外桁フランジの突き出し幅の 1/2 の部分が固定端である片持ちばりとして設計することにしている．

床版は薄いほど重量軽減になるが，相対的に鉄筋が多くなり不経済になるだけでなく，有害なひび割れが生じる危険があるので，版の剛性を確保するため

**表 6.1** 床版の厚さ[cm]　（道示 II 8.2.5）

| 版の区分 | | 床版の支間の方向 | |
|---|---|---|---|
| | | 車両進行方向に直角 | 車両進行方向に平行 |
| 単純版 | | $4L+11$ | $6.5L+13$ |
| 連続版 | | $3L+11$ | $5L+13$ |
| 片持版 | $0<L\leq 0.25$ | $28L+16$ | $24L+13$ |
| | $L>0.25$ | $8L+21$ | |

$L$：床版の支間長[m]

に薄くなりすぎないように厚さを規定している．すなわち，最小厚さは車道部分で 16 cm，歩道部分で 14 cm とし，先に述べた支間長に対応して表 6.1 のように定めている（道示II 8.2.4）．

さらに，特に大型車両の交通が多い道路の場合は，支持桁の剛性と交通量によって，表 6.1 の値を割り増し，床版コンクリートの有害なひび割れやはく離を防ぐことにしている．

(2) 許容応力度，設計曲げモーメント

床版コンクリートの許容曲げ圧縮応力度は，鋼桁との合成を考えない場合，設計基準強度（24 N/mm² 以上）の 1/3 をとり，一定値（10 N/mm²）を超えないこととしている（道示II 8.2.9）．また，合成桁の場合は，設計基準強度を大きくとり（27 N/mm² 以上），その 1/3.5 を基準にして，荷重の組み合わせにより異なる値を用いることにしている（道示II 11.3.1）．

鉄筋の許容応力度は，表 6.2 のように規定されているが，コンクリート床版が一般のコンクリートのはりに比べて桁高さが低いので，かぶりのはく離やひび割れの危険性が高くなるため，相対的に鉄筋量が多くなるように，一般コンクリート構造の場合より低い値が規定されている（道示II 3.2.4）．

**表 6.2** 鉄筋コンクリート用棒鋼の許容応力度[N/mm²]
（道示II 3.2.4）

| 応力度の種類 | 棒鋼の種類 | SR 235 | SD 295 A<br>SD 295 B | SD 345 |
|---|---|---|---|---|
| 引張応力度 | | 140 | 180 | 180 |
| 圧縮応力度 | | | | 200 |

床版の長辺と短辺の比が 2：1 以上であれば，二辺単純支持の無限版，または一辺固定一辺自由の無限片持ち版の挙動とみなせるので，この場合については，示方書には死荷重（等分布死荷重）および活荷重（T 荷重）による設計曲げモーメントがあらかじめ桁の剛性や支持状態を考慮して，表 6.3，6.4 のように与えられている（道示II 8.2.4）．

実際の設計に適用する場合，これらは，支持桁の剛性に大きな差がないという仮定のもとに定められていることに注意する必要がある．

表6.3 等分布死荷重による床版の設計曲げモーメント[kN・m/m]
（道示Ⅱ 8.2.4）

| 版の区分 | 曲げモーメントの種類 | | 主鉄筋方向の曲げモーメント | 配力鉄筋方向の曲げモーメント |
|---|---|---|---|---|
| 単純版 | 支間曲げモーメント | | $+wL^2/8$ | 無視してよい |
| 片持版 | 支点曲げモーメント | | $-wL^2/2$ | |
| 連続版 | 支間曲げモーメント | 端支間 | $+wL^2/10$ | |
| | | 中間支間 | $+wL^2/14$ | |
| | 支点曲げモーメント | 2支間の場合 | $-wL^2/8$ | |
| | | 3支間以上の場合 | $-wL^2/10$ | |

$L$：死荷重に対する床版の支間長[m]
$w$：等分布死荷重[kN/m²]

表6.4 T荷重(衝撃を含む)による床版の設計曲げモーメント[kN・m/m]（道示Ⅱ 8.2.4）

| 版の区分 | 曲げモーメントの種類 | | 床版の支間の方向／曲げモーメントの方向／適用範囲[m] | 車両進行方向に直角の場合 | | 車両進行方向に平行の場合 | |
|---|---|---|---|---|---|---|---|
| | | | | 主鉄筋方向の曲げモーメント | 配力鉄筋方向の曲げモーメント | 主鉄筋方向の曲げモーメント | 配力鉄筋方向の曲げモーメント |
| 単純版 | 支間曲げモーメント | | $0 < L \leq 4$ | $+(0.12L+0.07)P$ | $+(0.10L+0.04)P$ | $+(0.22L+0.08)P$ | $+(0.06L+0.06)P$ |
| 連続版 | 支間曲げモーメント | 中間支間 | $0 < L \leq 4$ | +(単純版の80%) | +(単純版の80%) | +(単純版の80%) | +(単純版と同じ) |
| | | 端支間 | | | | +(単純版の90%) | +(単純版と同じ) |
| | 支点曲げモーメント | 中間支点 | | －(単純版の80%) | ―― | －(単純版の80%) | ―― |
| 片持版 | 支点 | | $0 < L \leq 1.5$ | $-\dfrac{PL}{(1.30L+0.25)}$ | ―― | $-(0.70L+0.22)P$ | ―― |
| | 先端付近 | | | ―― | $+(0.15L+0.13)P$ | ―― | $+(0.16L+0.07)P$ |

ここに，$L$：T荷重に対する床版の支間長[m]
$P$：T荷重の片側荷重[100 kN]

さらに，活荷重による曲げモーメントは，B荷重で設計する橋は，大型車の交通量が多いので支間を車両走行方向に直角にとる場合，支間に応じて表6.5による係数を乗じた値を用いて設計し，耐久性を高めるように規定している（道

表6.5 設計曲げモーメントの割増係数
(道示Ⅱ 8.2.4)

| 支間 $L$[m] | $L \leqq 2.5$ | $2.5 < L \leqq 4.0$ |
|---|---|---|
| 割増し係数 | 1.0 | $1.0+(L-2.5)/12$ |

$L$：T荷重に対する支間長 [m]

示Ⅱ 8.2.4)．A荷重で設計する場合はこの割増係数を考えなくてよいだけでなく，表6.4の曲げモーメントを低減（20％）してもよいことにしている．

この他，高欄に作用する推力，車両防護柵に作用する衝突荷重の影響などを考慮して設計する．また，複数の剛性の異なる桁で支持されている場合などでは，曲げモーメントを付加して設計する必要がある（道示Ⅱ 8.2.4）．

例題 6.1  間隔2.8mの並列縦桁で支持された，鉄筋コンクリート床版の最小床版厚はどれだけか．ただし，車道の支間中間部分とする．

解  設計支間長は $L=2.8$ m であるから，表6.1より，
$$d_0 = 3L + 11 = 3 \times 2.8 + 11 = 19.4 \text{ cm}$$
となる．よって，はく離，ひび割れ等の心配がない場合は，$d=20$ cm を用いればよい．

### 6.1.3 鋼床版

鋼床版は目的荷重を直接支持する床が鋼板でできており，これをデッキプレート（deck plate）という．デッキプレートは橋軸方向とこれと直角方向（そ

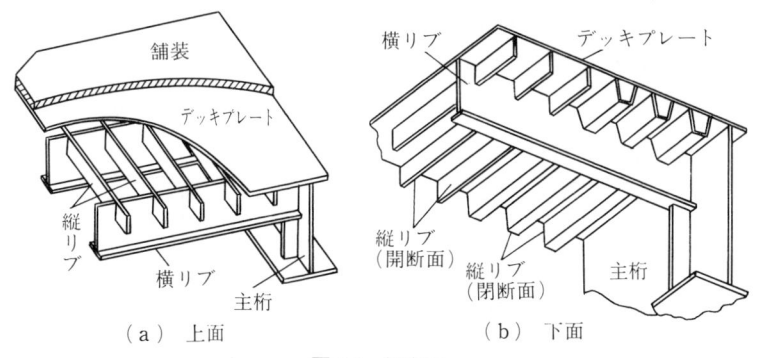

図6.4 鋼床版
(a) 上面
(b) 下面

れぞれ，縦，横方向という）に格子状に配置した，リブ（rib）によって補剛されており，このプレートの上面に舗装を施して床版とするものである（図6.4）．

**（1）リ　ブ**

リブの断面形状には，開断面（open section）と閉断面（closed section）が用いられる．

縦リブには図6.5に示すように，平鋼，球平鋼を用いた開断面リブと鋼板を台形，半円形，U字形，三角形などに成形して用いる閉断面リブがある．

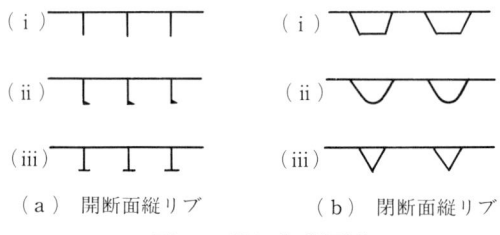

　　　　　（ⅰ）　　　　　　　　　　　（ⅰ）
　　　　　（ⅱ）　　　　　　　　　　　（ⅱ）
　　　　　（ⅲ）　　　　　　　　　　　（ⅲ）
　　　（a）開断面縦リブ　　　　　（b）閉断面縦リブ

**図6.5　縦リブの断面形**

閉断面縦リブは，曲げ抵抗だけでなく，ねじれ剛性が大きくなるので，版全体で荷重を支えることになり，結果として縦リブ本数が減り横リブの間隔が大きくとれるので，鋼重（単位床面積当たりの鋼材使用量）はそれほど大きくならない．また，溶接線長は縦リブ本数が減り，横リブの間隔が大きくなった分少なくなるので，溶接施工の面からは経済的であり，近年は台形閉断面リブがよく用いられる．

横リブには，逆T字形の開断面リブを用いるのがほとんどである（図6.6）．

リブの間隔は橋梁の形式規模や床面の形状によって異なるが，縦リブ間隔は開断面の場合30〜35 cm程度，閉断面の場合は（リブ中心間）60〜70 cm程度

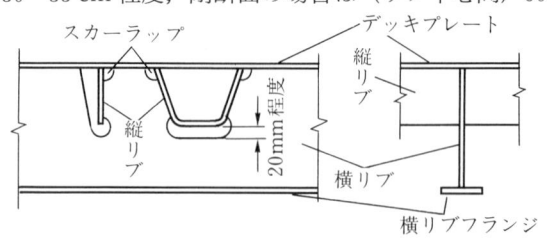

**図6.6　横リブ断面とリブの交差部分**

であり，横リブ間隔（縦リブの支間長）は2〜4m程度の値が用いられるが，開断面縦リブのときの横リブ間隔は最大で2m程度である．

リブの最小板厚は8mmが原則であるが，腐食に対して十分安全とみなせる（閉断面縦リブなどの）場合には，6mmまでの厚さを用いてよいことにしている．

縦リブと横リブの交差する部分は溶接も交差するので，十分な配慮を払う必要がある（道示II 8.4）．

**（2） デッキプレート**

鋼床版のデッキプレートは舗装面を通して直接荷重を支えるだけでなく，支持した荷重を主構造に伝達する横リブのフランジを構成しており，主構造が桁構造の場合はその主構造のフランジでもある．すなわち，デッキプレートは，橋梁の構成の面からみると

① 床（床版）
② 床組（縦桁，横桁）
③ 主構造（主桁）の一部

の三つの構成部分の作用を受けていることになるので，このことを念頭に置いて設計する必要がある．

鋼床版のデッキプレートのような版において荷重を支持する機能だけを考えると，版を構成するプレートは，面に平行な軸方向応力によって荷重を支えるので（すなわち膜作用），非常に薄くてもよいことになる．しかし，版のたわみによる舗装の損傷やデッキプレートの溶接変形を少なくするなどの観点から，示方書では，デッキプレートの最小板厚を規定している．すなわち，板厚 $t$ は，車道部分で12mm，または，リブ間隔 $b$ に対して $t=0.035b$ 以上，主桁の一部として働く歩道部で10mm，または，$t=0.025b$ 以上の値を用いることにしている（道示II 8.4.5）．

設計にあたっては，

① 主桁の一部としての作用
② 床版および床組としての作用

の二つの作用に分けて安全性の照査を行う．その場合，それぞれの最も不利な荷重状態に対して応力度を算出して照査すると共に，それら両者の合計応力に

ついても照査する（道示II 6.2.2）．これは，それぞれの最も不利な載荷状態が，必ずしも一致しないと考えられるからである．

　主桁の一部として設計する場合，デッキプレートはフランジとみなせばよいわけであるが，フランジ幅が極めて広くなり，通常のプレートガーダーのように全幅が有効に機能しないので，主桁のフランジとみなせる有効幅をウェブの間隔と支間長（有効支間長）から求める（道示II 8.3.4）．

　鋼床版は，床版および床組として設計する場合，解析法として考えられるのは，床版を周辺が主桁等の剛な支点で支えられた，支間の方向で曲げ剛性の異なる版（直交異方性版）として扱うものと，はりが格子状に組まれた桁（格子桁）として解析する方法などがあるが，いずれの場合であっても，デッキプレートをリブのフランジとするときは，全幅をとれないので，主桁作用の一部と考えたときと同様に，リブの間隔と等価支間長の関数として有効幅を求める(道示II 6.2.4)．

## 6.2　床　　　組

　床組 (floor system) は橋床上の活荷重と床版等の全死荷重を支え，これを主構造に伝達するもので，一般に，縦桁 (stringer) と横桁 (cross beam，床桁：floor beam) で構成される．普通，主構造を主構と呼んでいるトラス橋やアーチ橋では縦桁，横桁ともに設ける床組となるが，主構造が主桁である桁橋では，下路形式や上路形式の二主桁橋以外のものは，3本以上の主桁を並列に用いるので，主桁が床版を直接支えることになり，横桁のみを配置する場合がほとんどである．そして，この横桁は荷重分配横桁としての機能をも発揮するように設計されることが多い．

　床組のうち，横桁は橋軸と直角な方向に配置し，縦桁の支点となっており床版からの荷重を主構造に伝達する働きをしている．橋台や橋脚上では縦桁の支点として直接支承を設けることも可能であるが，橋の全体の剛性を増し，全体の剛度のバランスを保つ点から，いわゆる端横桁を設けて縦桁を支持するのが望ましい．また，橋の横方向の曲がりや傾きを少なくするために，できるだけ曲げ剛性を大きくして，たわみを少なくし，振動しにくい構造とするのがよい．

　縦桁は，橋軸と平行に配置され，橋の床からの全荷重を支え，横桁や主構造

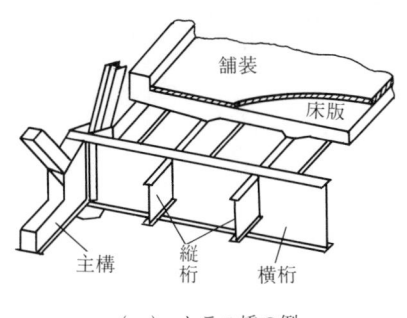

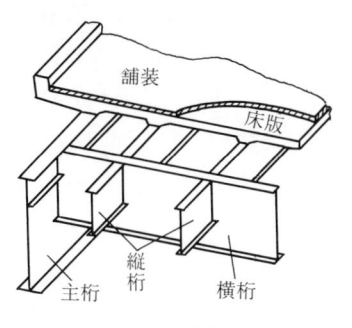

（a）トラス橋の例　　　　　　（b）桁橋の例

図 **6.7**　床組の例

に伝達するとともに，横桁と一体となって，橋の剛性を高める働きをする．

### 6.2.1　床組の構造，配置

　縦桁は，鋼板を溶接で組み立てたプレートガーダーまたはⅠ形鋼，H形鋼などが用いられる．

　縦桁の支間（横桁の間隔）は，運搬や製作時の取り扱いなどを考慮して，最大10m程度であり，間隔は床版の支間になるので，床版厚さをあまり大きくしないために，3m程度までの値が用いられる．また，床版が不等沈下を起こさないように各縦桁の剛度にあまり差がないような構造にするのが望ましい．

　横桁は，縦桁より大きな断面になるので，通常，溶接プレートガーダーが用いられる．幅員が大きな2主桁の桁橋や2主構の斜張橋，アーチ橋，つり橋などではトラス形式のものが横桁として用いられる．

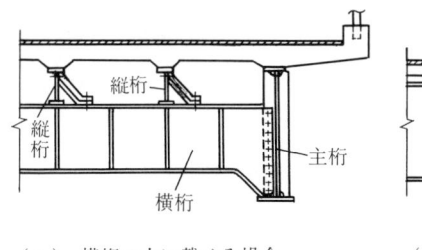

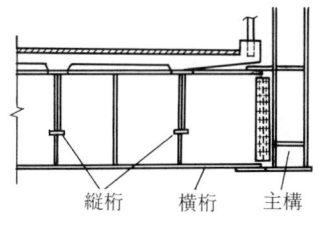

（a）横桁の上に載せる場合　　　（b）上フランジを揃える場合

図 **6.8**　床組の取り付け方の例

110    6章　橋床，床組，対風構

　横桁の支間は主構造の間隔によって決まるが，その間隔は主構造の格間割りによって決まり，前述のように10 m程度，または，大きくても12〜13 mに収まるように設計するのが望ましい．

　縦桁と横桁の取り付け方には

① 縦桁を横桁の上に載せる場合

② 縦桁と横桁の上フランジ面を一致させる場合

の二通りが考えられる．

　①の場合は，横方向の安定と剛性を維持するための構造部材を設け，なるべく2格間以上を連続させた構造にするのがよい．

　②の場合は，連結構造が複雑になるが，床組の横方向の剛性が高く，特に床版を設ける道路橋では，床版が格子状に支持され非常に剛性の大きな構造になる．

　床組の交差は直角に行うのが原則である．斜めに配置すると，連結の構造に無理が生じる恐れがあり，製作も困難になるからである．

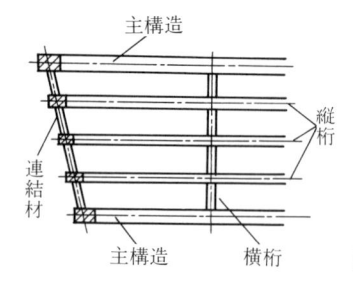

図6.9　床組の配置

　横桁の主構造への取り付け角度は，桁橋では直角に配置するが，斜橋で斜角度の小さい桁橋の端横桁や，格点位置が変えられないトラス橋の場合は斜めに取り付けることになるので，連結部の安全性には十分な配慮が必要である．

　横桁と主構造の取り付け配置関係は，主構造が直線の桁あるいはトラス構造の橋では，次の三つが考えられる．

① 横桁を主構造の上端に取り付ける場合（上路橋）

　　この場合，主構造に横桁を直接載せる場合と主構造の上面と横桁の上面を揃える場合とがある．

② 横桁を主構造の中間部に取り付ける場合（中路橋）

③ 横桁を主構造の下端部に底面を揃えて取り付ける場合（下路橋）

この他に，橋床面上の建築限界，桁下空間，橋梁形式などによってさまざまな取り付け方がある．たとえば，アーチ橋では，下路式の場合，主構造から吊り材で支承高さ付近に取り付け，上路式の場合はアーチクラウンの高さ付近に取り付けることになる．

斜橋の場合，主構造に負の反力が生じ，端横桁にねじりモーメントが作用するので，この部分の耐荷性状に対する安全性の検討が必要である．

### 6.2.2 床組の設計
#### （1） 床組の支間長，荷重

縦桁の支間長は縦桁軸方向に測った横桁中心間隔であり，横桁の支間長は横桁軸方向に測った主構造の取り付け部材側面間の距離である．

床組は床版上の全荷重を支持するので，道路橋の場合，活荷重（集中荷重（T荷重）と等分布荷重（L荷重））および床版，舗装などの死荷重を載荷して設計する．活荷重を載荷する場合，一般に支間が小さいはりでは集中荷重が支配的になるので，床版を通した床組にはT荷重を載荷する．しかし，支間が大きなはりでは，等分布荷重の方が大きな断面力になる場合があるので，大支間の縦桁ではL荷重を載荷した場合の断面力も求め，その大きな方について断面を設計する．

#### （2） 縦桁

床版は縦桁と横桁で支えられた長方形であり，通常，縦桁間隔は支間長に比べ小さいので，床版を縦桁間隔を支間長とする単純ばり（または張り出しばり）とみなしたときの反力を縦桁の荷重として設計すればよい（図6.10）．

一般に，床組の縦桁は，橋梁の剛性を増すために，横桁上で隣の格間の縦桁と連結されるので，横桁を支点とする多径間の連続ばり（正確には弾性支持の連続ばり）となっている．しかし，すでに支点構造や，荷重およびその載荷方法などにいくつかの仮定がなされているので，これを正確に解析してもあまり意味がない．そこで，縦桁は横桁間隔を支間長とする単純ばり（端支間は張り出しばり）の曲げモーメントを算定し，これを補正したものを用いるのが一般的である．鋼道路橋では，縦桁の支間長と曲げ剛性がほぼ同一の連続ばりとな

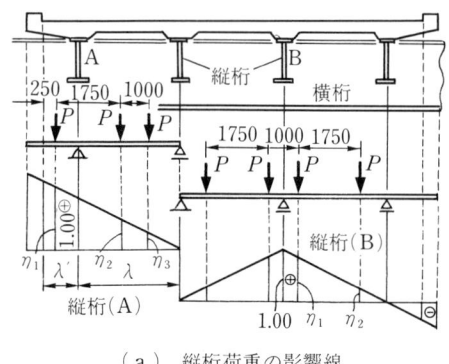

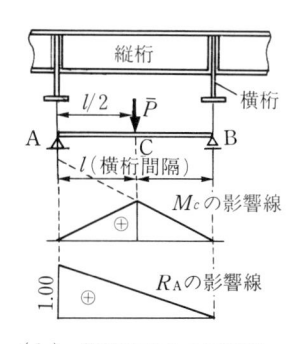

（a）縦桁荷重の影響線　　　　（b）縦桁断面力の影響線

図 **6.10**　縦桁設計のための影響線

表 **6.6**　連続縦桁の曲げモーメント
（道示II 9.3）

| 端　支　間 | $0.9\,M_0$ |
|---|---|
| 中　間　支　間 | $0.8\,M_0$ |
| 中　間　支　点 | $-0.7\,M_0$ |

$M_0$：単純桁としての支間中央の曲げモーメント

る場合，活荷重曲げモーメントは，表 6.6 の値を用いてよい（道示II 9.3）．

なお，せん断力は単純ばりのせん断力（反力）をそのまま用いるのが普通である．

**（3）横　桁**

床版が横桁に直接固定されていない横桁は，縦桁連結位置が格点である間接載荷のはりとなる．したがって，縦桁の反力が横桁の荷重となって載荷される

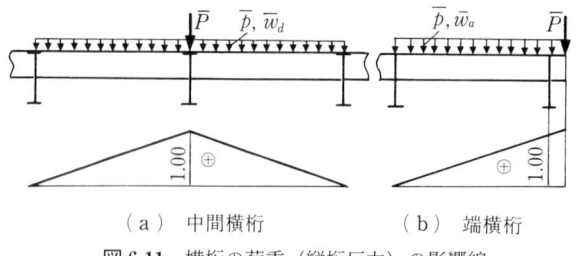

（a）中間横桁　　　　（b）端横桁

図 **6.11**　横桁の荷重（縦桁反力）の影響線

ことになり，図 6.11 のような影響線を利用して荷重を求める．

横桁は，一般にウェブだけでなくフランジも主構造側面部材に連結されるので，支点は単純支持構造ではないけれども，安全側を考え，単純ばりとして設計する．間接載荷になる中間横桁の曲げモーメントの影響線の例を示すと，図 6.12 のようになる．

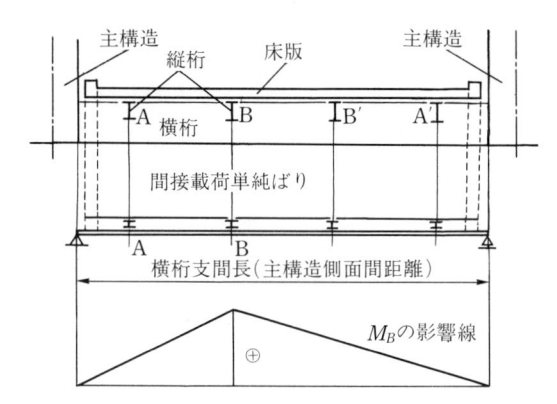

**図 6.12** 横桁の曲げモーメントの影響線

**例題 6.2**　図 6.10 を参照して，道路橋のT荷重（集中荷重 $P=98\,\mathrm{kN}$ とする）が作用する場合，縦桁Aの荷重を求めよ．ただし，縦桁間隔は $\lambda=3\,\mathrm{m}$，床版の張り出し長さは $\lambda'=1.5\,\mathrm{m}$ とする．

**解**　図の位置に載荷し，影響線の縦距値を求めると，
$$\eta_1=1.417,\quad \eta_2=0.833,\quad \eta_3=0.500$$
になるので，
$$\bar{P}_\mathrm{A}=P\Sigma\eta=98\times(1.417+0.833+0.500)=98\times 2.75=269.5\,\mathrm{kN}$$
が得られる．

### 6.2.3　床組の連結，その他
**(1) 連　結**

床組は，縦桁，横桁が別々のブロックとして製作される場合がほとんどであるので，一般に，連結は架設地点で施工される．

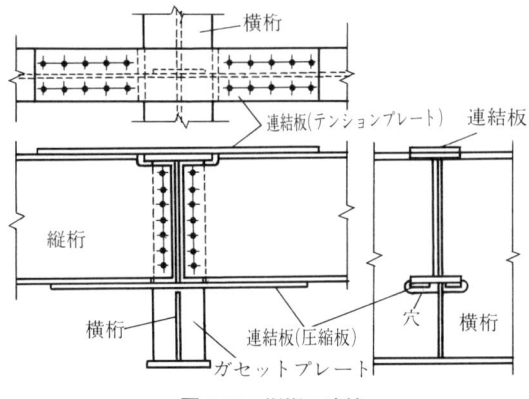

**図 6.13** 縦桁の連結

図 6.13 に縦桁の横桁上における連結の例を示す．縦桁は連続ばりとして機能するように，上下フランジに連結板を使用するが，この連結部では負の曲げモーメントが作用しているので，縦桁の上フランジ側の断面積は母材，連結板ともにボルト穴等を控除した純断面積で設計しなければならない．

横桁は，前述のように単純ばりとして設計されるけれども，一般に桁高さが大きいので，ウェブの連結の範囲が上下に長くなり，ウェブ，連結板，接合ボルトそれぞれに計算外の応力が作用するためと，構造の剛性を高める上からも，上下フランジとも連結板を用いて連結するのが望ましい．

この他に，主構造の外側に，歩道などの通路部を設けるため，ブラケットを取り付け縦桁などを支持する場合は，横桁が主構造の上で連続ばり構造として

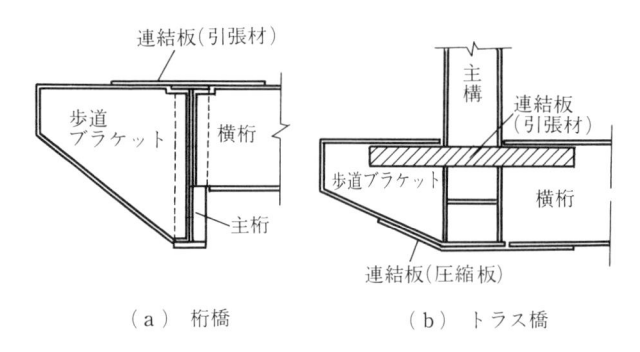

（a）桁橋　　　　（b）トラス橋

**図 6.14** ブラケットの取り付け例

機能するよう，横桁の断面および連結を設計しなければならない．主構造の外側にブラケットを取り付けた場合の例を図 6.14 に示す．

### (2) その他

床組の実際の設計では，これまで述べてきた事項の他に，桁のたわみ，部材片の補剛，変形の防止などが問題になり，これらの考え方，対処方法，計算式の適用法などが示方書に規定されているので参照されたい（道示Ⅱ 7.4）．

## 6.3 対風構

橋の目的荷重を橋床，床組および主構造で支持し，支承で下部構造に伝達することができるけれども，これだけでは，横方向（水平面内）の力（横荷重）には抵抗することができない．橋に風や地震などによる横荷重が作用すると，全体として曲がりなどの変形を生じる．これらを防ぐために，まず，並列する主構造を横方向の構造部材（一般にトラス）で連結する．このトラスを横構 (lateral bracing) といい，一般に主構造の上部と下部に設けられ，主として，橋の全体としての曲がりを防ぐ働きをしている．一方，橋の横断方向の変形（ねじれおよび倒れ）を防ぐ構造が対傾構（sway bracing）である．さらに，構造形式や使用目的によっては，特殊な水平面内の荷重が作用するので，このような荷重を分担する部材が必要である．これらは，単に風荷重だけでなく，地震その他による横荷重のすべてに対して橋の横方向の安定を保つものであるが，これらを総称して，対風構（wind bracing）と呼んでいる．

対風構の働きをまとめれば次のようになる．

① 横荷重を支持し，支承へ伝達する．
② 橋の主構造の間隔，位置を保つ．
③ 橋の剛度を増し，変形（曲がり，ねじれ，倒れ）を防ぐ．

### (1) 横 構

横構には，橋の主構造の上部に設けられる上横構（upper bracing）と下部に設ける下横構（lower bracing）とがある．横構は，主として横荷重を支持し，主構造の間隔と位置を保持し，曲がりを防ぐ働きをしている．

横構の構造は，トラス（truss：棒状の部材の両端をヒンジ（滑節）で連結した構造）であり，主構造の構造形式や，大きさなどによって異なるが，主に，

116    6章 橋床，床組，対風構

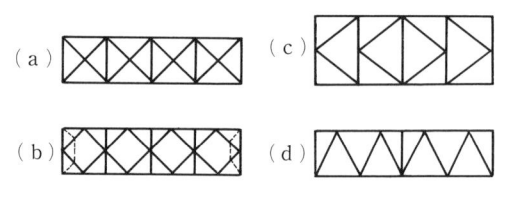

```
(a) ▭XXXX▭    (c) ▭XX▭

(b) ▭XXXXX▭   (d) ▭NNNN▭
```

図6.15 横構トラス

図6.15の(a)～(d)のトラスが用いられる．

このうち，図(a)は下横構として最もよく用いられる．トラス橋の上横構としては，図(b)，(c)が用いられるが，中でも図(b)が最も一般的であり，図(c)は幅員の大きなトラスの上横構にしばしば用いられる．図(d)は2主桁のプレートガーダー橋の下横構などに用いられる．

横構は，上，下横構ともに用いられるのが一般的であるが，道路橋の桁橋では橋床が強固な鉄筋コンクリート床版であるので，上横構を省略することができる（道示II 10.6.3）．

これら，横構トラスの弦材（トラスの上縁または下縁部に並行に配置した部材）は，主構造の弦材に相当する部材がそのまま弦材になる．

トラス橋においては，横構トラスの弦材は主構トラスの弦材そのものであるから，主構が曲弦トラスの場合は，上横構は平面トラスではない．しかし，このようなトラスを曲面トラスとして厳密に解析することは，荷重載荷，構造の境界条件や支持条件などから非常に困難であり，全体としての整合性もとれないので，通常の設計では平面トラスとして扱うのが普通である．また，弦材の応力は主荷重によるものと，横荷重による応力が加算されることになる．これらの応力の安全性の照査は，横荷重の種類に応じて，許容応力を割増する方法で対処している（道示II 2.2）．

プレートガーダーでは上，下フランジが横構の弦材の働きを兼用することになるが，3主桁以上を並列に使用する場合，両外側の主桁フランジが弦材となるので極めて高さの高いトラスに相当し，このようなトラスでは横荷重による軸応力はほとんど生じないことになる．また，同じ理由で，横荷重による曲げ変形も微小であり，実際の使用に支障を与えるような値にはならない．

このほか，橋の種類によって，載荷面の横構トラスを別の平面トラスで補剛

する（たとえば鉄道橋では制動トラス（break truss）が設けられる）．

**（2） 対傾構**

対傾構は橋の主構造の端部と支間中間部の横断方向に，設けられる構造である（図6.16参照）．

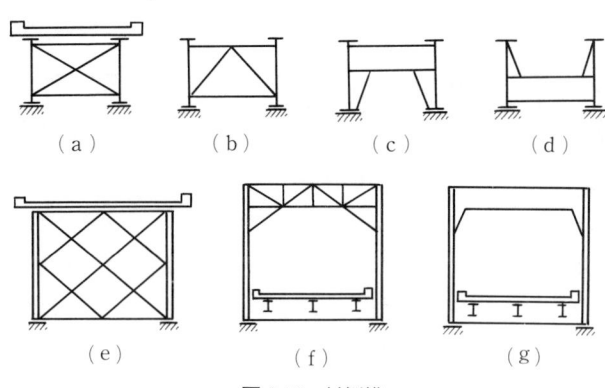

図6.16 対傾構

上路橋では，主構造の間を交差する部材で連結するもの（図(a)，(b)，(e)）が多いが，プレートガーダー橋では横桁の連結部のウェブを高くして強固に接合してラーメン構造（図(c)）としたり，ボックスラーメン構造とするものなどがある．

下路橋では，プレートガーダーのように主構造の高さが低い場合は，横桁の連結を強固にし，逆門形ラーメン（図(d)）とするが，トラス橋のように主構造の高さが高い場合は，上横構位置に横断トラス（図(f)）を連結するか，比較的大きな桁構造部材（図(g)）を連結して門形ラーメンを構成して対傾構とする．このように，橋の端部の通路上部に設ける対傾構を橋門構（portal bracing）という．

**（3） 対風構の荷重，部材力**

横構に作用する荷重（横荷重）の主なものは，風荷重と地震荷重であり，荷重の大きさ，載荷方法は示方書に規定されている（道示Ⅰ2.1.10）．

横構トラスは一般に，高次不静定トラスになる場合が多く，これを厳密に解くと複雑になるので，次のように考えて部材力を求める．

いま，図6.17(a)のトラスに風荷重（衝撃を考えない移動荷重）が作用する

場合，荷重は図の上方からだけでなく，下方からも同じように載荷されるので，図(b)のように，斜材が実線であるトラスと破線であるトラスが重なったものと考える．このようにすれば，静定トラスになり解析が容易になるばかりでなく，斜材には主として引張応力が生じるので，座屈を考慮しなければならない圧縮部材より細長い部材を使用できることになる．

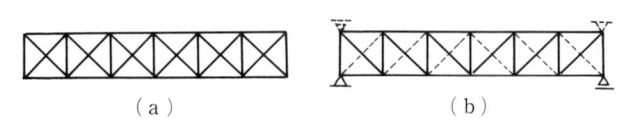

(a)　　　　　(b)

図6.17　横構トラスの部材力

もう一つの考え方としては，両斜材を有効とし，その格間に作用するせん断力を1/2ずつ受け持つとする方法である．この場合は，先の方法に比べて，部材の応力，設計長さとも，1/2になるけれども，両斜材とも引張および圧縮の双方に対して安全であるように設計しなければならない．

対傾構の部材力も横構の場合と同様に，荷重の作用方向によって一方の斜材のみが有効に働くと仮定して求める方法と，両方の斜材が1/2ずつ分担すると考える方法のどちらかで求めるのが一般的である．

以上のように求めた，横構トラスや対傾構トラスの斜材の部材力は，一般に非常に小さく，ほとんどの場合，部材の細長比で決定される．したがって，断面はT形鋼やCT形鋼が使用されることが多い．

## 演習問題

6.1　舗装の備えるべき条件を述べよ．
6.2　鋼床版のデッキプレートの橋の構成の上から見た働きを説明せよ．
6.3　横桁と縦桁の取り付け方の種類を挙げ説明せよ．
6.4　対風構の働きを箇条書きで述べよ．
6.5　縦桁間隔が$\lambda=3$ mの，道路橋のT荷重（集中荷重$P=98$ kNとする）が作用する，中縦桁（図6.10(a)縦桁B）の荷重を求めよ．
6.6　間隔$l=8$ mの横桁で連続支持され，集中荷重$\bar{P}=250$ kNが作用する，縦桁の中間支間，中間支点の設計曲げモーメントを求めよ．

# 7章
# プレートガーダー橋

## 7.1 プレートガーダー橋概説

　荷重を主として曲げモーメントとせん断力で支える構造をはり（梁：beam）と呼んでいるが，橋梁工学ではこれを桁（girder）ということが多い．鋼橋には，桁を縦横に組み合わせて床組を構成したり，横方向部材で連結して主構造とするなど，桁構造が多く用いられているが，桁を主構造にした橋が桁橋である．鋼板を溶接等で組み立てた桁断面をプレートガーダー（plate girder）といい，このプレートガーダーで主構造を構成している橋がプレートガーダー橋（plate girder bridge）である．

　桁橋は，橋の形式としては最も長い歴史をもつ構造形式の一つであり，プレートガーダー橋は極めてシンプルであるが，鋼橋の基本形式といえるものである．また，合成桁橋，格子桁橋，連続桁橋，箱桁橋なども桁断面はプレートガーダーである．ここでは，桁断面が非合成で単純支持のプレートガーダー橋について述べる．

　プレートガーダー橋の特徴を挙げれば，次のような点である．
① 力学的挙動が明確になっているので解析の信頼性が高い．
② 実橋の挙動に比較的よく適合する設計が可能で，安全性が高い．
③ 構造が単純であるので，製作，施工，維持管理が比較的容易である．
④ 外観がシンプルで，景観への影響が少ない．
⑤ 下路トラス橋に比べ圧迫感が少ないなど，通路としての使用性がよい．

### （1）主桁断面の構成

　鋼橋に用いられる桁構造の断面には，プレートガーダーを含めて図7.1に示すようなものがある．
　Ⅰ形鋼は，小支間の桁橋の主桁に用いられたこともあるが，橋梁の桁部材に

120　7章　プレートガーダー橋

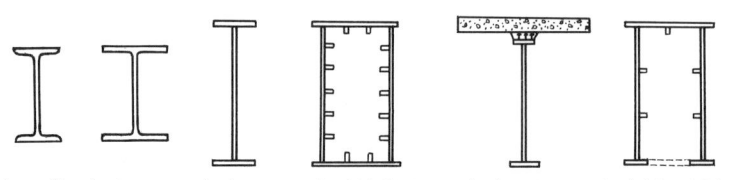

（a）I形鋼　（b）H形鋼　（c）I形断面（d）箱形断面　（e）合成桁断面　（f）π形断面

**図7.1**　桁の断面形状

は，主にH形鋼が用いられる．形鋼は曲げモーメントに応じて断面を変えられず，支間が少し大きくなると，鋼重の面から不経済になり，また，他の部材との連結に不都合が生じるので，主桁や床組にはプレートガーダーがよく使用される．

このほかに，主桁断面としては，合成桁断面，箱形断面が用いられ，まれに，π形断面が用いられる．広い意味では，箱形断面，π形断面もプレートガーダーに入るけれども，ここでは，I形断面に組み立てたものをさすこととする．

プレートガーダー橋の主桁（主構造）の断面は，図7.2のように上・下のフランジプレート（flange plate，単にフランジ（flange））とウェブプレート（web plate，単にウェブ（web））を溶接で組み立てたプレートガーダーである．ウェブは幅と厚さの比によって垂直および水平方向の補剛材（stiffener）で補剛される．これを複数並列に並べ，横構および対傾構で連結して主構造を構成する．

通常，プレートガーダーのウェブは，支間を通して同一断面の板を用い，フ

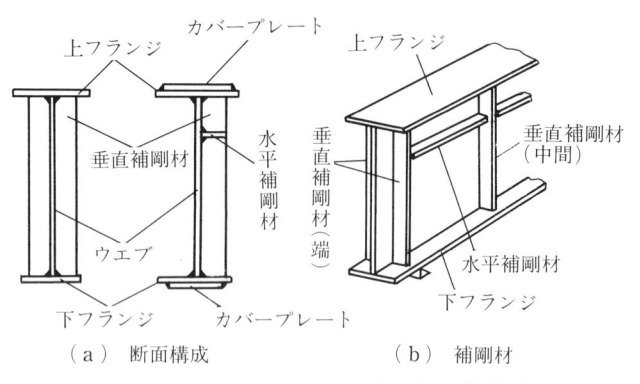

（a）断面構成　　　　　（b）補剛材

**図7.2**　プレートガーダー橋の主桁断面

ランジの幅および厚さを変化させて断面力に対応する．断面力が大きくなって一枚のフランジプレートでは断面積が不足する場合はカバープレートを重ねて用いることもある．このように，断面力に対応してプレートガーダー断面のフランジプレートを変化させるが，余り多くの箇所で変化させると溶接や材片加工などの費用が増加し，必ずしも経済的とはならない．また，カバープレートを用いると，溶接の費用が増加したり，現場継手が複雑になり，応力挙動も不明確になるなどの欠点がある．

**（2） 主構造の構成と桁配置**

このようなプレートガーダーを橋軸方向に複数並べ，横構，対傾構で連結し，これに床版を設置する．一般に，桁高さを高くして本数を減らした方が，たとえ横構，対傾構の分が増加しても全体の鋼材使用量（鋼重）は減少する．したがって，大間隔で主桁を配置したり，2主桁にして床組を設ける例も見られたが，主桁間隔が大きくなると，床版コンクリートのはく離などの損傷の危険が大きくなるので，主桁間隔は3m以下にするのがよい．

桁の間隔と床版の外桁からの張り出し長さなど全体としての桁配置は，床版の張り出し部と中間支間部の曲げモーメントの差を少なくすると共に，外桁と中桁の断面力がなるべく均等な値になり，かつ，車輪荷重が床版の支間中央で

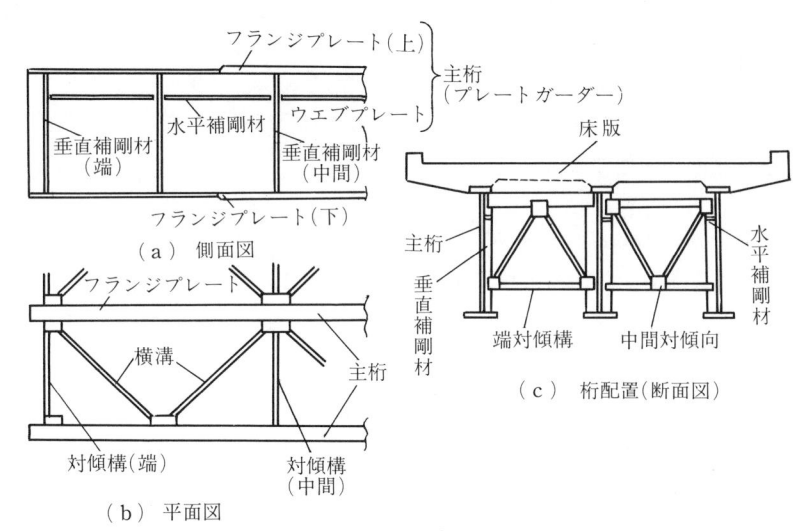

図7.3 プレートガーダー橋の構成と主桁配置

はなく，桁に近い位置に載荷されるような配置になるのが望ましい．

### （3） プレートガーダー断面の応力

プレートガーダーに断面力（曲げモーメント：$M$，せん断力：$S$）が作用した場合，断面内の応力度（曲げによる垂直応力度：$\sigma$，せん断応力度：$\tau$）は

$$\sigma = \frac{M}{I} y \tag{7.1}$$

$$\tau = \frac{S \cdot G}{I \cdot b} \tag{7.2}$$

で求められる．ここに，$I$ は断面二次モーメント，$y$ は中立軸から外縁までの距離，$G$ は中立軸に関する着目点外側の断面一次モーメント，$b$ は断面の幅（ウェブの厚さまたはフランジの幅）である．

曲げによる応力度は上・下フランジの外縁で最大になり，せん断応力度は中立軸で最大になる，図7.4のような応力分布となる．

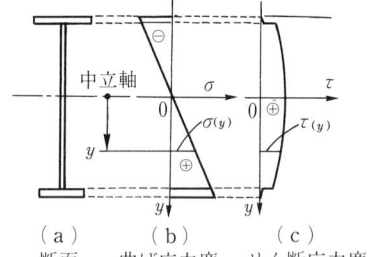

（a） （b） （c）
断面　　曲げ応力度　せん断応力度　　**図7.4** プレートガーダーの応力度分布

せん断応力度は，断面の平均応力度に比べ差はわずかであるので，せん断力をウェブの断面積で割って

$$\tau = \frac{S}{A_w} \tag{7.2}'$$

としても，設計上は十分安全である．ここに，$A_w$ はウェブの断面積である．

このことから，プレートガーダーは，曲げモーメントをフランジで，せん断力をウェブで分担しているといえる．

これらの応力度では，一般に，曲げ応力度が支配的であり，せん断応力度は支点や部材連結部分などの特別な点を除けば，許容値に対して十分に安全側の値になる．それゆえ，断面積を増やさず曲げ剛性を大きくするには，ウェブはなるべく薄く，高さを高くして断面二次モーメントを大きくするのが効率の良

い設計といえる．しかし，ウェブを薄くすると，座屈が生じるので，これを防止するために補剛材を用いる．

## 7.2 主桁の断面力（荷重分配を考慮しない場合）

道路橋には，死荷重の他，活荷重としてL荷重などが作用するが，これらを床版に載荷し，図7.5のように，床版を主桁が支点である単純ばりとみなし，その反力を各主桁に載荷して断面力（曲げモーメント，せん断力）を求める．

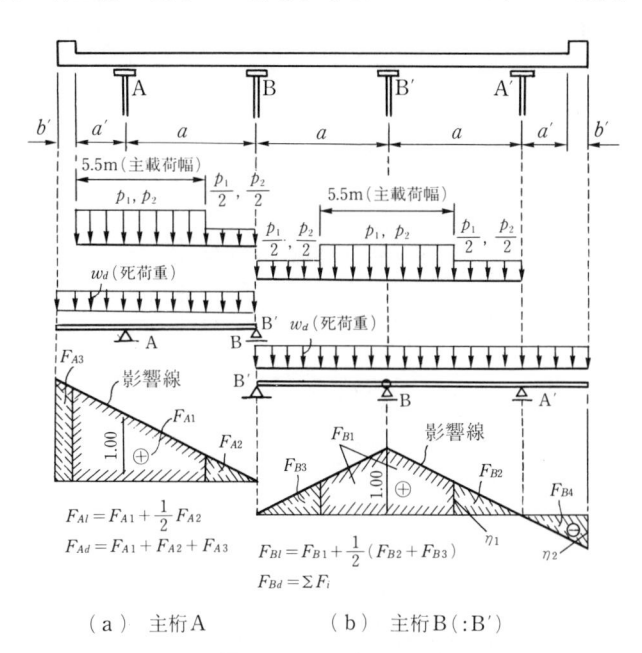

（a）主桁A　　　　　（b）主桁B(:B′)

図7.5　主桁に作用する荷重

たとえば，死荷重とL荷重を載荷した場合の主桁Aを考える．影響線の面積を $F_{dA}$, $F_{A1}$, $F_{A2}$ とすれば，主桁Aの荷重強度は，それぞれ，次のようになる．

$$\left.\begin{array}{l}\bar{w}_{dA}=w_d \cdot F_{dA}\\ \bar{p}_{1A}=p_1 \cdot F_{A1}\\ \bar{p}_{2A}=p_2 \cdot F_{A2}\end{array}\right\} \tag{7.3}$$

ここで，$w$ は死荷重，$p_1$, $p_2$ は活荷重の等分布荷重で $p_1$ は載荷長が $D$ である．なお，等分布荷重 $p_1$ は曲げモーメントを求める場合とせん断力を求める場合で

異なる値をとる．

　また，活荷重の載荷範囲が主載荷幅（5.5 m）を超えると，荷重強度を1/2にしなければならないので，影響線面積を1/2して加える．

　中主桁のBについても同様に求めればよいが，死荷重の載荷範囲の張り出し部分の影響線が負（－）になることに注意しなければならない．

　このようにして求めた荷重を桁に載荷して断面力を求めるが，活荷重は移動荷重であるのでそれぞれの影響線を描いて求める．

　図7.6に，単純ばりの任意のC点の曲げモーメントの影響線と載荷状態の例を示す．

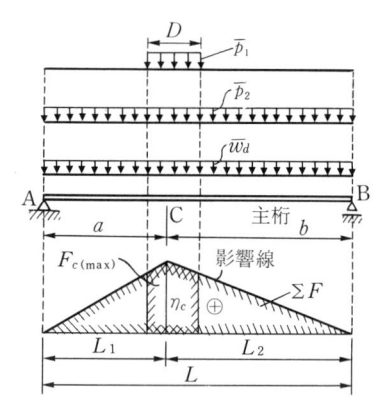

**図 7.6** 主桁の荷重載荷と曲げモーメント

　等分布荷重 $\bar{p}_1$ は，橋軸方向にも一定の範囲 $D$ に分布しているので，この範囲の影響線面積の最大値 $F_{max}$ は，C点の左右の影響線の縦距値が等しくなるように載荷すればよい（5.5 影響線による荷重載荷の項を参照）．

　C点の曲げモーメントの影響線のC点の縦距値とC点の左右の傾きは

$$\eta_c = a \cdot b / L \tag{a}$$

$$\alpha = b / L \tag{b}$$

$$\beta = a / L \tag{c}$$

であるので，影響線のC点を挟んだ幅 $D$ の間の面積の最大値は

$$F_{max} = \frac{D}{2L^2} \cdot (2L - D) \cdot a \cdot b \tag{7.4}$$

となる．

7.2 主桁の断面力　125

いま，あるプレートガーダーに載荷される荷重を，死荷重：$\bar{w}$，活荷重(等分布荷重)：$\bar{p}_1$（載荷長：$D$），$\bar{p}_2$ とすれば，C点の曲げモーメントは

$$M_{Cd} = \bar{w} \cdot \Sigma F \tag{7.5}_1$$

$$M_{Cl} = \bar{p}_1 \cdot F_{i\max} + \bar{p}_2 \cdot \Sigma F \tag{7.5}_2$$

となる．したがって，このC点の設計曲げモーメントは，活荷重曲げモーメントに衝撃係数を乗じたものを加えて

$$M_C = M_{Cd} + (1+i) \cdot M_{Cl} \tag{7.6}$$

で求められる．ここで，$i$ は衝撃係数である．

せん断力についても，活荷重 $\bar{p}_1$ が曲げモーメントの場合とは異なることに注意すれば同様に求められる．

**例題 7.1**　図 7.5 の桁配列の主桁Bの設計荷重を求めよ．ただし，桁間隔 $a = 3.2$ m，$a' = 1.6$ m，$b' = 0.4$ m であり，活荷重として，L荷重：$p_1 = 11.76$ kN/m²，$p_2 = 3.43$ kN/m²，死荷重として $w_d = 6.0$ kN/m² が作用する．

**解**　主載荷幅端部，床版端部の影響線縦距値を求めると，$\eta_1 = 0.141$，$\eta_2 = -0.625$ であるので，その面積は

$$F_{B1} = 2(F_{B1} + F_{B2}/2) = 2\{2.75(1+0.141)/2 + 0.141/4\} = 3.155 \text{ m}$$

$$F_{Bd} = \Sigma F_i = 6.4 \times 1/2 - 0.625 \times 1/2 = 2.575 \text{ m}$$

である．したがって，主桁Bの設計荷重（分担荷重）は

$$\therefore \quad \bar{p}_{B1} = p_1 \cdot F_{B1} = 11.76 \times 3.155 = 37.10 \text{ kN/m}$$

$$\bar{p}_{B2} = p_2 \cdot F_{B1} = 3.43 \times 3.155 = = 10.82 \text{ kN/m}$$

$$\bar{w}_{Bd} = w_d \cdot F_{Bd} = 6.0 \times 2.575 = 15.45 \text{ kN/m}$$

となる．

**例題 7.2**　図 7.6 において，主桁支間長 $L = 24$ m，着目点距離 $a = 10$ m，$p_1$ の載荷幅 $D = 10$ m であり，設計荷重 $\bar{p}_1 = 25.0$ kN/m，$\bar{p}_{2b} = 8.0$ kN/m，$w_d = 14.0$ kN/m である場合の，C点の設計曲げモーメントを求めよ．

**解**　C点の影響線縦距値 $\eta_C = a \cdot (L-a)/L = 10 \times (24-10)/24 = 5.833$ m であるので，

$$\Sigma F_C = L \cdot \eta_C / 2 = 24 \times 5.833 / 2 = 70.0 \text{ m}^2,$$

$$F_{C\max} = D \cdot (2L - D) \cdot \eta_C / 2L = 10 \times (2 \times 24 - 10) \times 5.833 / (2 \times 24) = 46.18 \text{ m}^2$$

が得られる．また，衝撃係数は

$$i=20/(50+L)=20/(50+24)=0.270$$

であるから，C点の設計曲げモーメント $M_c$ は次のようになる．

$$M_{Cd}=\bar{w}_d \cdot \Sigma F_C=14.0 \times 70.0=980 \text{ kN} \cdot \text{m},$$
$$M_{Cl}=\bar{p}_1 \cdot F_{C\max}+\bar{p}_2 \cdot \Sigma F_C=25 \times 46.18+8 \times 70=1714.5 \text{ kN} \cdot \text{m}.$$
$$\therefore\ M_C=M_{Cd}+(1+i)\cdot M_{Cl}=980+(1+0.27)\times 1714.5=3157 \text{ kN}\cdot\text{m}$$

## 7.3 荷重分配

### 7.3.1 格子桁

　実際のプレートガーダー橋は，奥行き方向に複数の主桁を並べ，支間の中間部分を別のプレートガーダー（またはトラス）で連結して主構造が構成されている．そして，道路橋では，支間長が 10 m を超える 3 本以上の並列する桁を用いる場合は，剛な荷重分配横桁を設けることにしている（道示Ⅱ 8.8.1）．

　このように，並列主桁を横断方向の別の桁（横桁）で連結した構造を格子桁構造（単に格子桁；grillage girder）という．格子桁では，主桁が連続ばりとしての横桁によって連結されているので，主桁は横桁を通してお互いに荷重を分担することになる．この横桁が荷重分配横桁であり，格子桁の断面力は，荷重の分担割合（荷重分配）を考慮して算定する．

### 7.3.2 荷重分配係数

　いま，図 7.7 のような，主桁のねじれ剛性を考えない，3 主桁 1 横桁の格子

（a）格子桁　　　　　　　　（b）格点力と横桁のたわみ

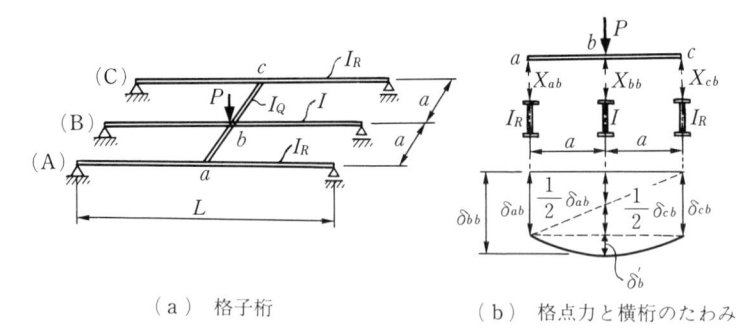

図 7.7　格子桁と荷重分配横桁

桁（主桁の支間長：$L$）を考える．

　荷重 $P$ は横桁上にあり，中主桁（B）の位置に作用しているものとする．主桁と横桁を分離し，その連結部の横桁の反力（格点力）を不静定力（未知量）$X$ とする．横桁のつり合いより

$$\Sigma X = 0 \quad : \quad -X_{ab} - X_{bb} + P - X_{cb} = 0$$
$$\therefore \quad X_{ab} + X_{bb} + X_{cb} = P \tag{a}$$
$$\Sigma_{(c)}M = 0 \quad : \quad 2a \cdot X_{ab} + a \cdot (X_{bb} - P) = 0$$
$$\therefore \quad 2X_{ab} + X_{bb} = P \tag{b}$$

である．これら2式より

$$X_{cb} = X_{ab} \tag{c}$$

のような関係があることがわかる．

　次に，図(b)を参照すると，横桁自身のたわみ（$\delta_b'$）は

$$\delta_b' = \frac{P - X_{bb}}{48E \cdot I_Q} \cdot (2a)^3 \tag{d}$$

であり，各主桁の支間中央点のたわみ $\delta_{ab}$，$\delta_{bb}$，$\delta_{cb}$ は，それぞれ次のようである．

$$(\mathrm{A}) : \delta_{ab} = \frac{X_{ab}}{48E \cdot I_R} \cdot L^3 \tag{e}$$

$$(\mathrm{B}) : \delta_{bb} = \frac{X_{bb}}{48E \cdot I} \cdot L^3 \tag{f}$$

$$(\mathrm{C}) : \delta_{cb} = \frac{X_{cb}}{48E \cdot I_R} \cdot L^3 \tag{g}$$

ここに，$E$ はヤング係数，$I_Q$，$I_R$，$I$ はそれぞれ，横桁，外主桁，中主桁の断面二次モーメント，$a$ は主桁間隔，$L$ は主桁の支間長である．

　一方，格点 $b$ の横桁のたわみと主桁のたわみが等しいから，

$$\delta_{bb} = \delta_b' + (\delta_{ab} + \delta_{cb})/2 \tag{h}$$

である．これに，式(c)〜(f)の関係を代入すれば

$$\frac{X_{bb}}{48E \cdot I} \cdot L^3 = \frac{P - X_{bb}}{48E \cdot I_Q} \cdot (2a)^3 + \frac{X_{ab}}{48E \cdot I_R} \cdot L^3 \tag{i}$$

となる．この両辺に

$$\frac{48E \cdot I_Q}{(2a)^3} \tag{j}$$

をかけて，

$$Z = \frac{I_Q}{I} \cdot \left(\frac{L}{2a}\right)^3 \tag{7.7}$$

とおいて整理すると

$$j \cdot Z \cdot X_{bb} = j \cdot (P - X_{bb}) + Z \cdot X_{ab}$$
$$-Z \cdot X_{ab} + j \cdot (1+Z) \cdot X_{bb} = j \cdot P \tag{k}$$

が得られる．ここで，$Z$ を曲げ格子剛度という．また，$j$ は中主桁と外主桁の断面二次モーメントの比，

$$j = I_R/I \tag{7.8}$$

である．

式(b)，(k)を連立方程式として $X_{ab}$，$X_{bb}$ について解けば，次の関係が得られる．

$$\left. \begin{array}{l} X_{ab} = \dfrac{j \cdot Z}{2j + 2j \cdot Z + Z} \cdot P \\[2mm] X_{bb} = \dfrac{2j + Z}{2j + 2j \cdot Z + Z} \cdot P \end{array} \right\} \tag{7.9}$$

これらの解において，荷重を単位荷重 $P=1.0$ とおいたときの不静定力を荷重分配係数という．荷重分配係数を $q$ で表すと，荷重が中主桁に作用する場合の荷重分配係数は，

$$\left. \begin{array}{l} q_{ab} = \dfrac{j \cdot Z}{2j + 2j \cdot Z + Z} = q_{cb} \\[2mm] q_{bb} = \dfrac{2j + Z}{2j + 2j \cdot Z + Z} \end{array} \right\} \tag{7.10}$$

となる．

同様にして，荷重が外主桁(A)に載荷された場合の荷重分配係数は，次のように求められる（外主桁(C)に載荷される場合も同じである）．

$$\left. \begin{array}{l} q_{aa} = \dfrac{4j + 4j \cdot Z + Z}{4j + 4j \cdot Z + 2 \cdot Z} \\[2mm] q_{ba} = \dfrac{Z}{2j + 2j \cdot Z + Z} \\[2mm] q_{ca} = \dfrac{-Z}{4j + 4j \cdot Z + 2 \cdot Z} \end{array} \right\} \tag{7.11}$$

これらの荷重分配係数は，

$$q_{ab}=q_{cb}, \quad q_{ab}=j \cdot q_{ba} \qquad (1)$$

$$q_{ab}+q_{bb}+q_{cb}=1, \quad q_{aa}+q_{ba}+q_{ca}=1 \qquad (m)$$

なる関係があり，一般に，

$$q_{ik}=(j_i/j_k) \cdot q_{ki} \qquad (7.12)$$

$$\Sigma q_{ik}=1 \qquad (7.13)$$

のような関係になる．ここに，$i$ は着目主桁，$k$ は載荷主桁である．

主桁が4本，5本の場合も同様に求めることができるが，式 (7.9), (7.10) のような一般形で表すと非常に複雑になる．実際の設計では，いくつかの文献に求められているので，それらを利用することができる．

**例題 7.3** 主桁支間長 $L=20$ m, 主桁間隔 $a=2.5$ m, $I_R=1.25I$, $I_Q=0.8I$ である場合の，3主桁1横桁の格子桁の，中桁載荷の荷重分配係数を求めよ．

**解** $Z=(I_Q/I) \cdot (L/2a)^3=0.8(20/2\times 20)=51.2, \quad j=1.25$

であるので，これらを，式 (7.10) に代入すれば

$$q_{ab}=q_{cb}=1.25\times 51.2/(2\times 1.25+2\times 1.25\times 51.2+51.2)=0.3522$$

$$q_{bb}=(2\times 1.25+51.2)/(2\times 1.25+2\times 1.25\times 51.2+51.2)=0.2956$$

が得られる．

### 7.3.3 主桁の曲げモーメント

主桁の曲げモーメントは次のように求められる．いま，図7.8(a) のような2

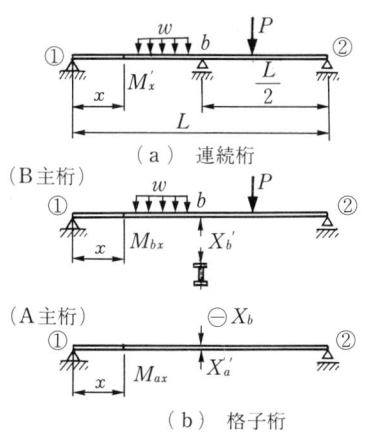

図7.8 格子桁（主桁）の曲げモーメント

（a）連続桁
（B主桁）
（A主桁）
（b）格子桁

径間連続ばりを考える．

中間支点の反力を $R_b$ とすれば，任意点 $x$ の曲げモーメント $M_x'$ は

$$M_x' = M_x° - R_b \cdot x/2 \qquad (\text{a})$$

である．ここに，$M_x°$ は支間長 $L$ の単純ばりの任意点 $x$ の曲げモーメント．

次に，この桁が格子桁のたとえばB主桁であれば，中間点（格点 $b$）の格点力は，

$$X_b' = R_b \cdot (1 - q_{bb}) \qquad (\text{b})$$

である．これは，2径間連続ばりの中間支点の反力のうちの荷重分配係数で他の桁に分配された残りである．

したがって，B主桁の任意点 $x$ の曲げモーメント $M_{bx}$ は

$$M_{bx} = M_x° - \frac{X_b'}{2} \cdot x = M_x° - \frac{R_b}{2} \cdot x \cdot (1 - q_{bb}) \qquad (\text{c})$$

である．これと，式(a)から

$$M_{bx} = q_{bb} \cdot M_x° + (1 - q_{bb}) \cdot M_x' \qquad (7.14)$$

が得られる．

一方，荷重が載っていない，たとえばA主桁の中間点の格点力 $X_a'$ は

$$X_a' = q_{ab} \cdot X_b$$

であるので，同様に，任意点の曲げモーメント $M_{ax}$ は，次のようになる．

$$M_{ax} = q_{ab} \cdot M_x° - q_{ab} \cdot M_x' \qquad (7.15)$$

以上の結果より，格子桁の任意の主桁の曲げモーメントは，単純ばりと2径間連続ばりの曲げモーメントを求め，荷重分配係数を用いてそれらを重ね合わせればよい．

## 7.4 プレートガーダー断面の設計

断面力が求まれば，それに対応した断面寸法を決めて安全性をチェックしなければならない．

### 7.4.1 ウェブの断面

プレートガーダー断面は，ウェブでせん断力，フランジで曲げモーメントを分担しており，一般に，せん断力を受け持つウェブの方が余裕があるので，断

面を変える余地の少ないウェブを先に決めてから，フランジ断面を決定するのが賢明である．

ウェブの高さと厚さのどちらを先に決定するかは，これも厚さより高さ（ウェブの幅）の方が選択の余地が大きいので，厚さを先にするのがよい．

### （1） ウェブの高さ

高さは，薄くて高いほど曲げに対して効率的な断面になるが，厚さと高さの関係は座屈に大きく係わってくるので，補剛材をどのように用いるかを考慮して決める必要がある．

高さを決める方法として，次の式を参考にすることもある．

$$h = \beta \sqrt{\frac{M}{\sigma_a \cdot t_w}} \tag{7.16}$$

ここに，$h$ は高さ，$t_w$ は厚さ，$M$ は設計曲げモーメント，$\sigma_a$ は許容応力度であり，$\beta$ は断面変化や補剛材の量などに関する係数で 1.1～1.5 程度の値を取る．これは，プレートガーダーの断面積 $A$ を最小にする条件，$dA/dh=0$ より求めたものである．

この値や補剛材をどのように使用するかなどを考慮して，ウェブ厚に対する許容最大フランジ純間隔（道示Ⅱ表 8.4.1 の逆数または表 8.5.1）を参照して決めるのがよいであろう．

### （2） ウェブの厚さ

プレートガーダーのウェブのように，曲げによる垂直応力とせん断応力を同時に受ける板要素の座屈照査には，次のような基本式を用いる（道示Ⅱ 8.4）．

$$\frac{1+\phi}{4} \cdot \frac{\sigma}{\sigma_{cr}} + \sqrt{\left(\frac{3-\phi}{4} \cdot \frac{\sigma}{\sigma_{cr}}\right)^2 + \left(\frac{\tau}{\tau_{cr}}\right)^2} = \frac{R^2}{f_b} \tag{7.17}$$

ここに，$f_b$ は安全率で作用応力度によって，純圧縮は $f_b=1.70$，純曲げは $f_b=1.40$ または $f_b=1.25$ を用い，$R$ は座屈パラメータで，実験に基づいて経験的に次のように与えている．

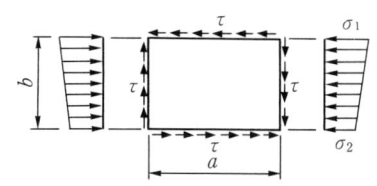

図 7.9 垂直応力とせん断応力が作用するウェブ要素

$$R = 0.90 - 0.10\phi \tag{a}$$

また，$\sigma_{cr}$, $\tau_{cr}$ は座屈垂直応力度，座屈せん断応力度で

$$\sigma_{cr} = k_s \cdot \frac{\pi^2 \cdot E}{12(1-\nu^2)} \cdot \left(\frac{t}{b}\right)^2 \tag{b}$$

$$\tau_{cr} = k_t \cdot \frac{\pi^2 \cdot E}{12(1-\nu^2)} \cdot \left(\frac{t}{b}\right)^2 \tag{c}$$

である．$k_s$, $k_t$ は，垂直応力度とせん断応力度に対する座屈係数であり，理論的考察に実験結果を加味して求められる．これらを式(7.17)に代入して$(t/b)^2$について解くと

$$\left(\frac{t}{b}\right)^2 = \frac{f_b \cdot \sigma_c}{(425R)^2} \cdot \left\{ \frac{1+\phi}{4k_s} + \sqrt{\left(\frac{3-\phi}{4k_s}\right)^2 + \left(\frac{\eta}{k_t}\right)^2} \right\} \tag{7.18}$$

が得られる．

この式を，水平補剛材を何段使用するか，作用応力度に対する座屈安全率をどのようにとるか等を考慮して変形して丸めたものが，表7.1の道路橋のプレートガーダーのウェブ厚に対する最大高さである（道示Ⅱ 10.4）．

次に，$\sigma = 0.45\sigma_a$ と $\tau = \tau_a$ が共存する場合を考え，$R = 1.0$ とし，$a/b = \infty$ とおき，安全側に数値を整理したものが表7.2である（道示Ⅱ 10.4.3）．

**表 7.1** ウェブ厚さに対するフランジの純間隔の最大値の例（道示Ⅱ 8.2.4）

| 鋼　種 | SS 400<br>SM 400<br>SMA 400 W | SM 490 |
|---|---|---|
| 水平補剛材のないとき | 152 $t$ | 130 $t$ |
| 水平補剛材を1段用いるとき | 256 $t$ | 220 $t$ |
| 水平補剛材を2段用いるとき | 310 $t$ | 310 $t$ |

$t$：ウェブの厚さ

**表 7.2** 垂直補剛材を省略しうるフランジの純間隔の例（道示Ⅱ 8.2.4）

| 鋼　材 | SS 400<br>SM 400<br>SMA 400 W | SM 490 |
|---|---|---|
| 上下両フランジ純間隔 | 70 $t$ | 60 $t$ |

$t$：ウェブの厚さ

### 7.4.2 フランジの断面

ウェブ断面が決まれば，次のような方法でフランジ断面を決めることができる．

フランジの許容応力度は引張縁と圧縮縁で異なるので，フランジの図心応力度を $\sigma_t$, $\sigma_c$ とし，断面積を $A_t$, $A_c$, また，ウェブの断面の高さを $h=h_w$, 厚さを $t=t_w$, 作用曲げモーメントを $M$ とする．図7.10を参照して，断面一次モーメントが中立軸の上下で等しく，応力のモーメントの総和が作用曲げモーメント $M$ に等しいので，次式が成り立つ．

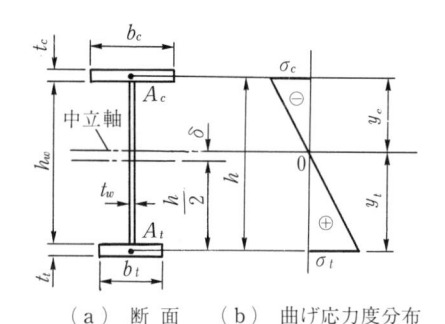

(a) 断面　(b) 曲げ応力度分布

**図 7.10** プレートガーダー断面と曲げ応力分布

$$A_c \cdot y_c = A_t \cdot y_t + h \cdot t \cdot \delta \tag{a}$$

$$\sigma_c \cdot A_c \cdot y_c + \frac{\sigma_c \cdot t \cdot y_c}{2} \cdot \frac{2}{3} \cdot y_c + \sigma_t \cdot A_t \cdot y_t + \frac{\sigma_t \cdot t \cdot y_t}{2} \cdot \frac{2}{3} \cdot y_t = M \tag{b}$$

ここに，$y_c$, $y_t$ は中立軸から上下フランジの図心までの距離，$\delta$ は断面の偏心距離であり，

$$y_c = \sigma_c \cdot h / (\sigma_c + \sigma_t) \tag{c}$$

$$y_t = \sigma_t \cdot h / (\sigma_c + \sigma_t) \tag{d}$$

$$\delta = (\sigma_c - \sigma_t) \cdot h / (2(\sigma_c + \sigma_t)) \tag{e}$$

である．式(a)，(b)を，フランジ断面積 $A_c$, $A_t$ を未知数とする連立方程式とし，フランジもウェブも幅に比べて板厚が非常に薄いことを考慮して解けば

$$\left. \begin{aligned} A_c &= \frac{M}{\sigma_c \cdot h} - \frac{h \cdot t}{6} \cdot \frac{2\sigma_c - \sigma_t}{\sigma_c} \\ A_t &= \frac{M}{\sigma_t \cdot h} - \frac{h \cdot t}{6} \cdot \frac{2\sigma_t - \sigma_c}{\sigma_t} \end{aligned} \right\} \tag{7.19}$$

なる関係式が得られる。この関係式の $\sigma_t$, $\sigma_c$ に，許容応力度 $\sigma_{ta}$, $\sigma_{ca}$ を代入すれば，フランジの必要断面積の概算値を求めることができる。この概算値に基づいて，フランジの板幅と板厚を仮定して応力度の照査を行い，必要な精度で許容応力度以内に入っておればよいことになる。

許容応力度を超えたり，必要な精度にならない場合には，板幅と板厚を仮定し直して照査を繰り返すことになる。この際，板幅と板厚には制限があるのでそれらの条件を満たすことが必要である。また，許容圧縮応力度 $\sigma_{ca}$ は，板幅と固定点間距離によって変わるので最初の仮定は，上下対称な断面と仮定して求めるのがよい。その場合，式 (7.19) は

$$A_c = A_t = A_f = \frac{M}{\sigma \cdot h} - \frac{h \cdot t}{6} \tag{7.20}$$

のようになるので，この $\sigma$ に許容応力度の上限値 $\sigma_{ta}$ を代入して，初期概算値を求めることになる。

### 7.4.3 応力度の照査

このようにして，決定した断面について，

$$\left.\begin{array}{l} \sigma = \dfrac{M}{I} \cdot y \leq \sigma_a \\[6pt] \tau = \dfrac{S}{A_w} \leq \tau_a \end{array}\right\} \tag{7.21}$$

によって応力照査を行えばよい。ここで，$\sigma_a$ は許容引張(圧縮)応力度，$\tau_a$ は許容せん断応力度であり，$A_w$ はウェブの断面積である。

しかし，ウェブ上端のフランジとの接合部のように，垂直応力度とせん断応力度がともにある程度以上大きい場合，次の式で照査しなければならない。

$$\left(\frac{\sigma}{\sigma_a}\right)^2 + \left(\frac{\tau}{\tau_a}\right)^2 \leq 1.2 \tag{7.22}$$

ここで，$\sigma_a$ は許容引張応力度，$\tau_a$ は許容せん断応力度であり，($\sigma/\sigma_a$) または ($\tau/\tau_a$) のいずれかが 0.45 (正確には 0.4472) 以下であれば，この関係は自動的に満足されるので照査は不要である。なお，ねじりが作用するときは，$\sigma$, $\tau$ にねじりによる応力度を加えて照査する (道示II 3.2, 10.2)。

## 7.4 プレートガーダー断面の設計

**例題 7.4** 図 7.10 を参照して，曲げモーメント $M=1350$ kN·m が作用するプレートガーダー断面のフランジ断面を決定し，曲げ応力度を照査せよ．ただし，ウェブの寸法は $h_w \times t_w = 1350 \times 9$ mm であり，許容曲げ応力度は $\sigma_{ta}=13.7$ kN/cm², $\sigma_{ca}=12.5$ kN/cm² である．

**[解]** 式 (7.19) の応力度に許容応力度を代入して，必要断面積を求めると

$A_c = 135000/(12.5 \times 135) - 135 \times 0.9 \times (2 \times 12.5 - 13.7)/(6 \times 12.5)$
$\quad = 80.0 - 18.3 = 61.7$ cm²
$A_t = 135000/(13.7 \times 135) - 135 \times 0.9 \times (2 \times 13.7 - 12.5)/(6 \times 13.7)$
$\quad = 73.0 - 22.0 = 51.0$ cm²

が得られる．これをもとにして，フランジ断面を $b_c \times t_c = 290 \times 22$, $b_t \times t_t = 260 \times 20$ mm と決める．この断面について，断面二次モーメント，図心から縁端までの距離等を求める．

|  | $A$[cm²] | $y$[cm] | $A \cdot y$[cm³] | $A \cdot y^2$ or $I_w$[cm⁴] |
|---|---|---|---|---|
| 1-flg. PL. $290 \times 22$ | 63.8 | $-68.6$ | $-4377$ | 300240 |
| 1-web PL. $1350 \times 9$ | 121.5 |  |  | 184528 |
| 1-flg. PL. $260 \times 20$ | 52.0 | 68.5 | 3562 | 243997 |
|  | 237.3 |  | $-815$ | 728765 |

である．偏心距離は $\delta = -815/237.3 = -3.43$ cm であるので，

$I = I_w - \delta^2 \cdot A = 728765 - 3.43^2 \times 237.3 = 725968$ cm⁴
$y_c = 67.5 + 2.2 - 3.43 = 66.27$ cm, $y_t = 67.5 + 2.0 + 3.43 = 72.93$ cm

が得られる．したがって，

$\sigma_c = 135000 \times 66.27/725968 = 12.32$ kN/cm² $<$ $\sigma_{ca} = 12.50$ kN/cm²
$\sigma_t = 135000 \times 72.93/725968 = 13.56$ kN/cm² $<$ $\sigma_{ta} = 13.70$ kN/cm²

となる．

**例題 7.5** 前問の断面に，せん断力 $S=580$ kN が作用する場合，その安全性をチェックせよ．ただし，許容せん断応力度は $\tau_a = 7.84$ kN/cm² である．

**[解]** まず，ウェブのせん断応力度を $\tau = S/A_w$ より求める．

$\tau = 580000/121.5 = 4774$ N/cm² $\fallingdotseq 4.77$ kN/cm² $<$ $\tau_a = 7.84$ kN/cm²

となる．$\tau > 0.45\tau_a$ であるので，ウェブの曲げ圧縮応力度との合成応力について，安全性をチェックする．

ウェブの曲げ圧縮応力度は，ウェブ上端までの距離が

$y_w = 66.27 - 2.2 = 64.07$ cm

であるから，

$\sigma_w = 135000000 \times 64.07/725968 = 11914$ N/cm$^2 \fallingdotseq 11.91$ kN/cm$^2$

である．合成応力については，式（7.22）にこれらの値を代入すると，

$(11.91/13.70)^2 + (4.77/7.84)^2 = 0.756 + 0.370 = 1.126 < 1.20$

となり，この場合，安全である．

## 7.5 ウェブの補剛

### 7.5.1 斜め張力場

プレートガーダーに荷重が作用すれば，断面には断面力による垂直応力とせん断応力が生じており，このうちフランジのせん断応力は設計上無視できるが，ウェブにはかなり大きなせん断応力が生じ，曲げによる垂直応力と合成されて座屈が起きる危険がある．しかし，プレートガーダーはウェブの座屈後も大きな耐荷力をもつことが知られているが，これは補剛されたウェブがせん断を受け座屈が起きると，斜め張力場が形成されるためである．

図 7.11 に示すように，補剛材 mm′，nn′ で囲まれたプレートガーダーのウェブがせん断力を受けて座屈すると，フランジと補剛材がフレーム mnn′m′ を形成し，m′n 方向に斜めの引張力を生じ，あたかもプラットトラスの斜材の働きをするためである．

この場合，フランジの mn（または m′n′），補剛材の mm′（または nn′）部分は軸圧縮力を受ける部材となるが，一般に，フランジの mn 部分はこれらの軸力に対して十分な座屈剛性となっているが，mm′ 部分は補剛材の大きさによって

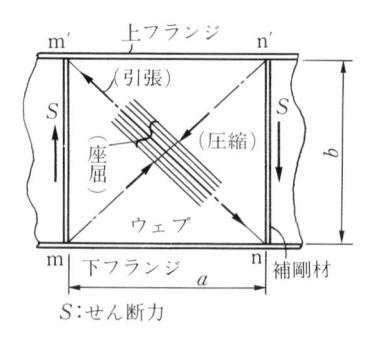

**図 7.11** 斜め張力場

座屈剛性が決まるので，示方書では補剛材の剛度を規定している．

### 7.5.2 垂直補剛材

補剛材はウェブが座屈した場合，軸力部材となって張力場が形成されるに十分な断面でなければならないので，次の値以上の断面二次モーメントになる断面を用いる（道示Ⅱ 10.4.4）．

$$I_v \geqq \frac{b \cdot t^3}{11} \cdot \gamma_v \tag{7.23}$$

ここに，$I_v$ はウェブの表面にとった軸に関する補剛材の必要断面二次モーメント，$b$ はウェブの幅（高さ），$t$ はウェブの厚さである．また，$\gamma_v$ は補剛材の必要剛比であり，次式で求める．

$$\gamma_v = 8.0 \cdot \left(\frac{b}{a}\right)^2 \tag{7.24}$$

ここに，$a$ は補剛材の間隔である．このように，補剛材の断面二次モーメントは，補剛材の間隔が狭いほど大きな値が必要であることになる．

垂直補剛材は，ウェブを単に補剛するためだけのときは，ウェブの片側にのみ用いるが，支点や他の部材が連結された箇所など集中荷重が作用する点には，ウェブの両側に取り付ける（図7.12）．

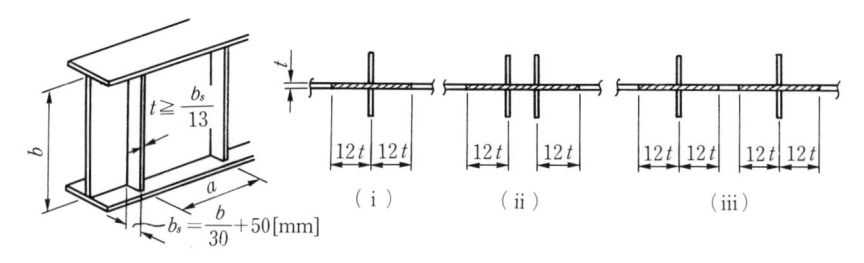

（a）垂直補剛材　　　　　　（b）ウェブの有効幅

図 7.12　垂直補剛材の断面と有効幅

補剛材を両側に用いる場合の断面二次モーメントは，ウェブ中心線に関する値であり，ウェブの一部を補剛材の断面に加えて計算する（道示Ⅱ 10.5.2）．

なお，補剛材の幅は，ウェブ厚の 1/30 に 50 mm を加えた値を用いる．

### 7.5.3 水平補剛材

プレートガーダーのウェブが高くなると垂直補剛材だけでは曲げによる水平方向の座屈を防ぐことができなくなる．また，垂直補剛材の断面二次モーメントを大きくとらなければ，必要な剛度が得られないことになるので，水平方向の適当な位置に補剛材を設け，曲げ圧縮による局部座屈を防止する．

図 7.13 のように，ウェブの高さの 1/5 付近に 1 段または 2 段の水平補剛材を設ける．

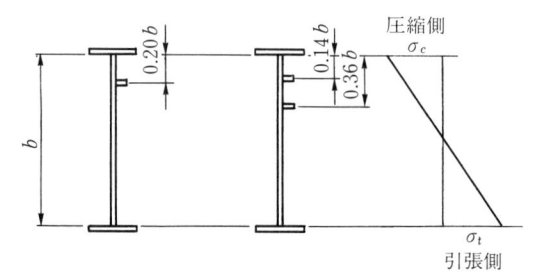

**図 7.13** 水平補剛材の配置（道示Ⅱ 8.4）

水平補剛材の必要断面二次モーメントは，ウェブの表面に関して次の値以上にする．

$$I_h \geq \frac{b \cdot t^3}{11} \cdot \gamma_h \tag{7.25}$$

$$\gamma_h = 30 \cdot \left(\frac{b}{a}\right)^2 \tag{7.26}$$

これらの補剛材が適正に配置され，取り付けられておれば，部分的に座屈を起こすことはなく，プレートガーダーは全体として終局状態の耐荷力まで崩壊しないことになる．

図 7.14 に補剛材の配置，取り付け状態の例を示すが，補剛材は，一般に，応

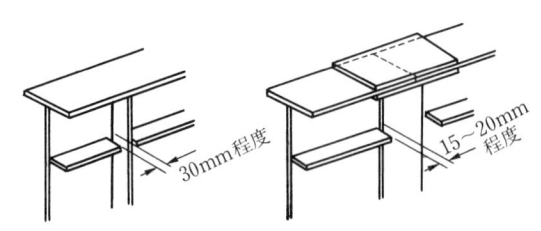

**図 7.14** 補剛材の取り付け

力について厳密な設計計算を行わないので，このように，配置，取り付け等に関して詳細な制約が設けられている（道示Ⅱ 10.4）．

### 7.5.4 ウェブの座屈と応力照査

フォン・ミゼス（Von Mises）の降伏条件から（式 (3.12)，(3.13) 参照）

$$\left(\frac{\sigma}{\sigma_{cr}}\right)^2 + \left(\frac{\tau}{\tau_{cr}}\right)^2 \leq \left(\frac{1}{f_b}\right)^2 \tag{7.27}$$

が導かれる．ここに，$f_b$ は，座屈安全率であり，$\sigma_{cr}$，$\tau_{cr}$ は，4辺単純支持の板要素に曲げによる垂直応力とせん断応力がそれぞれ単独に作用した場合の座屈応力度であり，次式のように表される．

$$\sigma_{cr} = k_s \cdot \frac{\pi^2 \cdot E}{12(1-\nu^2)} \cdot \left(\frac{t}{b}\right)^2 \tag{a}$$

$$\tau_{cr} = k_t \cdot \frac{\pi^2 \cdot E}{12(1-\nu^2)} \cdot \left(\frac{t}{b}\right)^2 \tag{b}$$

この式の，座屈係数 $k_s$，$k_t$ は，実験値などをもとに板要素の辺長比 ($a/b$) によって，次のようになる．

$$k_s = 23.9 \tag{c}$$

$$\left.\begin{array}{l} k_t = 5.34 + 4.00(b/a)^2 \quad (\because a/b > 1) \\ k_t = 4.00 + 5.34(b/a)^2 \quad (\because a/b \leq 1) \end{array}\right\} \tag{d}$$

これらの関係式を式 (3.44) に代入すれば

$$f_b{}^2 \cdot \left(\frac{b}{t}\right)^4 \cdot \left\{\frac{12(1-\nu^2)}{\pi^2 \cdot E}\right\}^2 \cdot \left\{\left(\frac{\sigma}{k_s}\right)^2 + \left(\frac{\tau}{k_t}\right)^2\right\} \leq 1 \tag{e}$$

になるので，これから次のような照査式が得られる．

$$f_b{}^2 \cdot \left(\frac{b}{100t}\right)^4 \cdot \left\{\left(\frac{\sigma}{18k_s}\right)^2 + \left(\frac{\tau}{18k_t}\right)^2\right\} \leq 1 \tag{7.28}$$

この式で，座屈安全率 $f_b = 1.25$ を使用し，水平補剛材の配置を考えて整理すると，垂直補剛材の間隔と応力度に関する照査式が得られる．一例として水平補剛材をもたない場合を示すと次のようになる（道示Ⅱ 10.4）．

$$\left.\begin{array}{l} \left(\dfrac{b}{100t}\right)^4 \cdot \left\{\left(\dfrac{\sigma}{345}\right)^2 + \left(\dfrac{\tau}{77 + 58(b/a)^2}\right)^2\right\} \leq 1.0 \quad \left(\dfrac{a}{b} > 1.0\right) \\ \left(\dfrac{b}{100t}\right)^4 \cdot \left\{\left(\dfrac{\sigma}{345}\right)^2 + \left(\dfrac{\tau}{58 + 77(b/a)^2}\right)^2\right\} \leq 1.0 \quad \left(\dfrac{a}{b} \leq 1.0\right) \end{array}\right\} \tag{7.29}$$

ここに，$b$ はウェブの固定間距離（高さ），$t$ はウェブの厚さ，$\sigma$ はウェブに生じる垂直応力度，$a$ は補剛材の間隔である．

なお，これらの照査式を用いる場合，適用範囲等の制限事項が示方書に規定されていることに留意する必要がある（道示II 10.4）．

## 7.6 主桁断面の変化と現場継手

### 7.6.1 断面変化

主桁断面は，曲げモーメントの大きさに応じてフランジプレートの幅と厚さを変化させ，単純支持の場合で2～4種類の断面を用いる．通常，はじめに絶対最大曲げモーメントに対して断面が決定されているので，変化させた断面の断面二次モーメントはこれより小さくなる．この断面の許容応力度と曲げモーメントの関係は，式（7.21）より，

$$\left. \begin{array}{l} M_1 \leq \dfrac{I}{y_c} \cdot \sigma_{ca} \\[6pt] M_2 \leq \dfrac{I}{y_t} \cdot \sigma_{ta} \end{array} \right\} \tag{7.30}$$

である．この小さい方が，この断面の負担しうる曲げモーメントの限界値であり，これを抵抗モーメントといい，$M_r$ で表わす．

$$M_r = M_1 \quad \text{or} \quad M_2 \tag{7.31}$$

ここに，$y_c$，$y_t$ はそれぞれ，断面の中立軸から圧縮，引張フランジの外縁まで

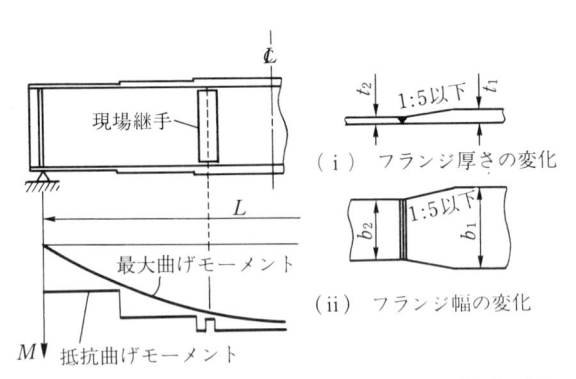

図 7.15 現場継手位置，断面変化
（a）現場継手と抵抗モーメント　（b）フランジ断面の変化
（i）フランジ厚さの変化
（ii）フランジ幅の変化

の距離である．抵抗モーメントを図示すれば図 7.15 のような階段状の直線になり，主桁各部の曲げモーメントはこのグラフの内側になければならない．

### 7.6.2 現場継手

主桁を一体のものとして製作すると，非常に大きなスペース，設備が必要であり，製作，架設時の取り扱いや輸送などが困難になる．したがって，一定の大きさ（20 m 程度以下），重量（30 tf 程度以下）のものに分割して製作し，これを現場で高力ボルトで組み立てるのが一般的である．

現場継手の位置は，なるべく断面に余裕のあるところで行うのが望ましい．高力ボルトで接合する場合は，ボルト穴の分を断面から控除するので，断面二次モーメントが小さくなることに注意しなければならない．

継手位置の応力度は，この控除後の，断面二次モーメント $I_s$ を用いて

$$\sigma = \frac{M}{I_s} \cdot y \leq \sigma_a \tag{7.32}$$

によって照査する．しかし，断面の減少は引張フランジの幅のみによるので，通常，控除前の断面二次モーメント $I$ を用いて

$$\sigma_c = \frac{M}{I} \cdot y_c \leq \sigma_{ca}$$
$$\sigma_t = \frac{M}{I} \cdot \frac{b_g}{b_n} \cdot y_t \leq \sigma_{ta} \tag{7.33}$$

によって照査してよい．ここに，$b_g$，$b_n$ は，それぞれ，引張側フランジの総幅，ボルト穴を控除した純幅である．式 (7.33) は，式 (7.32) に比べて安全側の値になる．したがって，この位置の引張側の抵抗モーメントは

$$M_{tr} \leq \frac{I}{y_t} \cdot \sigma_{ta} \cdot \frac{b_n}{b_g} \tag{7.34}$$

になる．式 (7.32) を $M$ について解くと，圧縮側の抵抗モーメント $M_{cr}$ も求められるが，接合部の圧縮フランジは連結板によって補剛されるので局部座屈が生じないとみなせるため，一般に，式 (7.34) の $M_{tr}$ より大きくなる．

**（1）フランジプレートの接合**

フランジプレートは継手位置において，式 (7.19) の応力度（実応力度：$\sigma$）が生じる板として設計する．すなわち，フランジは軸力

$$P_f = \sigma \cdot A_{fg} \tag{7.35}$$

が生じる板と考えるものとする．ここに，$A_{fg}$ はフランジの総断面積である．

しかし，接合法で述べたように，実応力度が余り小さいと，予測しえない過荷重が作用したとき，継手位置以外の部分の耐荷力が十分であっても，接合部の破損によって，全体が崩壊することになる．したがって，接合断面の強度は全強の75％以上の強度になるように設計する（道示Ⅱ 6.1）．

これは，式 (7.35) が小さいときは $\sigma_s \geq 0.75\sigma_a$ として

$$P_f = \sigma_s \cdot A_{fg} \tag{7.36}$$

を求め，これと式 (7.35) の大きい方を設計に用いることである．フランジの接合の例を図 7.16 に示す．

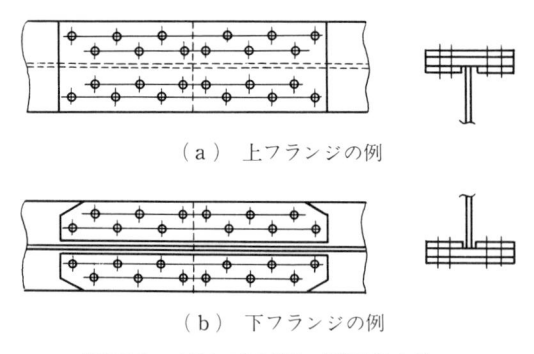

（a） 上フランジの例

（b） 下フランジの例

図 7.16　フランジの接合（道示Ⅱ 4.3）

## （2） ウェブの接合

ウェブは，図 7.17 のようにウェブの両面から連結板で挟んで2面摩擦で接合する．連結板は図 7.17 のように，主として曲げモーメントに対するモーメントプレートとせん断力を受けるシヤープレートに分けて用いる場合と，図 7.18 のように1枚用いる場合がある．

ボルトに作用する応力の照査は接合法で述べたように，連結板はウェブに接着されているとみなされ，ウェブに配置したボルトにはウェブの対応する位置の応力の作用をそのまま受けるものとして設計する．

連結板は，桁の継手に作用する曲げモーメントの中のウェブに作用するとみなされる曲げモーメントに対して設計する．

図 7.17　ウェブの連結板

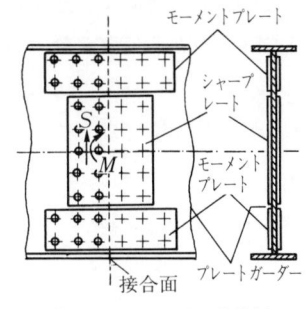

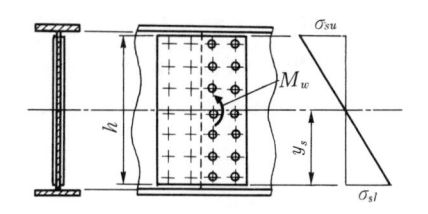

図 7.18　ウェブ連結板の応力分布

すなわち，$M$ を主桁の継手部に作用する曲げモーメントとすれば，ウェブに作用する曲げモーメント $M_w$ は

$$M_w = M \cdot \frac{I_w}{I} \tag{7.37}$$

で求められる．ここに，$I$ は部材の総断面の中立軸に関する断面二次モーメント，$I_w$ は部材の総断面の中立軸に関するウェブの断面二次モーメント．連結板には，ウェブの曲げモーメントがそのまま作用するので，設計曲げモーメント $M_s$ は $M_s = M_w$ である．したがって，連結板の応力度 $\sigma_s$ は

$$\sigma_s = \frac{M_s}{I_s} \cdot y_s \tag{7.38}$$

である．ここに，$I_s$ は中立軸に関する連結板の総断面積の断面二次モーメント，$y_s$ は中立軸から連結板の縁端までの距離である．

連結板には，せん断力も作用するが，接合位置のウェブのせん断応力度はかなり小さく，連結板の高さが大きいため最小厚を用いても必要断面積を超えるので，通常はせん断応力度の照査はしない．ただし，ウェブが桁の水平方向に接合される場合は，曲げによるせん断応力が生じるのでこの場合は応力照査を行わなければならない（道示Ⅱ 6.3.5）．

## 7.7　横構，対傾構

### （1）配置，部材力

対風構で述べたように，主桁の上フランジ付近に上横構，下フランジ付近に下横構が設けられ，また，支点付近に端対傾構，支間中央部に中間対傾構が配

置され，風や地震による横荷重を支持し，支承を通して下部構造に伝達する．

横構のうち，上路橋で鉄筋コンクリート床版が主桁に強固に結合されている場合は，上横構を省略することができる．さらに，支間が小さい橋(25 m 以下)で強固な対傾構を設ける場合は下横構も省略できるが，曲線橋では，橋全体のねじれ剛性を確保するために，上，下横構を省略してはならない．

横構の部材力は，図 7.19(a)の場合，対風構で述べたように，図 7.20 のように，斜材が実線のトラスと破線のトラスが重なったものであるので，

$$N_D = w \cdot F_+ \tag{a}$$

として求められる．ここに，$w$ は横荷重，$F_+$ は（＋）の影響線面積である．

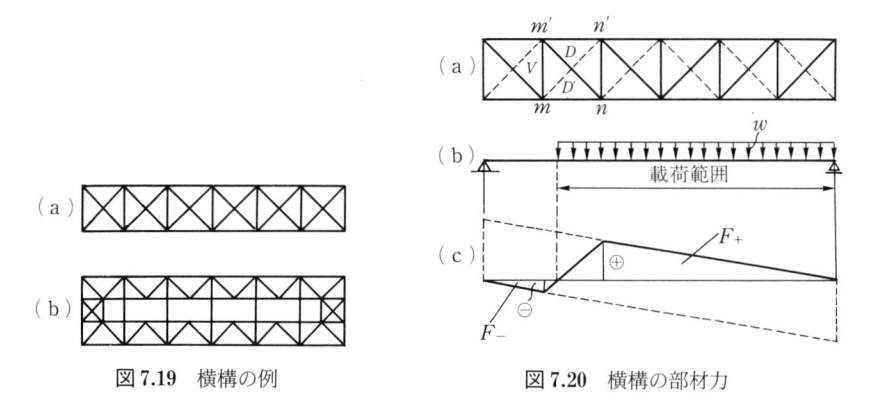

図 7.19　横構の例

図 7.20　横構の部材力

また，両斜材を有効とし，その格間に作用するせん断力を 1/2 ずつ受け持つとして求めてもよい．

対傾構のうち，端対傾構には鉄筋コンクリート床版の端部がスラブ止めによって結合され，また，輪荷重（T荷重）も載荷されることになるので，図 7.21(a)のように逆V字形のトラス構造が採用されることが多い．

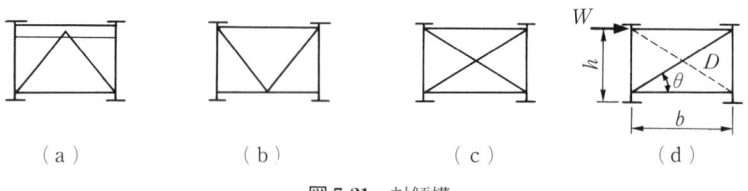

図 7.21　対傾構

中間対傾構は，図7.21(b)，(c)のような構造が多く用いられ，フランジ幅の30倍以内で，6mを超えない範囲に配置する（道示II 10.6.2）．

この対傾構は，静定トラスであるが，図7.21(c)のような対傾構は，不静定トラスになるので，図(d)に示すように破線の斜材と実線の斜材が重なったものとして扱えばよい．したがって，斜材の部材力は次のようになる．

$$N_D = W/(2\cos\theta) \qquad\qquad\qquad\qquad (b)$$

また，3本以上の主桁を用いる支間長が10m以上のプレートガーダー橋では，剛な荷重分配横桁を設ける規定になっている（道示II 10.6.2）．

部材力が求まれば，部材力に見合った断面を決定してその安全性をチェックする．一般に，部材力から断面を決めると，通常，非常に細長い部材になり，運搬中や架設時などに損傷を生じたり，風などによって予期しえない振動を生じて破損することがあるので，表7.3のように，細長比が一定の値を超えないように制限する（道示II 4.1.5）．したがって，横構や対傾構の断面は，この細長比の制限によって決まる場合が多い．

**表7.3** 部材の細長比の制限
（道示II 4.1.5）

| 部　　材 | | 細長比（$l/r$） |
|---|---|---|
| 圧縮部材 | 主要部材 | 120 |
| | 二次部材 | 150 |
| 引張部材 | 主要部材 | 200 |
| | 二次部材 | 240 |

$l$：引張部材では骨組長，圧縮部材では有効座屈長
$r$：部材総断面の断面二次半径

**（2）偏心載荷**

山形鋼，T形鋼などのような非対称な断面を用い，これらが主桁に連結されると，図7.22のように応力の伝達に際し偏心載荷となる．

偏心軸力を受ける圧縮部材の応力度 $\sigma_b$ は，曲げモーメントの影響を考慮し，次式によって応力照査を行う．

$$\sigma_b = \frac{P}{A} \leq \sigma_{ca}\cdot\left(0.5 + \frac{L/r}{1000}\right) \qquad (7.39)$$

146　7章　プレートガーダー橋

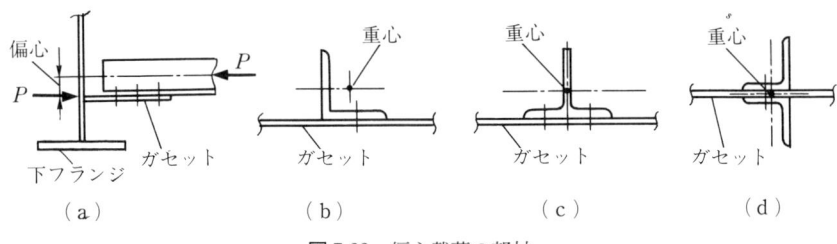

図7.22　偏心載荷の部材

　ここに，$P$ は軸方向圧縮力，$A$ は部材の総断面積，$\sigma_{ca}$ は許容軸方向圧縮応力度，$L$ は有効座屈長，$r$ は断面の図心を通るガセットに平行な軸に関する断面二次半径である（道示Ⅱ4.5）．

　偏心軸方向引張力が作用する場合も，部材の連結部において曲げモーメントが生じ，応力が部材断面内に均等に分布しないことになる．したがって，この場合も，全断面が有効に働かないので，ガセットに垂直に突き出た部分の断面積の 1/2 は，無効とみなして応力照査をする．しかし，図(d)のようにガセットをはさんで対称に取り付けられた場合は，全断面有効として設計してよい（道示Ⅱ3.6）．

　また，図7.23 のように横構や対傾構を斜材を交差させて用いる場合（複斜材形式）は，その交差部を連結しなければならない．連結した場合はその連結の方法によって部材長を短くとることができる（道示Ⅱ7.2）．

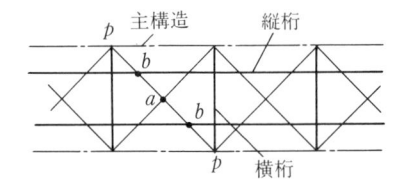

図7.23　交差部の連結

## 7.8　たわみ，スラブ止め

### （1）たわみとそり

　橋は死荷重，活荷重その他の荷重を受け変形するのでこれを見込んで設計する．しかし，たわみが大きいと，床組や床版などに設計時の予測以上の二次応力が付加されたり，振動しやすくなって安全性を低下させたり，快適な通行や

**表 7.4** たわみの許容値(道示II 2.3)

| | 支 間 長 | 単純桁, 連続桁 | ゲルバー桁の支持部 |
|---|---|---|---|
| 鉄筋コンクリート床版をもつ場合 | $L \leqq 10$ | $L/2{,}000$ | $L/1{,}200$ |
| | $10 < L \leqq 40$ | $L/(20{,}000/L)$ | $L/(12{,}000/L)$ |
| | $40 < L$ | $L/500$ | $L/300$ |
| その他の床版をもつ場合 | | $L/500$ | $L/300$ |

$L$：支間長 [m]

自動車の走行性を損なったりする恐れがあるので，たわみを制限する必要がある．示方書では，桁橋の活荷重（衝撃を含まない）によるたわみの許容値を表7.4のように規定している（道示II 2.3）．

死荷重によってもたわみは生じるので，そのまま完成させると，活荷重が載荷されなくても死荷重たわみの分だけ垂れ下がることになる．したがって，あらかじめ，一定のたわみを完成時の線形高さに上乗せ（上げ越し）して，製作，施工し，完成時には所定の高さにおさまるようにする．このように，あらかじめ，上げ越しすることをそり（camber）という．

桁のたわみの値は，はりの曲げモーメントによるたわみとして求めればよい．断面が一定でない場合は，変断面ばりになるが，支間が大きくないときは，曲げ剛性の平均値を用いてたわみを求めてもよい．

### （2） スラブ止め

主桁断面が，プレートガーダー断面と鉄筋コンクリート床版はそれぞれ独立した断面であると仮定した設計の場合でも，床版とプレートガーダーが一体になっておれば，橋全体の剛度，耐荷力，耐久性が高まり潜在的な安全性が増すので，プレートガーダーと床版をスラブ止めで連結する（道示II 8.3.5）．

スラブ止めは，図7.24のように鋼棒または鋼板の先端部を折り曲げたものが用いられ，これをプレートガーダーのフランジに1m以内の間隔で溶接で取り付け，施工時に曲げ上げコンクリート断面内に埋め込みプレートガーダーと床版を連結する．

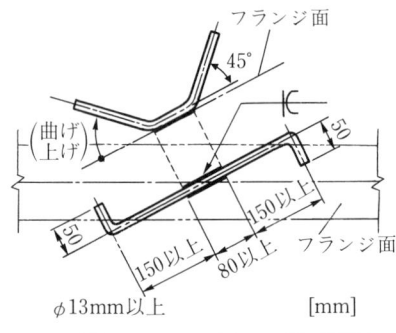

**図 7.24** スラブ止めの例（鋼棒）

## 演 習 問 題

**7.1** プレートガーダー橋の特長を列挙せよ．

**7.2** 図 7.5 において，$a=3.0$ m，$a'=1.5$ m，$b'=0.45$ m，$p_1=10$ kN/m²，$p_2=3.5$ kN/m²，$w_d=6.4$ kN/m² とした場合，主桁Bの設計荷重を求めよ．

**7.3** 図 7.6 のC点の設計曲げモーメントを求めよ．ただし，$L=20$ m，$a=8$ m，$\bar{p}_1=30$ kN/m，$\bar{p}_2=10.5$ kN/m，$\bar{w}_d=15.0$ kN/m，$D=6$ m とする．

**7.4** 3主桁1横桁の格子桁の外主桁載荷の場合の荷重分配係数（式(7.11)）を誘導せよ．

**7.5** 3主桁1横桁の格子桁において，主桁の支間長 $L=24$ m，主桁間隔 $a=3$ m，$I_R=1.0I$，$I_Q=0.75I$ である場合の，外主桁載荷の場合の荷重分配係数の値を求めよ．

**7.6** 曲げモーメント $M=1800$ kN·m が作用するプレートガーダー断面のフランジ断面を決定し，曲げ応力度をチェックせよ．ただし，ウェブの寸法は $h_w \times t_w=1500 \times 10$ mm であり，許容曲げ応力度は $\sigma_{ta}=13.72$ kN/cm²，$\sigma_{ca}=12.65$ kN/cm² である．

**7.7** 前問の断面に，せん断力 $S=756$ kN が作用する場合，その安全性をチェックせよ．ただし，許容せん断応力度は $\tau_a=7.84$ kN/cm² である．

**7.8** 図 7.25 の断面に曲げモーメント $M=1650$ kN·m，せん断力 $S=640$ kN が作用しており，垂直補剛材間隔が $a=1.6$ m である場合，ウェブの座屈についての安全を照査せよ．

**7.9** 斜め張力場を簡単に説明せよ．

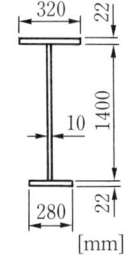

**図 7.25** プレートガーダー断面

# 8章 合成桁橋

## 8.1 合成桁橋概説

　合成桁（合成断面の桁：composite girder）は，鉄筋コンクリート床版とプレートガーダーとがずれ止め（shear connector）によって強固に連結され，両者が一体となって働く（挙動する）ように設計された桁構造である．ここでは，合成桁の鉄筋コンクリート床版を床版断面，プレートガーダーを鋼桁といい，合成された断面を合成断面という．

### 8.1.1 構造特性

　いま，図8.1に示すように，長方形のはりを2本重ねた場合を考えると，完全に結合して2本を一体にしたはりの断面二次モーメントは，単に重ねただけのはりの断面二次モーメントの4倍になっている．このことから，この上のはりに相当する部分に圧縮に強いコンクリートを，下のはりの部分に引張に強い鋼材を利用した合成桁が曲げに対して非常に有効に働くことが容易に理解できるであろう．

　この合成桁を橋の主構造（主桁）に用いたのが合成桁橋（composite girder bridge）である．したがって，合成桁橋の鉄筋コンクリート床版は，荷重を直接支持する橋床であるとともに，主桁の上フランジの働きをするものである．ま

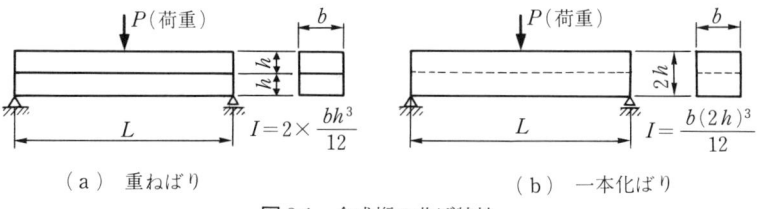

（a）重ねばり　　$I = 2 \times \dfrac{bh^3}{12}$

（b）一本化ばり　　$I = \dfrac{b(2h)^3}{12}$

**図 8.1　合成桁の曲げ特性**

た，合成桁橋の主桁を構成している鉄筋コンクリート床版は，合成桁の上フランジとして機能するので，鋼桁の上フランジは，合成断面として一体化するためのずれ止めが取り付けられる大きさがあればよいことになる．

このように，合成桁橋の鋼桁は圧縮材として働く部分が少ないので，合成桁として設計しない従来のプレートガーダー橋（非合成桁橋という）に比べ，鋼材使用量をかなり節約（20％程度以上）することが可能である．また，非合成桁橋と比べ，同じ支間長であれば，桁高を低くすることができ，桁高が同じであれば大きな支間長をとることができる．さらに，床版断面との結合が強固であるから，橋全体の剛性が大きく耐久性も高いなどの利点が挙げられる．

一方，非合成桁橋に比べ，ずれ止めの工費が高くつくこと，高品質のコンクリートを使用する必要があること，設計計算が複雑なこと，単純支持形式以外の橋梁では，製作や施工に特殊な技術が必要であるなどの問題点が指摘できる．

現在，プレートガーダー橋の多くが合成桁橋として設計されるようになったもう一つの理由として，溶接技術の進歩を挙げることができる．すなわち，鋼桁の断面構成が自由になり，断面変化位置を任意に選ぶことができるようになり，効率のよいずれ止めの製作施工が可能になったためである．

### 8.1.2 種類，特徴

合成桁は主桁が鋼桁と鉄筋コンクリート床版がずれ止めによって一体化されたものであるが，この一体化する施工方法によって次の二つの種類がある．

#### （1） 活荷重合成桁

これは，はじめに鋼桁を架設し，これを支持構造（支保工）として鉄筋コンクリート床版を施工し合成桁とするものである．したがって，コンクリートが硬化して強度が発揮されるまでは，鋼桁の自重，床版の型枠，鉄筋コンクリートの自重などの死荷重の大部分は鋼桁のみに載荷されることになる．すなわち，コンクリートが硬化し型枠が撤去されて，鉄筋コンクリート床版と鋼桁が一体化してから，高欄，地覆，舗装などが施工されるので，合成桁にはこれらの少量の死荷重と活荷重が載荷されることになる．したがって，合成断面には，ほとんど活荷重による断面力だけが生じるので，これを半合成桁ともいう．

### （2） 死・活荷重合成桁

これは，鋼桁も床版の型枠とともに，支保工で支持した状態で鉄筋コンクリート床版を施工し，コンクリートが硬化した後，支保工を撤去して合成断面を完成させる．こうすれば，活荷重だけでなく，死荷重もすべて完成した合成桁に載荷されることになる．それゆえ，これを全合成桁ともいう．

これらを比較してみると，死・活荷重合成桁は全荷重による断面力を合成断面で支持するので合成作用がより有効に働くことになり，鋼桁の断面を活荷重合成桁に比べてさらに小さくできることになる．しかし，コンクリートの強度が発揮されるまで，死荷重のすべてを支持した状態で施工するので支保工の応力検討を含めた施工管理に費用や時間がかかるので必ずしも経済的であるとはいえない．

## 8.2 合成桁断面の設計

合成桁に作用する曲げモーメント，せん断力は，プレートガーダー橋の場合と同様に求められる．

合成断面は，鉄筋コンクリート床版として設計された床版断面と鋼桁で構成されているが，床版断面は高さが鉄筋コンクリート床版の厚さとして決まっているので，幅を決めて，合成断面の設計に用いる．

合成断面の圧縮力を受ける部分はコンクリート床版であるので，鋼桁の上フランジはこのコンクリート断面が連結できればよいことになる．

### 8.2.1 床版断面

合成断面は，非常に幅の広い床版断面が比較的幅の狭い鋼桁の上フランジにずれ止めで結合され一体化されている．このように，幅の狭い断面と広い断面で構成された断面に曲げモーメントが作用する場合，広い断面の応力度は図8.2(a)のように一様に分布せず，鋼桁の中心で最大になり離れるに従って減少し，床版支間の中央で最小になっており，床版の幅を中央までとっても有効に働かない．

この状態をそのまま設計に取り入れると複雑になるので，応力度 $\sigma$ を床版支間の中央まで積分した値を鋼桁上の応力度 $\sigma_0$ で割った幅，

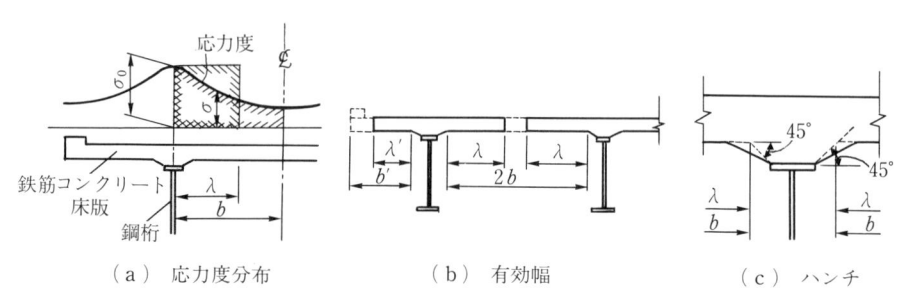

図 8.2 床版断面の応力分布と有効幅

$$\lambda = \frac{\int \sigma \cdot ds}{\sigma_0} \qquad (\text{a})$$

をもとにしている．すなわち，床版断面の有効幅（effective width）は，ハンチの大きさ，主桁間隔，支間長などを考慮して

$$\left.\begin{array}{ll} (b/L \leqq 0.05) & : \quad \lambda = b \\ (0.05 < b/L < 0.30) & : \quad \lambda = b\{1.1 - 2(b/L)\} \\ (0.30 \leqq b/L) & : \quad \lambda = 1.5L \end{array}\right\} \qquad (8.1)$$

で求めることにしている．ここで，$b$ は主桁間隔，$L$ は主桁の支間長，$\lambda$ は片側の有効幅であり，$b$，$\lambda$ はハンチを考慮して図 8.2(b)のようにとる．なお，ハンチの傾きは 45°にとって計算するが，実際には 1：3 より緩やかな傾斜で設計する（道示 II 8.3.4，9.2.4）．

また，鋼桁と床版断面の連結部はせん断力が集中するので，図 8.3 のように

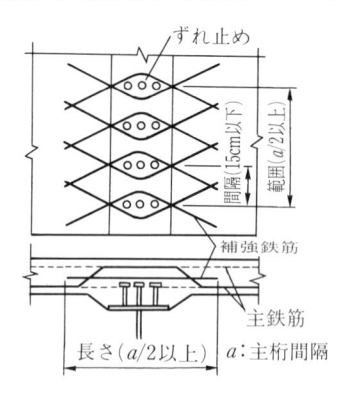

図 8.3 床版連結部の補強

補強鉄筋を配置する．

コンクリートの許容応力度は設計基準強度をもとに算定し，鋼材とコンクリートのヤング係数比は $n=7$ を標準として設計する（道示Ⅱ 9.2）．

### 8.2.2 合成断面の応力

合成断面（コンクリートが硬化して合成断面として機能する断面：合成後の断面）は図 8.4(a)のように，鉄筋コンクリート床版から有効幅を取り出したコンクリートの床版断面（単に床版断面：床版と略記する）と鋼桁で構成される．このうち断面の諸定数を求める計算には，ハンチ部分のコンクリート断面は計算に入れないのが一般的である．

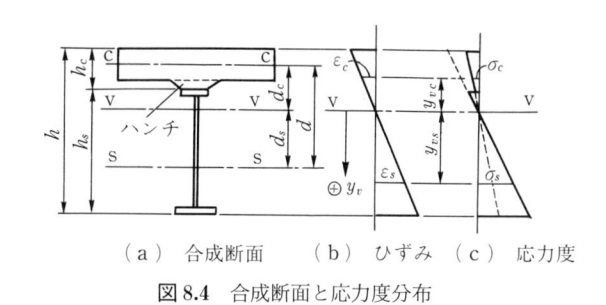

（a）合成断面　（b）ひずみ　（c）応力度

図 8.4　合成断面と応力度分布

この断面に曲げモーメントが作用した場合も平面保持の仮定が成立するので，ひずみは図(b)のようになる．また，鋼とコンクリートのヤング係数をそれぞれ，$E_s$, $E_c$ とすれば，ヤング係数比は

$$n = E_s/E_c \tag{8.2}$$

であるので，各断面内の応力度は

$$\sigma_c = \varepsilon_c \cdot E_c \tag{a}$$

$$\sigma_s = \varepsilon_s \cdot E_s = n \cdot \varepsilon_s \cdot E_c \tag{b}$$

となり，応力度分布は図(c)のようになる．

合成断面の総断面積（コンクリート換算）を $A_v = A_c + n \cdot A_s$ とおくと，鋼桁の中立軸 s-s に関する断面一次モーメントは

$$A_v \cdot d_s = A_c \cdot d \tag{c}$$

であり，また，$d = d_s + d_c$ であるので

$$d_s = \frac{A_c}{A_v} \cdot d = \frac{A_c}{A_c + n \cdot A_s} \cdot d \left.\begin{array}{c}\\ \\\end{array}\right\} \quad (8.3)$$
$$d_c = \frac{n \cdot A_s}{A_v} \cdot d = \frac{n \cdot A_s}{A_c + n \cdot A_s} \cdot d$$

のような関係が得られる．

また，合成断面の中立軸 v-v に関する断面二次モーメント（コンクリート換算 $I_{v(c)}$，鋼換算 $I_{v(s)}$）は，それぞれ次のようになる．

$$I_{v(c)} = I_c + A_c \cdot d_c^2 + n \cdot (I_s + A_s \cdot d_s^2) \left.\begin{array}{c}\\ \\\end{array}\right\} \quad (8.4)$$
$$I_{v(s)} = (I_c + A_c \cdot d_c^2)/n + I_s + A_s \cdot d_s^2$$

ここに，$I_c$ は床版断面のその中立軸に関する断面二次モーメント，$I_s$ は鋼桁断面のその中立軸に関する断面二次モーメントである．

断面二次モーメントが求められれば，曲げモーメント $M$ が作用するときの合成断面の任意点（v-v 軸から $y$ の点）の応力度は，それぞれ

$$\sigma_c = \frac{M}{I_{v(c)}} \cdot y_c \left.\begin{array}{c}\\ \\\end{array}\right\} \quad (8.5)$$
$$\sigma_s = \frac{M}{I_{v(s)}} \cdot y_s$$

で求められる．ここで，添字 $c, s$ はそれぞれ床版断面，鋼桁断面内の応力を算定することを意味している．したがって，一般的に表せば

$$\sigma = \frac{M}{I_v} \cdot y \quad (8.5)'$$

のようになる．

これらは，合成桁として機能する断面（合成後断面）に適用する関係式であるので，活荷重合成桁の場合は，作用曲げモーメントとして，合成前の鋼桁に作用する曲げモーメント（死荷重曲げモーメントであるので $M_d$ と表すこともある）を $M_1$，合成後の断面に作用する曲げモーメント（大部分活荷重であるので $M_l$ と表すこともある）を $M_2$，合計曲げモーメント（$= M_1 + M_2$）を $M$ とすると，$M_2$ に対してのみ適用できることになる．

したがって，活荷重合成桁断面の応力分布は，図 8.5 のようになり，コンクリート，鋼桁部分の応力度は，それぞれ

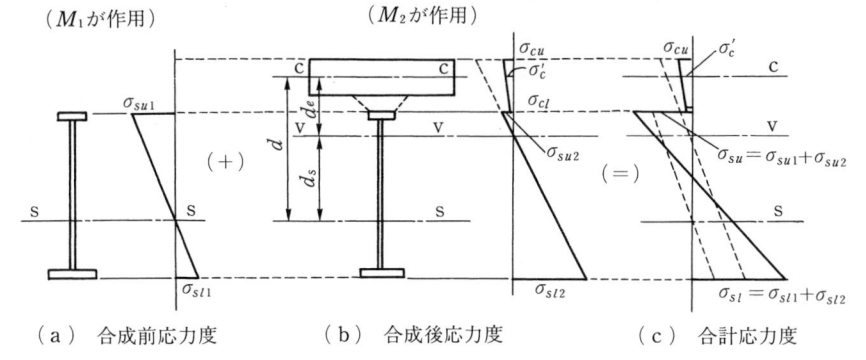

(a) 合成前応力度　　(b) 合成後応力度　　(c) 合計応力度

図 8.5　活荷重合成桁断面の応力分布

$$\left.\begin{array}{l}\sigma_c = \dfrac{M_2}{I_{v(c)}} \cdot y_{vc} \\[2mm] \sigma_s = \dfrac{M_1}{I_s} \cdot y_s + \dfrac{M_2}{I_{v(s)}} \cdot y_{vs}\end{array}\right\} \quad (8.6)$$

で求められることになる．

## 8.2.3　死・活荷重合成桁断面の決定

合成断面の決定は，はじめに述べたように，床版断面の高さは床版厚として，また，幅は有効幅として決まっているので，鋼桁の断面を決定することになる．

### （1）　鋼桁の高さ

合成断面のコンクリート部分に引張応力が生じないためには，合成断面の中立軸は鋼桁内になければならない．

図 8.6 において，

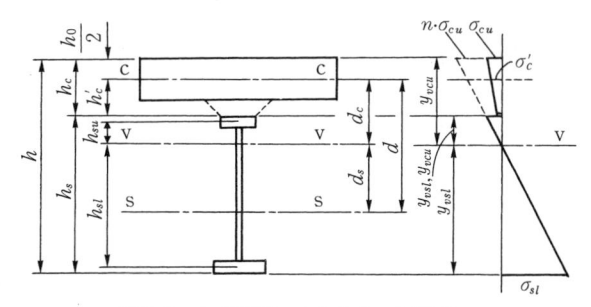

図 8.6　合成断面の応力分布と鋼桁高さ

156　8章　合成桁橋

$$y_{sl} = (h_c + h_s) \cdot \frac{\sigma_{sl}}{\sigma_{sl} + n \cdot \sigma_{cu}} \tag{a}$$

であり，しかも

$$y_{sl} \leq h_s \tag{b}$$

でなければならない．

これらの式を整理して比較すれば

$$h_s \geq \frac{h_c \cdot \sigma_{sl}}{n \cdot \sigma_{cu}} \tag{8.7}$$

が得られる．

また，鋼桁の中立軸より下の応力度を無視して，鋼桁下縁に関する応力度のモーメントが作用曲げモーメントに等しいと考えると，

$$M \fallingdotseq A_c \cdot \sigma_c' \cdot (h_c + h_s - h_0/2) \tag{c}$$

となる．ここに，$\sigma_c'$ はコンクリート断面の中立軸位置の応力度（平均応力度）である．これより

$$h_s \fallingdotseq \frac{M}{A_c \cdot \sigma_c'} - h_c + \frac{h_0}{2} \tag{8.8}$$

が得られる．

このように，一応，式 (8.7)，(8.8) で鋼桁高さを算定できるが，これらは，きわめて大まかな推定値であることを考慮して決める必要がある．

(2) ウェブとフランジ断面の算定

ウェブは，プレートガーダーのところで説明したように，はじめに厚さを決め，先ほどの鋼桁高さの推定値を参考にし，水平補剛材の有無を考え，なるべく高くとると比較的効率的な断面が得られる．

フランジは，応力算定のところで説明したように，鋼桁の上フランジの応力度はコンクリート断面下縁の応力度の $n$ 倍の値であるので，上フランジをあまり大きくする必要はない．

図 8.6 において，中立軸に関する断面一次モーメントは

$$A_{sl} \cdot y_{vsl} - A_{su} \cdot (h_s - y_{vsl}) + (t_w/2) \cdot \{y_{vsl}^2 - (h_s - y_{vsl})^2\}$$
$$= (A_c/n) \cdot (y_{cu} - h_0/2) \tag{d}$$

である．これを，鋼桁上フランジをずれ止めが取り付けられる最小の大きさにとるものとし，下フランジ断面積 $A_{sl}$ について解けば

8.2 合成桁断面の設計

$$A_{sl} = \frac{1}{y_{vsl}} \cdot \left[ \frac{A_c}{n} \cdot \left( y_{cu} - \frac{h_0}{2} \right) + A_{su} \cdot (h_s - y_{vsl}) \right.$$
$$\left. - \frac{t_w}{2} \{ y_{vsl}^2 - (h_s - y_{vsl})^2 \} \right] \quad (8.9)$$

として求められることになる．しかし，この式には，$A_{su}$ の他に $y_{cu}$，$y_{sl}$ が未知数として含まれるので，これらも推定値を与えなければならない．

$y_{vsl}$ は，式（a）で $\sigma_{sl} = \sigma_{sta}$，$\sigma_{cu} = \sigma_{ca}$ とおいて整理すると

$$y_{vsl} = h_s \cdot \left( 1 + \frac{h_c}{h_s} \right) \cdot \frac{1}{1 + n \cdot \sigma_{ca}/\sigma_{sta}}$$
$$= \alpha \cdot h_s \quad (\text{e})$$

のように表せる．ここで，$\alpha$ は

$$\alpha = \left( 1 + \frac{h_c}{h_s} \right) \cdot \frac{1}{1 + n \cdot \sigma_{ca}/\sigma_{sta}} \quad (\text{f})$$

である．したがって，$y_{vcu}$ は

$$y_{vcu} = h_s \cdot (1 - \alpha) + h_c \quad (\text{g})$$

となる．これらを式 (8.9) へ代入して，$A_{sl}$ を求めれば次式を得る．

$$A_{sl} = \frac{1}{\alpha} \cdot \left\{ \frac{A_c}{n} \cdot \left( 1 - \alpha + \frac{h_c'}{h_s} \right) + A_{su} \cdot (1 - \alpha) + \frac{t_w \cdot h_s}{2} \cdot (1 - 2\alpha) \right\}$$
$$(8.10)$$

ここに，$h_c' = h_c - h_0/2 = h_0/2 + h_h$ であり，$h_s \fallingdotseq h_w$ である．

このようにすれば，鋼桁の下フランジの必要断面積 $A_{sl}$ を求めることができるが，実際の設計においては，これまでの誘導で明らかなように，これらは概算値であるので，$\alpha$ を正確に求める必要はなく，$y_{sl} \leq h_s$ であることを考慮して，たとえば，$\alpha = 0.9 \sim 1.0$ を仮定して計算すればよい．

**例題 8.1** 図 8.4 に示す合成断面は，床版断面寸法；$B_c \times h_0 = 200 \times 18$ cm，ハンチ高さ；$h_h = 6$ cm，鋼桁寸法；$b_u \times t_u = 170 \times 10$ mm，$h_w \times t_w = 1500 \times 10$ mm，$b_l \times t_l = 300 \times 16$ mm である．ヤング係数比 $n = 7$ とし，曲げモーメント $M = 2100$ kN·m が作用する場合，断面各部の応力度を求めよ．

**[解]** はじめに，断面二次モーメントなどを求める．
　床版；$A_c = 200 \times 18 = 3600$ cm$^2$，$I_c = 200 \times 18^3/12 = 97200$ cm$^4$

| 鋼桁； | $A[\mathrm{cm}^2]$ | $y[\mathrm{cm}]$ | $A \cdot y[\mathrm{cm}^3]$ | $A \cdot y^2, I_w[\mathrm{cm}^4]$ |
|---|---|---|---|---|
| $170 \times 10$ | 17.0 | $-75.5$ | $-1284$ | 96904 |
| $1500 \times 10$ | 150.0 | | | 281250 |
| $300 \times 16$ | 48.0 | 76.0 | 3648 | 277248 |
| | 215.0 | | 2364 | 655402 |

$\delta = 2364/215 = 11.0$ cm,

$I_s = 655402 - 11.0^2 \times 215 = 629409$ cm$^4$

合成断面：$A_v = 3600 + 7 \times 215 = 5105$ cm$^2$,

$d = 18/2 + 6 + 1.0 + 150/2 + 11.0 = 102.0$ cm,

$d_c = 102 \times 7 \times 215/5105 = 30.1$ cm,

$d_s = 102.0 - 30.1 = 71.9$ cm,

$I_{v(c)} = 97200 + 30.1^2 \times 3600 + 7 \times (629400 + 71.9^2 \times 215)$

$\quad\quad = 15544899 \fallingdotseq 15540000$ cm$^4$,

$I_{v(s)} = 1554489/7 = 2220700 \fallingdotseq 2220000$ cm$^4$.

中立軸からの距離等を求めると次のようになる．

合成断面の全高さ：$h = 1.6 + 150 + 1 + 6 + 18 = 176.6$ cm,

$y_{vcu} = d_c + h_0/2 = 30.1 + 18/2 = 39.1$ cm,

$y_{vcl} = y_{vsu} = d_c - h_0/2 - h_h = 30.1 - 18/2 - 6 = 15.1$ cm,

$y_{vsl} = h - y_{vcu} = 176.6 - 39.1 = 137.5$ cm.

以上より各部の応力度は次のように求められる．

$\sigma_{cu} = M \cdot y_{vcu}/I_{v(c)} = 210000 \times 39.1/15540000 = 0.528$ kN/cm$^2$,

$\sigma_{cl} = M \cdot y_{vcl}/I_{v(c)} = 210000 \times 15.1/15540000 = 0.204$ kN/cm$^2$,

$\sigma_{su} = M \cdot y_{vsu}/I_{v(s)} = 210000 \times 15.1/222000 = 1.428$ kN/cm$^2$,

$\quad = n \cdot M \cdot y_{vcl}/I_{v(c)} = n \cdot \sigma_{cl} = 7 \times 0.204 = 1.428$ kN/cm$^2$,

$\sigma_{sl} = M \cdot y_{vsl}/I_{v(s)} = 210000 \times 137.5/2220000 = 13.01$ kN/cm$^2$

### 8.2.4 活荷重合成桁断面の設計

活荷重合成桁断面の鋼桁の応力は，すでに説明したように，合成桁断面が完成する前に作用する曲げモーメント（合成前：$M_1 = M_{d1}$）と，合成桁断面が完成してから作用する曲げモーメント（合成後：$M_2 = M_l + M_{d2}$）に分けて求めた応力を加算して得られる．

## 8.2 合成桁断面の設計

**図 8.7** 活荷重合成桁の応力度の合成

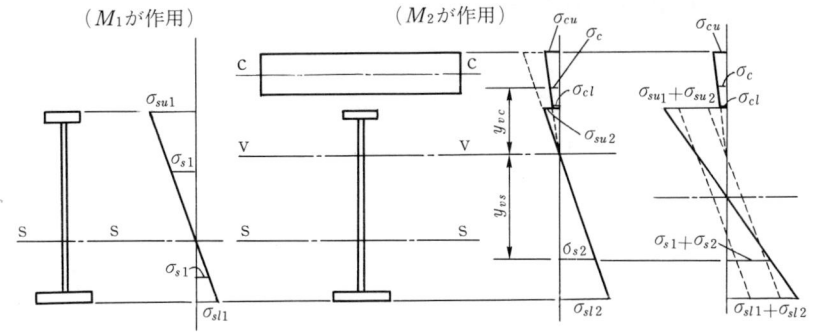

(a) 合成前(鋼桁)応力度　(b) 合成後(合成断面)応力度　(c) 合計応力度

断面設計は，次の手順で行うのが一般的である．床版断面はあらかじめ定まっているものとする．

1) ウェブ断面のうち，高さは，式 (8.7)，(8.8) に $M=M_2$ を代入するが，応力度も曲げモーメントの割合で推定するのがよい．しかし，一般に，非常に小さい値になるので，あらかじめウェブの厚さを決め，7章のプレートガーダー橋で説明した方法（式 (7.16) に $M=M_1$ を代入）で推定するのがよい．これらの値を参考に，補剛材の有無，配置等を考慮して定める．

2) ウェブ断面の決まった鋼桁のフランジの所要断面積は，作用曲げモーメントとフランジの応力度を用いて求められる．曲げモーメントは $M_1$ を用い，フランジ応力度を次のように推定する．

床版の平均応力度 $\sigma_c'$ は，$h=h_s+h_c-h_0/2$ とおくと

$$\sigma_c' \fallingdotseq \frac{M_2}{A_c \cdot h} \cdot \sigma_{ca} \tag{a}$$

である．この $n$ 倍が合成後断面の鋼桁上フランジの応力度にほぼ等しい（$\sigma_{su2} \fallingdotseq n\sigma_c'$）とすれば，合成前の鋼桁上フランジの応力度（$\sigma_{su1}$）は

$$\sigma_{su1} \fallingdotseq \sigma_{sua} - \sigma_{su2} - n \cdot \sigma_c' \tag{8.11}$$

となる．ここに，$\sigma_{sua}$ は鋼桁上フランジの許容応力度である．

一方，合成前の鋼桁下フランジの応力度（$\sigma_{sl1}$）は，作用曲げモーメントの比に等しいと仮定して，次のように推定できる．

$$\sigma_{sl1} \fallingdotseq \frac{M_1}{M_1+M_2} \cdot \sigma_{sla} \tag{8.12}$$

ここに，$\sigma_{sla}$ は鋼桁下フランジの許容応力度である．（$\sigma_{ca}$, $\sigma_{sua}$, $\sigma_{sla}$ は，許容応力度としてあるが，合成桁断面の応力度には，クリープその他の影響による応力度の変動量が付加されることを考慮して，ここの段階では，規定の最大値より1割程度小さくとるのがよい．いわば，設計目標応力度というべき値（設計目標値）である．）

3) 鋼桁フランジに生じる応力度が定まれば，フランジの所要断面積は次式でも求められる（式 (7.19) 参照）．

$$\left. \begin{aligned} A_{su} &= \frac{M_1}{\sigma_{su1} \cdot h_w} - \frac{h_s \cdot t_w}{6} \cdot \frac{2 \cdot \sigma_{su1} - \sigma_{sl1}}{\sigma_{su1}} \\ A_{sl} &= \frac{M_1}{\sigma_{sl1} \cdot h_w} - \frac{h_s \cdot t_w}{6} \cdot \frac{2 \cdot \sigma_{sl1} - \sigma_{su1}}{\sigma_{sl1}} \end{aligned} \right\} \tag{8.13}$$

この値をもとにフランジ断面を定める．

4) フランジの厚さと幅を決め，鋼桁および合成断面の断面諸量を算定し，応力度の照査を行い，鋼桁の合計応力度を次式でチェックする．

$$\left. \begin{aligned} \sigma_{su} &= \sigma_{su1} + \sigma_{su2} \leqq \sigma_{sua} \\ \sigma_{sl} &= \sigma_{sl1} + \sigma_{sl2} \leqq \sigma_{sla} \end{aligned} \right\} \tag{8.14}$$

5) 応力度が許容応力度（目標値）を超えたり，大きく下回った場合には，フランジの所要断面積を求める式の合成前の鋼桁フランジ応力度を次の関係式で修正する．

$$\left. \begin{aligned} \sigma_{su1}' &= \frac{\sigma_{su1}}{\sigma_{su1}+\sigma_{su2}} \cdot \sigma_{sua} \\ \sigma_{sl1}' &= \frac{\sigma_{sl1}}{\sigma_{sl1}+\sigma_{sl2}} \cdot \sigma_{sla} \end{aligned} \right\} \tag{8.15}$$

6) これら値を式 (8.13) に代入して鋼桁断面を修正して，鋼桁および合成断面の応力度を求める．

これらの計算過程を繰り返すことによって，式 (8.14) の照査式を程よく満足させることができる．

合成断面のコンクリート断面の応力度が

$$\sigma_c \leqq \sigma_{ca} \tag{8.16}$$

8.2 合成桁断面の設計　161

を満足しなければならないことはもち論である．

**例題 8.2**　例題 8.1 に示した断面が，活荷重合成桁の合成断面であるとして，曲げモーメント $M=M_1+M_2=700+900=1600$ kN·m が作用する場合，断面各部の応力度を求めよ．

**[解]**　i)　合成前の鋼桁には，曲げモーメント $M_1$ のみが作用する．
鋼桁の断面諸量は例題 8.1 の結果から，

$$A_s=215.0 \text{ cm}^2, \quad I_s \fallingdotseq 628100 \text{ cm}^4,$$
$$h_s=t_u+h_w+t_l=1+150+1.6=152.6 \text{ cm},$$
$$y_{su}=t_u+h_w/2+\delta=1+150/2+11=87.0 \text{ cm},$$
$$y_{sl}=h_s-y_{su}=65.6 \text{ cm}$$

である．合成前の鋼桁各部（上，下縁）の応力度は

$$\therefore \quad \sigma_{su1}=M_1 \cdot y_{su}/I_s=70000 \times 87.0/629400 \fallingdotseq 9.676 \text{ kN/cm}^2$$
$$\therefore \quad \sigma_{sl1}=M_1 \cdot y_{sl}/I_s=70000 \times 65.6/629400 \fallingdotseq 7.296 \text{ kN/cm}^2.$$

ii)　合成断面が完成すると，曲げモーメント $M_2$ が作用する．
合成断面の断面諸量は

$$A_c=3600 \text{ cm}^2, \quad I_c=97200 \text{ cm}^4,$$
$$h=176.6 \text{ cm}, \quad d=102 \text{ cm}, \quad d_c=30.1 \text{ cm}, \quad d_s=71.90 \text{ cm}$$

であり，

$$A_{v(c)}=5105 \text{ cm}^2, \quad I_{v(c)} \fallingdotseq 15540000 \text{ cm}^4, \quad I_{v(s)} \fallingdotseq 222000 \text{ cm}^4,$$
$$y_{vcu}=39.1 \text{ cm}, \quad y_{vcl}=y_{vsu}=15.1 \text{ cm}, \quad y_{vsl}=137.5 \text{ cm},$$

であったので，

$$\therefore \quad \sigma_{cu}=M_2 \cdot y_{vcu}/I_{v(c)}=90000 \times 39.1/15540000 \fallingdotseq 0.226 \text{ kN/cm}^2,$$
$$\therefore \quad \sigma_{cl}=M_2 \cdot y_{vcl}/I_{v(c)}=90000 \times 15.1/15540000 \fallingdotseq 0.087 \text{ kN/cm}^2,$$
$$\therefore \quad \sigma_{su2}=M_2 \cdot y_{vsu}/I_{v(s)}=90000 \times 15.1/2220000 \fallingdotseq 0.612 \text{ kN/cm}^2,$$
$$\qquad =n \cdot M_2 \cdot y_{vcl}/I_{v(c)}=n \cdot \sigma_{cl}=7 \times 0.087 \fallingdotseq 0.609 \text{ kN/cm}^2,$$
$$\therefore \quad \sigma_{sl2}=M_2 \cdot y_{vsl}/I_{v(s)}=90000 \times 137.5/2220000 \fallingdotseq 5.574 \text{ kN/cm}^2.$$

となる．

iii)　合成断面の鋼桁上，下縁の合計応力は

$$\sigma_{su}=\sigma_{su1}+\sigma_{su2}=9.676+0.612=10.288 \text{ kN/cm}^2$$
$$\sigma_{sl}=\sigma_{sl1}+\sigma_{sl2}=7.296+5.574=12.870 \text{ kN/cm}^2$$

である．

## 8.3 合成桁のクリープ，乾燥収縮，温度差による応力
### 8.3.1 コンクリート断面のクリープによる応力
**（1） クリープによる応力の特徴**

コンクリートに一定の応力を継続的に作用させると，ひずみが時間の経過とともに増大する．これは，通常の弾性変形に加えて，塑性的な変形が生じたためと考えられ，このような現象をクリープ（creep）という．合成断面は鋼桁と床版断面を一体と考えており，死荷重が継続的に作用するとして設計されているので，クリープによる応力変動を計算しておかなければならない．

クリープひずみは，当初急速に（コンクリート打設後1年位で約80％）進み，その後も徐々に変形が進行して，2～3年後にはほぼ一定値（弾性ひずみの2～4倍）になり安定する．このクリープひずみは，作用応力の大きさにほぼ比例して進行するが，周囲の湿度やコンクリートの材齢，水セメント比等によって影響されるものである．

コンクリートの供試体に継続的な応力を作用させた場合のひずみと時間の関係を図示すれば図8.8のようになる．

（a） クリープひずみ　　（b） クリープ係数

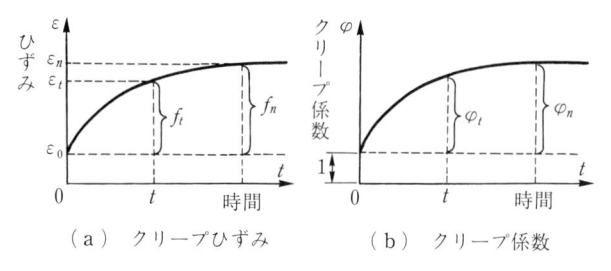

図8.8　コンクリート断面のクリープ

当初の（時間 $t=0$ における）弾性ひずみを $\varepsilon_0$（定数とする），時間 $t$ のクリープひずみを $f_t$，総ひずみを $\varepsilon_t$ とすると

$$\varepsilon_t = \varepsilon_0 + f_t = \varepsilon_0 \cdot (1 + f_t/\varepsilon_0) = \varepsilon_0 \cdot (1 + \varphi_t) \tag{a}$$

である．ここで，弾性ひずみとクリープひずみの比

$$\varphi_t = \frac{f_t}{\varepsilon_0} \tag{b}$$

をクリープ係数（クリープ度）という．応力とひずみの間には，$\sigma = \varepsilon \cdot E$ なる関

8.3 合成桁のクリープ，乾燥収縮，温度差による応力　163

係があるから，時間 $t$ におけるひずみは次のようになる．

$$\varepsilon_t = \frac{\sigma_0}{E_c} \cdot (1+\varphi_t) \tag{8.17}$$

クリープ係数と時間の関係を図示すれば，図 8.8(b) のような，ひずみの変化と時間の関係と相似な関係になっている．

また，時間が十分経過すれば，$f_t \to f_n$ となるので，クリープ終了後のクリープ係数は次のようになる．

$$\varphi_1 = \varphi_n = \frac{f_n}{\varepsilon_0} \tag{8.18}$$

示方書では，このクリープ係数の標準値として $\varphi_1=2.0$ をとることにしている（道示II 9.2.6）．

**（2）クリープによる応力度の変動**

応力とひずみの間には，$\sigma=\varepsilon \cdot E$ なる関係があるから，コンクリートのヤング係数を $E_c$，当初の応力度を $\sigma_0$ とすると，当初応力の載荷状態のままでクリープが進行して終了した後の総ひずみ $\varepsilon_n$ は

$$\varepsilon_n = \frac{\sigma_0}{E_c} \cdot (1+\varphi_1) = \frac{\sigma_0}{E_c'} \tag{c}$$

である．ここで，$E_c'$ は次のようにおいた，クリープ終了後のコンクリートのヤング係数である．

$$E_c' = \frac{E_c}{(1+\varphi_1)} \tag{8.19}$$

それゆえ，この場合のヤング係数比は

$$n' = \frac{E_s}{E_c'} = \frac{E_s}{E_c} \cdot (1+\varphi_1) = n \cdot (1+\varphi_1) \tag{8.20}$$

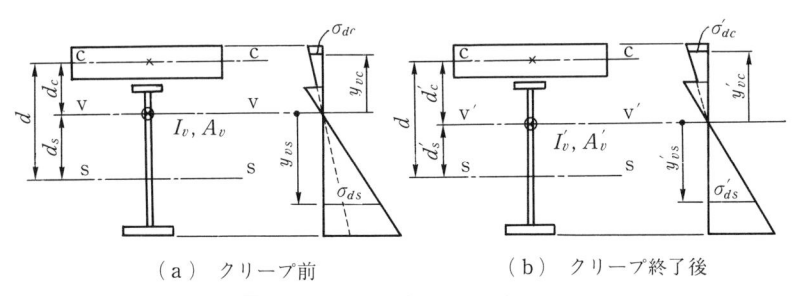

（a）クリープ前　　　（b）クリープ終了後

図 8.9　クリープ前後の応力度分布

になる.

これは，コンクリートのヤング係数が，はじめ $E_c$ であったものが，クリープの影響で，$E_c'$ に変わったとみなすことができることを意味している.

したがって，クリープ終了後の応力状態を求めるための，合成断面の断面諸量は，ヤング係数比を $n$ の代わりに $n'$ を用いて求めればよい．すなわち，式(8.3)，(8.4)は次のようになる（図8.9参照）.

$$\left.\begin{array}{l} d_s' = \dfrac{A_c}{A_v} \cdot d = \dfrac{A_c}{A_c + n' \cdot A_s} \cdot d \\ d_c' = \dfrac{n' \cdot A_s}{A_v} \cdot d = \dfrac{n' \cdot A_s}{A_c + n' \cdot A_s} \cdot d \end{array}\right\} \quad (8.21)$$

$$\left.\begin{array}{l} I_{v(c)}' = I_c + A_c \cdot {d_c'}^2 + n' \cdot (I_s + A_s \cdot {d_s'}^2) \\ I_{v(s)}' = (I_c + A_c \cdot {d_c'}^2)/n' + I_s + A_s \cdot {d_s'}^2 \end{array}\right\} \quad (8.22)$$

ここで，$I_{v(c)}'$（：コンクリート換算），$I_{v(s)}'$（：鋼換算）は，クリープ終了後の合成断面の中立軸 v′-v′ に関する断面二次モーメントである.

断面二次モーメントが求められれば，作用曲げモーメント（$M_d$：持続荷重であるので死荷重モーメントを考える）によるクリープ終了後の合成断面の任意点（v′-v′ 軸から $y_v'$ の点）の応力度は，それぞれ次のようである.

$$\left.\begin{array}{l} \sigma_{dc}' = \dfrac{M_d}{I_{v(c)}'} \cdot y_{vc}' \\ \sigma_{ds}' = \dfrac{M_d}{I_{v(s)}'} \cdot y_{vs}' \end{array}\right\} \quad (8.23)$$

それゆえ，クリープによる応力の変化量 $\Delta\sigma_{dc}'$，$\Delta\sigma_{ds}'$ は

$$\left.\begin{array}{l} \Delta\sigma_{dc}' = \sigma_{dc}' - \sigma_{dc} \\ \Delta\sigma_{ds}' = \sigma_{ds}' - \sigma_{ds} \end{array}\right\} \quad (8.24)$$

である.

### 8.3.2 クリープによる応力度の変化量

クリープによる応力度の変化量は，一応，式（8.24）で求められるけれども，合成桁断面のようにコンクリート断面に作用する応力が時間によって変化する場合は，式（8.17）の応力度も時間の関数になる．いま，これを $\sigma_t$ とすれば，時間 $t$ におけるひずみは

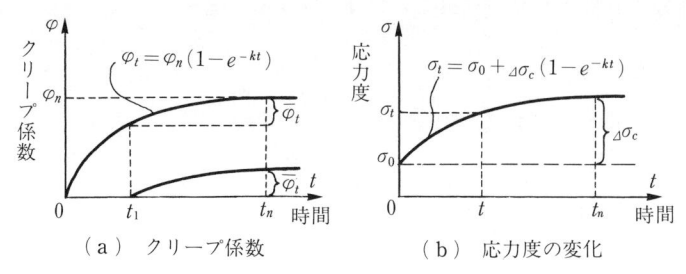

8.3 合成桁のクリープ，乾燥収縮，温度差による応力

**図8.10** クリープ，応力度の時間変化

$$\varepsilon_t = \frac{\sigma_t}{E_c} \cdot (1+\varphi_t) \tag{8.25}$$

のように表せる．

クリープ係数 $\varphi_t$ は，実験的考察より

$$\varphi_t = \varphi_n \cdot (1-e^{-kt}) \tag{8.26}$$

で求められる．ここで，$k$ はコンクリートの配合比などの材質によって決まる定数である．このクリープ係数は，図8.10のように，ある時間の応力度が作用した以降のクリープの値は初期の応力によるものと同じであり，クリープの作用を受けた応力度の変動はクリープに相似である（図(b)）と仮定すると，任意時間における応力度は

$$\sigma_t = \sigma_0 + {}_\Delta\sigma_c \cdot (1-e^{-kt}) \tag{8.27}$$

で与えられる．ここに，$\sigma_0$ は当初応力度，${}_\Delta\sigma_c$ はクリープによる応力度の変化量．クリープが終了した時間の最終応力度を $\sigma_n$ とすれば

$$_\Delta\sigma_c = \sigma_n - \sigma_0 \tag{a}$$

である．

式(8.25)を微分すれば，

$$\frac{d\varepsilon_t}{dt} = \frac{1}{E_c} \cdot \left\{ \frac{d\sigma_t}{dt} \cdot (1+\varphi_t) + \frac{d\varphi_t}{dt} \cdot \sigma_t \right\} \tag{b}$$

が得られる．この微分方程式で，$(d\sigma_t/dt) \cdot \varphi_t$ は応力変化率のクリープひずみ成分であるので，これを微小であるとして無視すれば，

$$\frac{d\varepsilon_t}{dt} = \frac{1}{E_c} \cdot \left( \frac{d\sigma_t}{dt} + \frac{d\varphi_t}{dt} \cdot \sigma_t \right) \tag{c}$$

が得られる．これに，式(8.26)，(8.27)を代入して，時間について，$t=0 \sim \infty$

の間で積分すれば，クリープによるひずみの変化量 $\Delta\varepsilon_c$

$$\Delta\varepsilon_c = \frac{1}{E_c}\cdot\left\{\sigma_0\cdot\varphi_n + \Delta\sigma_c\cdot\left(1+\frac{\varphi_n}{2}\right)\right\} \tag{d}$$

が得られる．ここに，$\varphi_n$ はクリープ終了後のクリープ係数である．したがって，クリープ終了後の総ひずみ $\varepsilon_n$ は

$$\varepsilon_n = \varepsilon_0 + \Delta\varepsilon_c = \sigma_0/E_c + \Delta\varepsilon_c \tag{e}$$

であるから

$$\varepsilon_n = \frac{1}{E_c}\cdot\left\{\sigma_0\cdot(1+\varphi_n) + \Delta\sigma_c\cdot\left(1+\frac{\varphi_n}{2}\right)\right\} \tag{8.28}$$

になる．

また，クリープによる応力度の変化量 $\Delta\sigma_c$ によるひずみ $\Delta\varepsilon_c$ は

$$\Delta\varepsilon_c = \frac{\Delta\sigma_c}{E_c}\cdot\left(1+\frac{\varphi_1}{2}\right) \tag{f}$$

であるので，クリープ終了後のコンクリートのみかけのヤング係数は

$$E_{c1} = \frac{E_c}{(1+\varphi_1/2)} \tag{8.29}$$

になる．ここで，$\varphi_1 = \varphi_n$ とおいた．

クリープによる応力度の変化量 $\Delta\sigma_c$ は次のように求められる．式（d）を $\Delta\sigma_c$ について解き，ヤング係数比を

$$n_1 = n\cdot(1+\varphi_1/2) \tag{8.30}$$

とおいて，整理すれば

$$\Delta\sigma_c = E_{c1}\cdot\Delta\varepsilon_c - \frac{n\cdot\varphi_1}{n_1}\cdot\sigma_0 \tag{g}$$

が得られる．

この式の，ひずみの変化量 $\Delta\varepsilon_c$ は次のように求める．

いま，クリープ係数に初期ひずみとヤング係数を乗じ，床版断面（コンクリート断面）内で総和した次の軸力を考える．

$$P_\varphi = E_{c1}\int\varphi_1\cdot\varepsilon_0\cdot dA_c = E_{c1}\cdot A_c\cdot\varepsilon_{\varphi,0} \tag{h}$$

合成断面のコンクリートのヤング係数は，はじめ $E_c$ であったものが，応力が徐々に変化してクリープ終了後（$\Delta\sigma_c$ の応力変動後）は $E_{c1}$ になっている．この状態は，図8.11のように，自由な状態のヤング係数 $E_c$ の床版断面をこの軸力

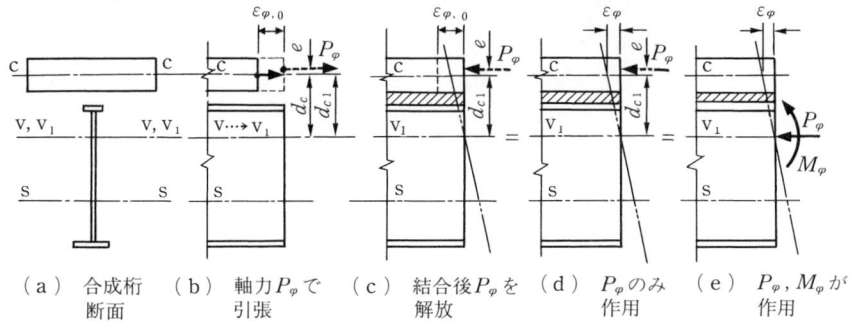

## 8.3 合成桁のクリープ，乾燥収縮，温度差による応力

**図8.11** 合成桁断面のクリープによる断面力

(a) 合成桁断面　(b) 軸力$P_\varphi$で引張　(c) 結合後$P_\varphi$を解放　(d) $P_\varphi$のみ作用　(e) $P_\varphi, M_\varphi$が作用

で引張して，鋼桁と結合した後，この軸力を解放した場合と同等である．この軸力作用位置は，はじめは床版断面の図心であるが，クリープ終了時には図心より $e=r^2/d_c$ ずれる．

これは結局，クリープ終了後の合成断面の中立軸に，次の軸力と曲げモーメントを作用させることになる．すなわち，

$$\left. \begin{array}{l} P_\varphi = E_{c1} \cdot A_c \cdot \dfrac{N_c}{A_c \cdot E_c} \cdot \varphi_1 = \dfrac{2\varphi_1}{2+\varphi_1} \cdot N_c \\ M_\varphi = P_\varphi \cdot (d_{c1} + r_c^2/d_c) \end{array} \right\} \quad (8.31)$$

を作用させることに等しい．ここに，$r_c^2 = I_c/A_c$ である．添字として 1 がついているのは，ヤング係数比を $n_1$ として，断面諸量を求めることを意味している．また，

$$N_c = \frac{M_d}{I_{v(c)}} \cdot d_c \cdot A_c \quad (8.32)$$

である．

合成断面の中立軸に，軸力 $P_\varphi$ と曲げモーメント $M_\varphi$ が作用したとき，鋼桁断面の任意点の応力度（クリープによる応力度の変化量）は，

$$\Delta \sigma_{cs} = \frac{P_\varphi}{A_{v(s)1}} + \frac{M_\varphi}{I_{v(s)1}} \cdot y_{vs1} \quad (8.33)$$

になる．したがって，鋼桁断面上のひずみは

$$\Delta \varepsilon_s = \Delta \sigma_{cs}/E_s \quad (\mathrm{i})$$

で求められる．床版断面内のひずみは，合成断面の鋼桁と床版断面が一体であることより，このひずみをそのまま適用することができる．それゆえ，これを，

式(g)の $\Delta\varepsilon_c$ に代入すれば，床版断面内のクリープによる応力の変化量（以後，これを $\Delta\sigma_{cc}$ で表す）が得られ

$$\Delta\sigma_{cc} = \frac{E_{c1}}{E_s} \cdot \left( \frac{P_\varphi}{A_{v(s)1}} + \frac{M_\varphi}{I_{v(s)1}} \cdot y_{vc1} \right) - \frac{n \cdot \varphi_1}{n_1} \cdot \sigma_0$$

$$= \frac{1}{n_1} \cdot \left( \frac{P_\varphi}{A_{v(s)1}} + \frac{M_\varphi}{I_{v(s)1}} \cdot y_{vc1} \right) - \frac{n \cdot \varphi_1}{n_1} \cdot \sigma_0 \quad (8.34)$$

となる．ここに，$\sigma_0$ は合成断面のクリープ前の初期応力度

$$\sigma_0 = \frac{M_d}{I_{v(c)}} \cdot y_{vc} \quad (\text{j})$$

である．

### 8.3.3 乾燥収縮による応力度の変化

合成断面のコンクリートに乾燥収縮 (shrinkage) が生じると，ずれ止めが床版断面の伸縮を拘束するので，断面内で応力の再配分が起き，断面内の応力度が変化する．

収縮による応力度の変化量を $\Delta\sigma_{sc}$，コンクリートの自由な状態での収縮ひずみ量を $\varepsilon_s$ とすれば，合成断面の床版断面の収縮終了後のひずみ変化量 $\Delta\varepsilon_{sc}$ は，伸びを正（＋）として

$$\Delta\varepsilon_{sc} = \varepsilon_s + \Delta\sigma_{sc}/E_{c2} \quad (\text{a})$$

のように与えられる．これを応力度について解けば

$$\Delta\sigma_{sc} = E_{c2} \cdot (\Delta\varepsilon_{sc} - \varepsilon_s) \quad (\text{b})$$

になる．ここで，

$$E_{c2} = E_s/n_2, \quad n_2 = n \cdot (1 + \varphi_2/2) \quad (\text{c})$$

である．ここに，$\varphi_2$ は収縮を考える場合のクリープ係数で $\varphi_2 = 4.0$ を標準とする（道示II 9.2.8）．

収縮による応力度の変化量は，次のように考えられる．図8.12を参照して，軸力 $P_s$ で床版断面を引張し，鋼桁断面と結合した後，この軸力を解放する．これは，合成断面に軸力 $P_s$ と曲げモーメント $M_s$ を作用させることに等しい．ここに，

$$\left. \begin{array}{l} P_s = \varepsilon_s \cdot E_{c2} \\ M_s = P_s \cdot d_{c2} \end{array} \right\} \quad (8.35)$$

8.3 合成桁のクリープ，乾燥収縮，温度差による応力　　169

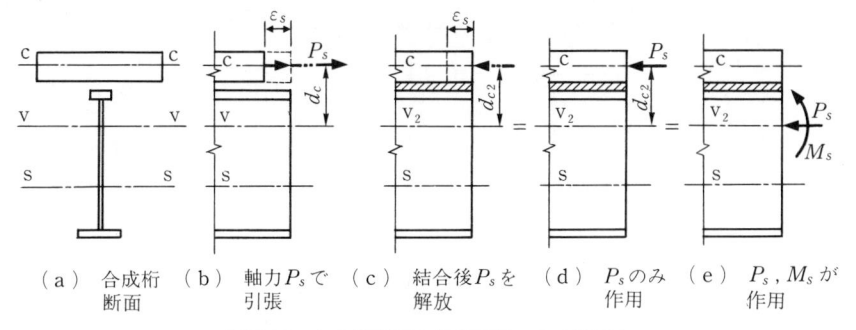

（a）合成桁　（b）軸力 $P_s$ で　（c）結合後 $P_s$ を　（d）$P_s$ のみ　（e）$P_s, M_s$ が
　　断面　　　　引張　　　　　　解放　　　　　　　作用　　　　　　作用

**図 8.12** 合成桁断面の乾燥収縮による断面力

とおいた．したがって，合成断面の鋼桁部分には応力

$$\varDelta\sigma_{ss}=\frac{P_s}{A_{v(s)2}}+\frac{M_s}{I_{v(s)2}}\cdot y_{vs2} \tag{8.36}$$

が生じ，これが，鋼桁部分の収縮による応力度の変化量である．この応力による鋼桁断面のひずみは

$$\frac{\varDelta\sigma_{ss}}{E_s}=\frac{1}{E_s}\cdot\left(\frac{P_s}{A_{v(s)2}}+\frac{M_s}{I_{v(s)2}}\cdot y_{vs2}\right) \tag{d}$$

であるので，これを床版断面まで延長して式(b)を適用し，応力度に整理すれば，合成断面の床版断面部分の収縮による応力度の変化量

$$\varDelta\sigma_{sc}=\frac{1}{n_2}\cdot\left(\frac{P_s}{A_{v(s)2}}+\frac{M_s}{I_{v(s)2}}\cdot y_{vc2}\right)-E_{c2}\cdot\varepsilon_s \tag{8.37}$$

が得られる．

### 8.3.4　温度差による応力度の変化量

　合成断面の床版断面と鋼桁断面の間に温度差が生じた場合にも，断面間に応力の転移が起こり，断面に生じている応力度が変化する．合成断面の温度は図 8.13(c)のように，それぞれ，鋼桁，床版断面内の温度分布は一様とみなす．

　温度差による応力の変化量も，収縮の場合と全く同様の考察によって応力度の変化量を求めることができる．すなわち，クリープを考えない場合，$\varDelta T$ を温度差，$\alpha$ を線膨張係数（鋼，コンクリートとも同一とする）とすれば，温度差による自由なコンクリートのひずみ $\varepsilon_t$ は

$$\varepsilon_t=\alpha\cdot\varDelta T \tag{e}$$

# 8章 合成桁橋

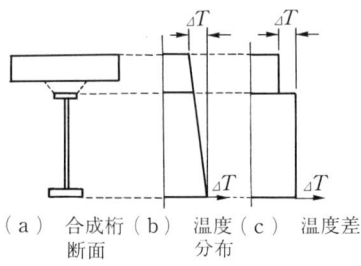

（a）合成桁　　（b）温度　　（c）温度差<br>
　　　断面　　　　　分布

図 8.13　合成桁断面の温度差

であるから，合成断面の床版断面内の温度差によるひずみは

$$_\Delta\varepsilon_{tc} = \varepsilon_t + {}_\Delta\sigma_{tc}/E_c \tag{f}$$

である．これを，応力度の変化量について解けば

$$_\Delta\sigma_{tc} = E_c \cdot ({}_\Delta\varepsilon_{tc} - \varepsilon_t) \tag{g}$$

となるので，収縮の場合と同様にして

$$_\Delta\sigma_{ts} = \frac{P_t}{A_{v(s)}} + \frac{M_t}{I_{v(s)}} \cdot y_{vs} \tag{8.38}$$

$$_\Delta\sigma_{tc} = \frac{1}{n} \cdot \left( \frac{P_t}{A_{v(s)}} + \frac{M_t}{I_{v(s)}} \cdot y_{vc} \right) - \varepsilon_t \cdot E_c \tag{8.39}$$

が得られる．ここに，

$$\left. \begin{array}{l} P_t = \varepsilon_t \cdot E_c \cdot A_c \\ M_t = P_t \cdot d_c \end{array} \right\} \tag{8.40}$$

である．

**例題 8.3**　例題 8.1 の合成断面に，死荷重曲げモーメント $M_d = 700$ kN・m が作用した場合，合成断面各部のクリープによる応力度の変化量を求めよ．

**解**　当初の $n=7$ としたときの断面諸量は，先の例題の結果より，
床版：$A_c = 3600$ cm$^2$，$I_c = 97200$ cm$^4$，$r_c^2 = 3600/97200 = 0.037$ cm$^2$
鋼桁：$A_s = 215.0$ cm$^2$，$\delta = 10.7$ cm，$I_s = 628000$ cm$^4$
合成断面：$A_{v(c)} = 5105$ cm$^2$，$d = 102.0$ cm，$d_s = 71.9$ cm，$d_c = 30.1$ cm，
　　　　$I_{v(c)} = 15540000$ cm$^4$，$I_{v(s)} = 2220000$ cm$^4$．
である．また，クリープ係数 $\varphi_1 = 2.0$ であるので，

$$n_1 = n \cdot (1 - \varphi_1/2) = 7 \times (1 + 2/2) = 14$$

である．このヤング係数比 $n_1=14$ を用いて合成断面の断面諸量を求めると，
$$A_{v(c)1}=3600+14\times215=6610 \text{ cm}^2$$
であり，$d=102.0$ cm，であるので，$d_{c1}=46.4$ cm，$d_{s1}=55.5$ cm，となり，
$$I_{v(c)1}=97200+46.4^2\times3600+14\times(429400+55.5^2\times177.5)=25930000 \text{ cm}^4,$$
$$I_{v(s)1}=25930000/14=1852000 \text{ cm}^4$$
が得られる．これらより，
$$N_c=M_d\cdot d_c\cdot A_c/I_{v(c)}=70000\times(-30.1)\times3600/15540000=-487.8 \text{ kN},$$
$$P_\varphi=2\cdot\varphi_1\cdot N_c/(1+\varphi_1)=2\times2\times(-487.8)/(2+2)=-487.8 \text{ kN},$$
$$M_\varphi=P_\varphi\cdot(d_{c1}+r_c^2/d_c)=-487.8\times(-)(46.43+0.037)=23087 \text{ kN}\cdot\text{cm},$$
である．また，合成断面の中立軸からの距離等は（全高さ：$h=176.6$ cm），
$$y_{vcu1}=d_{c1}+h_0/2=46.4+18/2=55.4 \text{ cm},$$
$$y_{vct1}=y_{vsu1}=d_{c1}-h_0/2-h_h=46.4-18/2-6=31.4 \text{ cm},$$
$$y_{vst1}=h-y_{vcu1}=176.6-55.4=121.2 \text{ cm}.$$
これらを，式 (8.34)，(8.33) に適用し，断面各部の応力度の変化量として，
$$\Delta\sigma_{ccu}=(P_\varphi/A_{v(c)1}+M_\varphi\cdot y_{vcu1}/I_{v(c)1})-(n\cdot\varphi_1/n_1)\cdot M_d\cdot y_{vcu}/I_{v(c)}$$
$$=(-487.8/6610+23087\times(-55.4)/25930000)$$
$$-70000\times(-39.1)/15540000=0.053 \text{ kN/cm}^2,$$
$$\Delta\sigma_{cct}=(-487.8/6610+23087\times(-55.4)/25930000)$$
$$-70000\times(-15.1)/15540000=-0.034 \text{ kN/cm}^2,$$
$$\Delta\sigma_{csu}=(-487.8/472.1+20554\times(-22.9)/1340400)=-1.425 \text{ kN/cm}^2,$$
$$=14\times(-487.8/6610+23087\times(-55.4)/25930000)$$
$$=14\times(-0.0891-0.0251)=-1.425 \text{ kN/cm}^2,$$
$$\Delta\sigma_{cst}=14\times(-487.8/472.1+23087\times121.2/1852000)=0.477 \text{ kN/cm}^2$$
が得られる．ここでは，座標値の（＋）を合成断面の中立軸より下方向にとり，引張応力を（＋）で表してある．したがって，床版の応力度の変化量が（＋）であれば，圧縮応力度が減少していることになる．

## 8.4 ずれ止めの設計

### （1） ずれ止めの特徴

合成桁断面のずれ止めは，鋼桁と床版断面が一体となって挙動するための重要な構造部材であり，

① 剛性が大きく応力伝達が確実なこと．

② 床版内の応力が均等になること．

③ 溶接など施工が容易であること．
④ 完成後の鋼桁に熱影響などが少ないこと．
などの条件を満たすものが望ましい．

ずれ止めには，図8.14のように，鋼ブロックと輪形鉄筋，溝形鋼と鉄筋などが用いられたが，現在は，スタッド（stud）が多く用いられる．

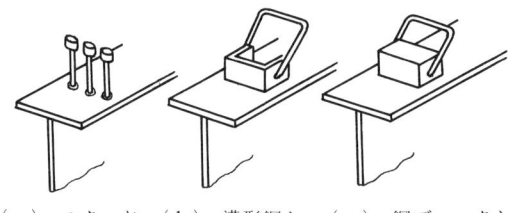

（a） スタッド （b） 溝形鋼と輪形鉄筋 （c） 鋼ブロックと輪形鉄筋　　図8.14　ずれ止め

スタッドには，丸鋼（丸棒）の頂部にフランジ（円形の頭）を設けたものと，異形丸鋼（異形丸棒，異形鉄筋）を用いるものとがある．このスタッドは，ブロックやブロックと鉄筋を併用するものに比べるとやや剛性に欠けるが，応力伝達が確実で，応力の床版内での分散がスムーズであり，また，施工が容易で熱影響が少なく出来上がりに欠点を残さないなどの特徴があり，合成桁橋以外の鋼・コンクリート合成構造にも広く使用されている．

（2）ずれ止めの作用力

ずれ止めには鋼桁と床版断面の間のすべてのずれ力（せん断力）が作用する．ずれ力としては主荷重によるせん断力（主荷重せん断力），クリープ，収縮，温度差による応力差などがあるが，これらのせん断力の組合せの最大のものを考える．

主荷重による絶対最大せん断力は，図8.15のように支点で最大値をとり，支間中央に向かって放物線状に減少する分布となっている．これの橋軸単位長さ当たりのせん断力 $q_m$ は，作用せん断力を $S$，床版断面の断面積を $A_c$，合成断面の断面二次モーメントを $I_{v(c)}$ 中立軸から床版断面の図心までの長さを $d_c$ とすれば

$$q_m = \frac{S \cdot A_c \cdot d_c}{I_{v(c)}} \qquad (8.41)$$

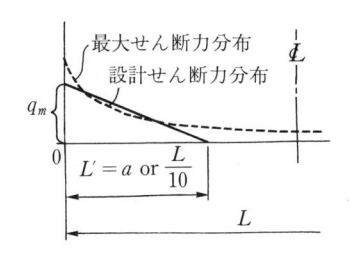

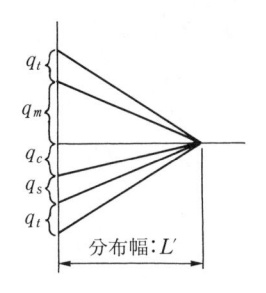

（a）主荷重のせん断力分布　　　（b）設計せん断力分布

**図8.15**　せん断力の分布

である．ずれ止めに作用する主荷重せん断力も絶対最大せん断力と同じ分布として設計すると複雑になり，また，支間中央のせん断力は小さいので，ずれ止めを支点付近に集中して設ける．すなわち，せん断力は支点から支間長の $L/10$ または主桁間隔 $a$ の小さい方の値 $L'$ の範囲に三角形状に分布するものとして設計する．すなわち，この範囲に設けたずれ止めで全せん断力を分担させるものとする（道示II 11.5.2）．

床版断面に生じた，クリープ，収縮，温度差による応力度の変化量もずれ止めに作用するが，これらを床版断面内で積分した値（$N$：軸力）も主荷重と同じ範囲に三角形分布して作用するものと考える．

たとえば，クリープによる応力度の変化量については

$$N_c = \int \sigma_{cc} \cdot dA_c = {}_\Delta\sigma_{cc}(y_{vc1}:d_{c1},\ y_{vc}:d_c) \cdot A_c \qquad (\text{a})$$

である．ここで，$y_{vc1}:d_{c1}$ は $y_{vc1}$ の値として $d_{c1}$ の値を代入することを意味している．したがって，支点上では

$$q_c = \frac{2N_c}{L'} \qquad (8.42)$$

になる．同様に，

$$N_s = \int \sigma_{sc} \cdot dA_c = {}_\Delta\sigma_{sc}(y_{vc2}:d_{c2}) \cdot A_c \qquad (\text{b})$$

$$N_t = \int \sigma_{tc} \cdot dA_c = {}_\Delta\sigma_{tc}(y_{vc}:d_c) \cdot A_c \qquad (\text{c})$$

であるので，

$$q_s = \frac{2N_s}{L'} \tag{8.42}'$$

$$q_t = \frac{2N_t}{L'} \tag{8.42}''$$

が得られる．ここで，$L' = a$ または $L/10$ である．

一般にこれらのずれ力は，主荷重せん断力に比べると小さく，また，必ずしも支点上で最大にならないが，安全のため主荷重せん断力に加算して設計する．また，ずれ力を加算する場合，主荷重せん断力 $q_m$ の符号を（＋）とすれば，$q_s, q_c$ は（－），$q_t$ は（±）になることに注意しなければならない．すなわち

$$q_1 = q_m + q_t \tag{8.43}$$

$$q_2 = |q_c| + |q_s| + |q_t| \tag{8.43}'$$

として求めた値の大きな方について設計しなければならない．

### （3） スタッドの許容力

ずれ止めは，図 8.16 のように，ずれ力の三角形分布の面積が等分になるよう分割した間隔とする．ずれ止めの間隔をピッチという．

最小ピッチを $p$，先に求めたずれ力の大きな方を $q$ とすれば，一カ所に作用するずれ力は

$$Q' = p \cdot q \tag{d}$$

である．

スタッド一本当たりの許容せん断力 $Q_a$ は次のようである（道示Ⅱ 9.5.6）．

$$Q_a = 9.4 d^2 \cdot \sqrt{\sigma_{ck}} \quad : H/d \geq 5.5 \tag{8.44}$$

$$Q_a = 1.72 H \cdot d \cdot \sqrt{\sigma_{ck}} \quad : H/d < 5.5 \tag{8.44}'$$

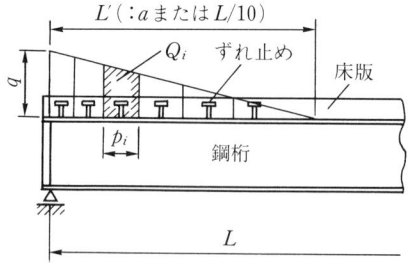

$a$：主桁間隔，$L$：支間長

**図 8.16** ずれ止めのピッチ

ここに，$d$ はスタッドの軸径，$H$ はスタッドの全高 (15 cm 程度を標準)，$\sigma_{ck}$ は，設計基準強度である．

したがって，一カ所に $m$ 本のスタッドを使用すれば，ピッチは

$$p \leq \frac{m \cdot Q_a}{q} \tag{8.45}$$

である (図 8.17 参照)．

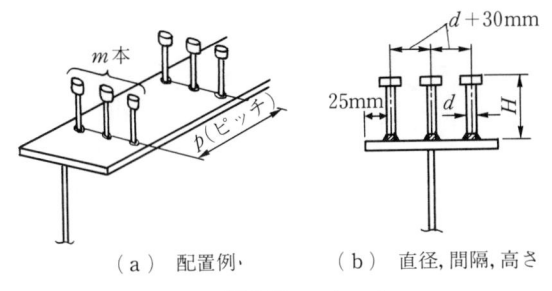

**図 8.17** スタッド
（a） 配置例　（b） 直径, 間隔, 高さ

### （4） ずれ止めの配置その他

合成桁に用いるスタッドは，軸径 19 mm，22 mm を標準とする．

ずれ止めの橋軸方向の最小中心間隔は，スタッドの径の 5 倍 ($5d$) または 10 cm とし，橋軸直角方向は $d+3.0$ cm とする．

最大間隔は，版のコンクリート厚さの 3 倍とし，60 cm を超えないこと．

この他，許容応力度を割り増ししてはならないなどの注意事項を規定している (道示 II 11.5)．

## 演習問題

**8.1** 活荷重合成桁と死・活荷重合成桁の相違点，特徴を述べよ．

**8.2** 活荷重合成桁に等分布荷重が満載される場合，支間の 3 等分点を支持して (3 径間連続ばりとして) 施工すれば，合成後の支間中央の曲げモーメントの約 98% は合成断面に作用する (ほぼ，死・活荷重合成桁として機能する) ことを証明せよ．

**8.3** 図 8.18 に示す合成断面に，死・活荷重合成桁として，曲げモーメント $M=1500$ kN·m が作用する場合，断面各部の応力度を求めよ．ヤング係数比は $n=7$ とする．

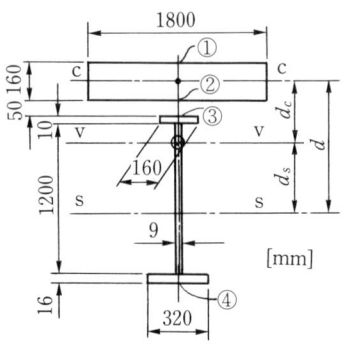

図 8.18 合成桁断面

**8.4** 前問の断面に死荷重曲げモーメント $M_d=560$ kN・m が作用する場合のクリープによる応力度の変化量を求めよ．ヤング係数比は $n=7$，クリープ係数は $\varphi_1=2.0$ とする．

**8.5** 図 8.18 の合成断面において，コンクリートの最終収縮ひずみ量を $\varepsilon_s=20\times10^{-6}$ とした場合，乾燥収縮による合成断面各部の応力度の変化量を求めよ．ヤング係数比は $n=7$，クリープ係数は $\varphi_2=4.0$ とする．

**8.6** 図 8.18 の合成断面の床版と鋼桁の間に温度差 $\varDelta T=\pm10°C$ が生じた場合，温度差による合成断面各部の応力度の変化量を求めよ．ただし，鋼桁（：コンクリート）の線膨張係数 $\alpha=12\times10^{-6}$ とする．

# 9章 トラス橋

## 9.1 トラス橋概説
### 9.1.1 トラス橋の特性
　細長い，まっすぐな棒状の部材を三角形状にヒンジで組み立てた骨組み構造をトラス（truss）という．トラス橋（truss bridge）は主構造にこのトラスを一対（これを主構という）用い，下部（あるいは上部または中間部）に通路を設け，その上下部および断面（横断）方向も別のトラス（これを横構，対傾構という）で連結した橋である．

　トラス橋の支間長は，単純支持形式の場合，100 m 程度までであるが，連続支持形式（連続トラス橋）やゲルバー形式（ゲルバートラス橋）では1支間長が500 m 以上のものも架設されている．また，トラス構造はつり橋の補剛桁として用いられており，斜張橋やアーチ橋などの主構造にも使用されている．ここでは，主に単純支持トラス橋について説明する．

（1）トラス橋の特徴

　トラスが橋梁の主構造として優れている点は次のような点である．
① 構造が力学的に簡明で設計が容易である．
② 力学特性が合理的で剛性に富んでいる．
③ 支間長が適当であれば使用鋼材量が少なくてすむ．
④ 下路橋にすれば桁下空間を大きくとれる．
⑤ 基礎の地盤条件の悪い地点でも比較的大支間の橋の架設が可能である．
⑥ 構成部材の容積，重量が小さいので，運搬などの取り扱いが容易である．
⑦ 部材の形状が単純であるので，加工，製作などが容易である．

しかし，最近では
① 自動車の走行の快適性を損なう．

② 通路（道路）空間が制限され，拡幅などが困難である．
③ 都市部では，目立ちすぎて景観を損なう．
④ 設計技術の進歩で，難しい構造も比較的容易に設計できるようになった．
等の理由で道路橋の架設はやや少ない傾向にある．

**（2） トラス橋の構造特性**

標準的なトラス橋は，図9.1に示すように，複数の平面トラス（主構，横構）で角筒状の外郭構造を構成し，これを横断方向のトラスまたはラーメンの対傾構（対傾構の両端部のものを橋門構（portal bracing）という）で連結し，内部に通路になる床と床組を設けた立体的な骨組構造となっている．この立体構造を平面構造（平面トラス）に分けて設計計算するのが一般的である．

主構トラスで，上，下部に平行に配置された部材を弦材（chord member），これを結ぶ部材を腹材（web member）という．上部の弦材を上弦材（upper chord member），下部のものを下弦材（lower chord member）といい，斜めの腹材を斜材（diagonal member），垂直のものを垂直材（vertical member）という．また，垂直材のうち，圧縮力を受けるものを支柱(post)，引張を受け

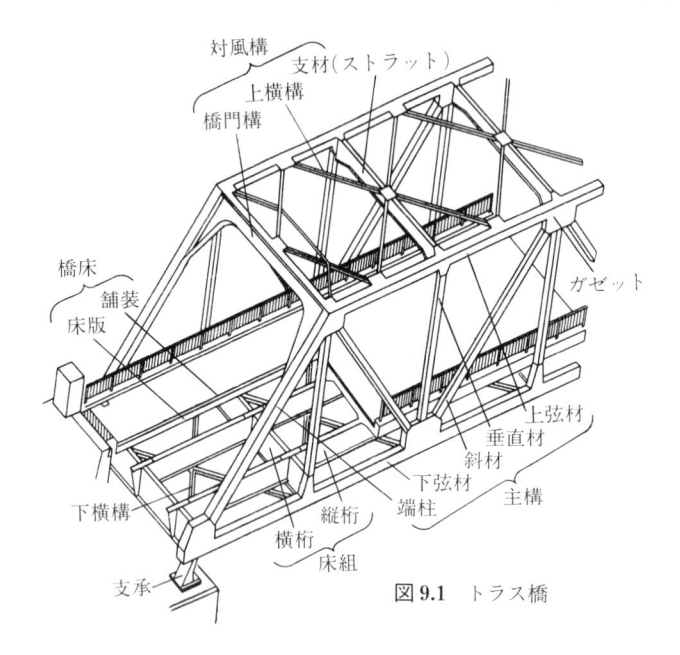

図9.1 トラス橋

るものを吊材（hanger）といい，通路を下部に設けた下路橋の場合，両端部の腹材を特に端柱（end post）という．

　これらの部材が連結されているところを格点（panel point）といい，格点間の水平距離を格間長（panel length）という．また，上，下弦材の間隔を主構高さ，主構と主構の間の距離を主構間隔という．

　通常，トラスは格点が完全なヒンジであるとして設計計算を行うが，橋梁のトラスの格点は(ゲルバートラスのヒンジ点等の特別な格点を除いて)，ガセットと呼ぶ板に斜材等の部材を複数のボルト（リベット）で連結して造られているので，いわゆるラーメン構造（剛結構造）となっている．これらを区別して，格点を完全ヒンジの仮定に近づけるためにピン構造にしたトラスをピントラス，ラーメン構造のトラスを剛結トラスという．

　橋梁には，次の理由で剛結トラスが用いられる．
① 橋全体の剛性が大きい．
② 格点によって橋全体の耐久性が左右されない．
③ 床組や横構，対傾構等の取り付けが容易．
④ Ｉバーのような特殊な部材がいらない．
⑤ 補強，補修などが容易である．
⑥ トラスの形状，各部材の構成等が自由にできる．

### 9.1.2　トラスの種類
橋梁の主構造に用いられるトラス（単純支持）の例を図9.2に示す．
**（1）　弦材の形状により**
1）　直弦トラス（parallel chord truss）
図9.2(a)，(c)，(e)などのように上下の弦材が平行になっているトラスで，端柱が傾斜しているものと垂直のものがある．
2）　曲弦トラス（curved chord truss）
下路橋の場合，図(b)，(d)，(f)などのように上弦材の格点を中央ほど高くしたもので，2次放物線上に配置すれば，はりの曲げモーメントに対する等強ばりと同様に合理的な部材力となる．したがって，大支間の橋は，直弦トラスより曲弦トラスの方が鋼材使用量を減ずることができる．しかし，設計，製

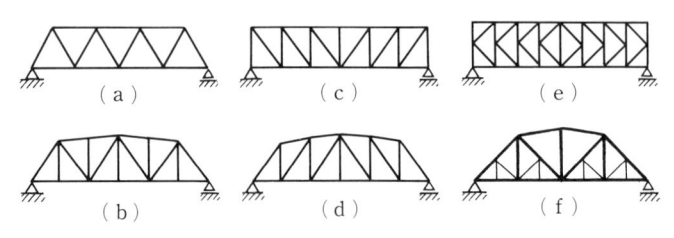

図 9.2 トラス橋主構トラス

作，架設などが複雑になり，必ずしも経済的とはいえないので，かなり大支間（80 m 位）の橋でも直弦トラスを採用することが多い．

（2） 腹材の配列により

1） ワーレントラス（Warren truss）

図(a)，(b)のように，斜材の描く二等辺三角形が交互に並ぶように斜材を配置したトラス．図(b)のように，格間を二等分して格間長を短くした垂直材のあるトラスが用いられたが，最近は，外観上および走行快適性の点から，垂直材を入れない図(a)のようなワーレントラスが多く採用されている．

2） プラットトラス（Pratt truss）

腹材には斜材と垂直材ともに配置し，斜材が中央に向かって下方に傾斜しているトラスで，主として斜材に引張力，垂直材に圧縮力が生じる（図(c)）．

3） ハウトラス（Howe truss）

腹材の斜材が中央に向かって上方に傾斜しているトラスで，主として斜材に圧縮力，垂直材に引張力が生じる（図(d)）．

4） Kトラス（K truss）

図(e)のように腹材をK字形に配置したトラス．斜材の長さが比較的短くでき，主構高さの高い大支間のトラスの架設が可能であるが，設計も製作も複雑になるので，通路を複数設ける必要がある橋や，連続形式，ゲルバー形式等の大規模な橋梁に採用される他，上横構に用いられる．

（3） 荷重の作用位置により

1） 下弦載荷トラス（lower chord loaded truss）

図 9.1 に示したような主構造の下部に通路を設ける下路トラス橋は，荷重が下弦材の格点に作用するので，これを下弦載荷という．橋の桁下空間を大きく

取ることができるが，通路の周りがトラスで囲まれるので，利用空間が制限され，走行時に圧迫感を与える．また，対傾構は，中間部は支材を強固にし，両端部は橋門構としなければならない．

2） 上弦載荷トラス（upper chord loaded truss）

主構造の上部に通路を載せた上路トラス橋は，荷重が上弦材の格点に作用するので，これを上弦載荷という．これは，通路側面に部材等がないので走行性がよく，主構造内部を自由に連結できるので，対傾構の構造も単純になり，強化も容易にできる．また，曲線橋などにも用いることができるが，桁下空間が狭められるので，桁下空間の制約の少ない山間部の谷を越える橋などによく用いられる．

(4) その他トラス

1） ポニートラス（pony truss）

主構高さが低いトラスを下路橋として用いる場合，橋門構を設けることができないので，図9.3のように横桁の連結を強化したり外側に補剛構造を設けたトラス（道示Ⅱ 12.5）．

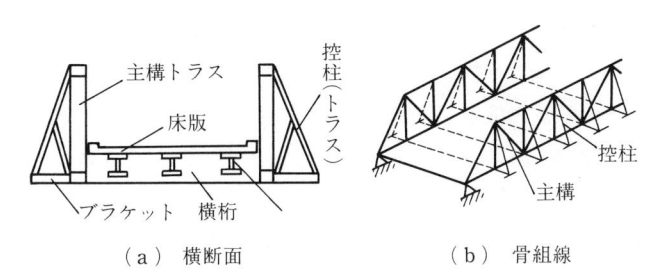

（a） 横断面　　　　　（b） 骨組線

図9.3　ポニートラス

2） 分格トラス（truss with subdivided panels）

支間が長くなると主構高さも大きくなり，個々の部材長が長くなるので，図9.2（f）のように，格間を分割して部材長があまり長くならないようにしたトラス．

## 9.2　主構トラスの構成，部材力の算定

### 9.2.1　主構トラスの構成，二次応力

(1) 構　成

トラス橋は，主構を2面並べるのが普通であり，その間隔は道路幅員によっ

て決まる．上路橋の場合は，道路幅員より狭くするのが一般的であるが，下路橋の場合は道路の規格によって異なるが，車線数，歩道の有無，路肩幅，地覆幅や架設時の作業性などを考慮して決定する．

また，支間長が大きい場合は横方向に座屈する恐れがあり，高さの高いトラスでは転倒の危険があるので，これらのことも考慮しなければならない．

主構高さは単純支持トラス橋では，支間長の 1/7～1/10 程度の範囲であるが，連続トラス橋などでは 1/20 程度の高さの例もある．

支間長に比べて高さが高いと，弦材の部材力が小さくなって圧縮弦材の座屈の危険度は下がるけれども，全体としての横倒れや圧縮斜材の座屈の危険度が増し，また，格間長とのバランスが悪くなるので注意する必要がある．

斜材の角度は，垂直材がない形式では，水平に対して 60°程度，垂直材のある形式では 45°程度の角度が外観上，安定感や好感を与えるようである．

格間長は，主構の高さなどにもよるが，弦材や斜材の工場製作の基本長になり，縦桁の支間長になるので 10 m 程度までにとるのが望ましい（最大でも 12～13 m 程度までにするのがよい）．格間長が大きくなりすぎないように，格間を分割していわゆる分格トラスとすることもあるが，一般に，高さも高くなるので，全体としての座屈や横倒れにも注意する必要がある．

（2）トラスの解法の仮定と二次応力

トラス橋の主構造部分は，先に述べたように，複数のトラスよりなる立体構造物であるが，解析は平面構造（平面トラス）として行う．

この平面トラスは細長い部材で，別の細長い構造物を構成し，これがはりとして働くことになるので，弦材が曲げモーメントを腹材がせん断力を受け持つことになる．

トラスの部材力の解析は，通常の平面構造の解析の仮定，
① 部材も外力も同一平面上にある
② 材料は弾性体である
③ 変形は微小である
の他に，次の仮定をして求める．
① 部材は真っ直ぐである
② 軸線は格点内の一点で交わる

③ 格点はヒンジである
④ 外力は格点のみに作用する

　しかし，実際の構造物としてのトラスではこれらの仮定は成立せず，さまざまな応力が生じる．この応力を二次応力という．特に，格点は複数のボルトで接合した剛結構造であるので，ヒンジでなく，荷重も格点以外に作用し，軸線も一点で交わらせることはできないので，部材には曲げモーメントが生じる．また，この二次応力は，格点から離れれば急激に減少するものであり，部材断面の構成，形状，ボルト配置などを工夫することによって軽減することができる．したがって，示方書の規定する許容応力，断面構成などはこれらのことを考慮した安全率を用いているので，通常の設計ではこの二次応力を計算することはしない．

### 9.2.2　影響線，部材力

　このような仮定に基づいて，構成したトラスが，静定で安定であるためには，
$$m = 2j - 3 \tag{9.1}$$
でなければならない．ここに，$m$ は部材数，$j$ は格点数，3 は支点反力数である．これは，$m$ 個の未知部材力に対し，格点がヒンジである仮定に基づき，各格点における軸力の総和が 0（$\Sigma X=0$，$\Sigma Y=0$）である関係から，$2j$ 個の条件式が成立することを意味している．

　部材力は影響線を用いて算定するが，影響線の求め方を図 9.4 により説明する．

　影響線は各格点に単位荷重 1.0 を載荷させたときの部材力（影響線値）を載荷格点にプロットし，それらの点を直線で結んだものである．

　たとえば，部材 $N_D$ の影響線値（$\eta_D$）は，単位荷重を $i$ 点に載荷すると，
$$\eta_{Di} = \frac{d}{h} \cdot \frac{x_i}{L} = \frac{d}{h} \cdot \overline{S}_i = \frac{1}{\sin\theta} \cdot \overline{S}_i \tag{a}$$
であり，$k$ 点に単位荷重を載荷すれば，
$$\eta_{Dk} = -\frac{d}{h} \cdot \frac{L - x_k}{L} = \frac{d}{h} \cdot \overline{S}_k = \frac{1}{\sin\theta} \cdot \overline{S}_k \tag{b}$$
であるので，これらの点を $i$ 点，$k$ 点にプロットしてこの 2 点と支点間を直線で

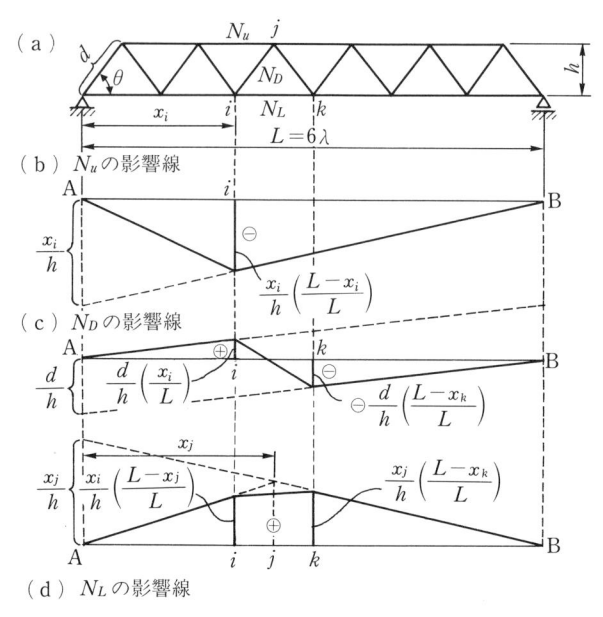

図9.4 トラスの影響線の例

結べばよい．ここに，$\overline{S}_i$，$\overline{S}_k$ は単純ばりの $i$，$k$ 点のせん断力の影響線の縦距値（影響線値）である．部材 $N_U$，部材 $N_L$ についても全く同様に行えば，

$$\eta_{Ui} = -\frac{x_i}{h} \cdot \frac{L-x_i}{L} = \frac{1}{h} \cdot \overline{M}_{Ui} \tag{c}$$

$$\eta_{Uk} = -\frac{x_i}{h} \cdot \frac{L-x_k}{L} = \frac{1}{h} \cdot \overline{M}_{Uk} \tag{d}$$

$$\eta_{Li} = \frac{x_j}{h} \cdot \frac{L-x_i}{L} = \frac{1}{h} \cdot \overline{M}_{Li} \tag{e}$$

$$\eta_{Lk} = \frac{x_j}{h} \cdot \frac{L-x_k}{L} = \frac{1}{h} \cdot \overline{M}_{Lk} \tag{f}$$

のようになる．ここに，たとえば，$\overline{M}_{Ui}$ は $i$ 点に単位荷重が載ったときの $i$ 点の曲げモーメントであり，$\overline{M}_{Uk}$ は $k$ 点に単位荷重が載ったときの $i$ 点の曲げモーメントである．そして，これらの計算は，単位荷重を任意格点に載荷したとき，$N_U$，$N_D$，$N_L$ の影響線値を同時に求めるのがよい．

この例を観察すれば，トラスの影響線値は，間接載荷はりの曲げモーメントの影響線値に $1/h$ を乗じたものが弦材の影響線値になっており，せん断力の影

響線値に $d/h$ を乗じたものが斜材の影響線値になっていることがわかる。したがって，間接載荷の単純ばりの $i$ 点，$j$ 点の曲げモーメント，$ij$ 点間のせん断力の影響線を $\overline{M_U}$, $\overline{M_L}$, $\overline{S_D}$ とすれば，上下弦材，斜材の影響線（$\eta_U$, $\eta_L$, $\eta_D$）は次のようになる。

$$\left. \begin{array}{l} \eta_U = \dfrac{1}{h} \cdot \overline{M_U} \\[6pt] \eta_L = \dfrac{1}{h} \cdot \overline{M_L} \\[6pt] \eta_D = \dfrac{d}{h} \cdot \overline{S_D} = \dfrac{1}{\sin\theta} \cdot \overline{S_D} \end{array} \right\} \quad (9.2)$$

影響線が求められたならば，部材に最も不利な応力が生じるよう荷重を載荷するが，集中荷重の場合は影響線値の絶対値が最大の点に，等分布荷重の場合は面積が最大（絶対値）になる範囲に載荷すればよい。

たとえば，影響線が図 9.5 のようであり，等分布荷重の載荷長が $D$ である場合，影響線面積の最大値（絶対値）は（5.5 および式（7.4）参照）

$$F_{\max} = \frac{D}{2L'} \cdot (2L' - D) \cdot \eta_2 \quad (9.3)$$

である。ここで，$\eta_1 < \eta_2$ であり，

$$L' = L_1' + L_2' \quad (\text{g})$$

$$L_1' = \frac{\eta_2}{\eta_2 - \eta_1} \cdot \lambda \quad (\text{h})$$

である。また，$D > D' = \lambda + \lambda'$ の場合は

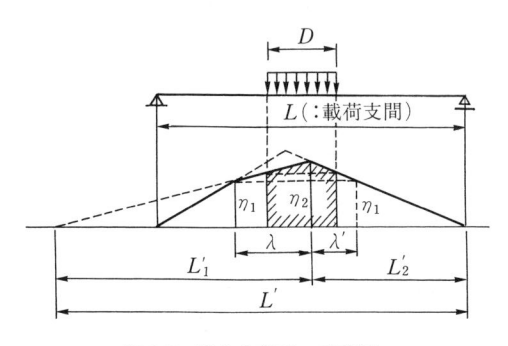

図 9.5 等分布荷重の載荷例

$$\lambda' = \frac{\eta_2 - \eta_1}{\eta_2} \cdot L_2'$$

であるので，

$$_\Delta D = D - D' \tag{i}$$
$$L'' = L' - D' \tag{j}$$

とおくと

$$F_{\max} = \frac{D'}{2L'} \cdot (2L' - D') \cdot \eta_2 + \frac{\Delta D}{2L''} \cdot (2L'' - \Delta D) \cdot \eta_1 \tag{9.4}$$

となる．

影響線面積が求まればこれに荷重強度を乗じて部材力を求めればよい．主構に載荷する荷重は，床組の横桁の反力としての荷重である．

**例題 9.1**　図 9.4 のトラスにおいて，$\lambda = 9$ m，$h = 6$ m であり，等分布荷重 $p_1 = 40$ kN/m（載荷長 $D = 6$ m）が載荷される場合の部材力 $N_D$ を求めよ．

**解**　斜材長 $d = 7.5$ m であるので，$j$，$k$ 点の影響線の縦距値は式（9.2）より，

$$\eta_i = (d/h) \cdot (2\lambda/L) = (7.5/6) \times (2 \times 9/54) = 0.417,$$
$$\eta_k = -(d/h) \cdot (L - 2\lambda)/L = -(7.5/6) \times (54 - 3 \times 9)/54 = -0.625,$$

である．また，

$$\lambda_1 = \lambda \cdot \eta_i/(\eta_i - \eta_k) = 0.417 \times 9/(0.417 + 0.625) = 3.6 \text{ m},$$
$$\lambda_2 = \lambda \cdot \eta_k/(\eta_i - \eta_k) = 0.625 \times 9/(0.417 + 0.625) = 5.4 \text{ m},$$
$$L_1 = 2\lambda + \lambda_1 = 2 \times 9 + 3.6 = 21.6 \text{ m}, \quad L_2 = 3\lambda + \lambda_2 = 3 \times 9 + 5.4 = 32.4 \text{ m},$$

が得られる．式（9.3）より，

$$F_{1+} = (D \cdot \eta_i)/(2 \cdot L) \cdot (2 \cdot L_1 - D)$$
$$= (6 \times 0.417)/(2 \times 21.6) \times (2 \times 21.6 - 6) = 2.153 \text{ m},$$
$$F_{1-} = -(6 \times 6.25)/(2 \times 32.4) \times (2 \times 32.4 - 6) = -3.403 \text{ m},$$

であるので，

$$N_+ = p_1 \cdot F_{1+} = 40 \times 2.153 = 86.12 \text{ kN}$$
$$N_- = p_1 \cdot F_{1-} = -40 \times 3.403 = -136.12 \text{ kN}$$

が求める引張，圧縮の部材力である．

### 9.2.3　設計部材力の合成

各部材の影響線を利用して，荷重ごとに求めた部材力を合成して設計部材力

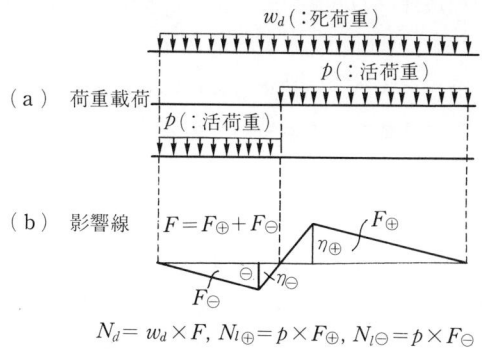

## 9.2 主構トラスの構成，部材力の算定

（a）荷重載荷 $w_d$（：死荷重），$p$（：活荷重），$p$（：活荷重）

（b）影響線 $F = F_\oplus + F_\ominus$，$F_\oplus$，$\eta_\oplus$，$\eta_\ominus$，$F_\ominus$

$N_d = w_d \times F$，$N_{l\oplus} = p \times F_\oplus$，$N_{l\ominus} = p \times F_\ominus$

**図 9.6** 相反応力部材の影響線，載荷

を求める．影響線の符号が荷重載荷区間で同じ場合はそのまま単純に加えればよいが，図 9.6 のように，正（＋），負（－）両方になる場合には，単純に合成すると危険な場合があるので注意しなければならない．このように，影響線の符号が正の部分と負の部分があると，活荷重の載荷状態によって符号の異なる部材応力が求められるが，これを相反応力（reciprocal stress）という．

活荷重部材力（衝撃を含む）と死荷重部材力を合成する場合，同符号の場合は問題ないが，異符号の部材力を合成する場合，死荷重の値を大きめに見積もり，そのまま合成すると，死荷重部材力とは異なる符号の部材力になるべきものが，死荷重と同じ符号の部材力になる．特に，圧縮力になるべきものが引張力に算定されると危険であるので，道路橋では，相反応力を合成する場合は，符号が異なる活荷重部材力と死荷重部材力を合成するときは，活荷重部材力を 30％割増しして加える．ただし，死荷重部材力が活荷重部材力の 30％以下の時は，死荷重部材力を無視して，割増ししない活荷重部材力を設計部材力とする．すなわち，死荷重部材力を $N_d$，活荷重（衝撃を含む）部材力を $N_{l+i}$ とすれば，設計部材力 $N$ は $N_d$ と $N_{l+i}$ が

$$
\left.
\begin{array}{l}
\text{同符号}: N = N_d + N_{l+i} \\
\text{異符号}: N = N_d + 1.3 \cdot N_{1+i} \quad (N_d > 0.3 \cdot N_{l+i}) \\
\phantom{\text{異符号}:} N = N_{l+i} \quad\quad\quad\quad (N_d \leq 0.3 \cdot N_{l+i})
\end{array}
\right\} \quad (9.5)
$$

で求める（道示Ⅱ 3.1.3）．

相反応力になる部材のうち，死荷重部材力と同符号活荷重部材力を合成した

部材力の符号と死荷重部材力と異符号活荷重部材力を合成した部材力の符号が異なるとき，これらの合成部材力を交番応力（repeated stress）という．

鉄道橋では，死荷重に対する活荷重（列車荷重）の割合が大きいので，交番応力の影響を考慮して許容応力度を定めている．

**例題 9.2** 図 9.4 のトラス（$\lambda=9$ m，$h=6$ m）に，活荷重として，等分布荷重 $p_1=40$ kN/m（載荷長 $D=6$ m），$p_2=12$ kN/m（載荷長は自由），死荷重として，$w_d=45$ kN/m が載荷される場合，部材 $N_D$ の合成部材力を求めよ．

**[解]** $p_1$ の載荷に対しては，例題 9.1 から次のようである．
$$N_{1+}=86.1 \text{ kN}, \quad N_{1-}=-136.1 \text{ kN}.$$
$p_2$ は影響線の同符号の全区間に載荷されるので，面積を求めると，
$$F_{2+}=\eta_i \cdot L/2=0.417\times 21.6/2=4.500 \text{ m},$$
$$F_{2-}=\eta_k \cdot L/2=-0.625\times 32.4/2=-10.125 \text{ m},$$
$$\Sigma F=F_{2+}+F_{2-}=4.500-10.125=-5.625 \text{ m},$$
が得られる．これらを用いて，
$$N_{2+}=p_2 \cdot F_{2+}=12\times 4.5=54 \text{ kN},$$
$$N_{2-}=p_2 \cdot F_{2-}=-12\times 10.125=-121.5 \text{ kN}.$$
$$N_d=w_d \cdot \Sigma F=-45\times 5.625=-253.1 \text{ kN}$$
となる．また，衝撃係数は
$$i=20/(50+0.75L)=20/(50+0.75\times 54)=0.221$$
であるので，求める部材力は次のようになる．
$$N_+=1.3\cdot(1+i)\cdot(N_{1+}+N_{2+})+N_d$$
$$=1.3\cdot(1+0.221)\times(86.12+54)-253.1=-30.7 \text{ kN},$$
$$N_-=(1+i)\cdot(N_{1-}+N_{2-})+N_d$$
$$=-(1+0.221)\times(136.1+121.5)-253.1=-576.6 \text{ kN}.$$

## 9.3 部材断面の設計

### （1） 断面構成

主構トラスの部材断面の標準的なものを図 9.7 に示すが，断面構成を考える場合の注意すべき点を列挙すれば次のようである．

① 対称断面とし，断面二次モーメントをなるべく大きくする．
② 断面の図心のずれ，部材間の差をなるべく少なくする．

## 9.3 部材断面の設計

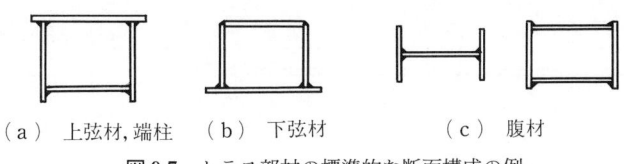

**図9.7** トラス部材の標準的な断面構成の例
（a）上弦材, 端柱　（b）下弦材　（c）腹材

③ 部材相互の形状寸法に整合性をもたせる．
④ 横桁，横構など他の部材の取り付け連結を考慮する．
⑤ 製作，加工，架設に支障がないか考慮する．

断面は部材力の大きさに合わせて変えるので，骨組み線と軸線を一致させ，格点の一点で交わらせることは非常に困難であるが，なるべく部材軸のずれを少なくしなければならない．また，断面は図心から遠い外側になるべく多く配置し断面二次半径を大きくすると効率の良い断面になる．部材は細長い方が解法の仮定に一致して二次応力の発生が少ないので，横断寸法は部材長に対して，1/10 程度より小さくするのがよい．しかし，あまり小さくして細長くなり過ぎると，自重による変形が大きくなり，振動しやすくなるので，かえって二次応力が増大する．それゆえ，部材が許容応力に対して計算上十分な強度を有する場合であっても，

① 全体としての剛性を補う．
② 運搬や架設中の損傷防止．
③ 自重による変形や振動の増大を防止する．

などの理由で部材の細長比を表9.1のように制限している（道示 II 3.1.7）．

**表9.1** 細長比の最大値　（道示 II 3.1.7）

|  | 圧縮部材 | 引張部材 |
|---|---|---|
| 主要部材 | 120 | 200 |
| 二次部材 | 150 | 240 |

上下弦材は，たとえば，図9.8のように腹材（斜材，垂直材）を通してつながっているので，寸法関係が矛盾しないようにし，加工精度，組立，架設作業等を考慮して断面を決定しなければならない．

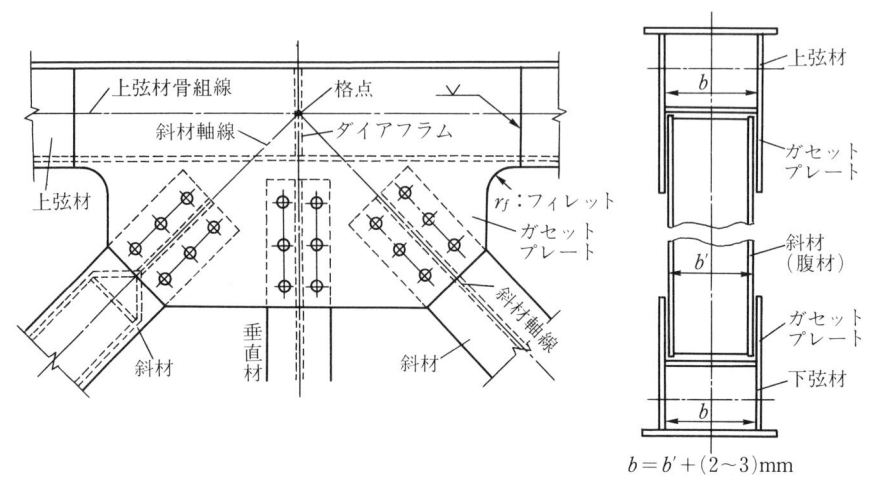

（a）格点における腹材の連結　　　（b）上，下弦材と腹材の連結

図9.8　弦材と腹材の連結

### （2）有効座屈長

断面は，部材の耐荷性状のところで述べた軸力を受ける部材として設計するが，上弦材のように大きな軸圧縮力を受ける部材では座屈することが考えられる．通常，これらの部材断面は対称軸をもっているので，座屈は，トラスの面内と面外に起ると考えるが，座屈により許容軸圧縮力は減少する．許容軸圧縮力の減少は，座屈長に大きく影響され，座屈長は格点などの構造によって異なるので，有効座屈長の取り方が示方書に詳しく規定されている．

面内座屈に対して，弦材の座屈長は骨組長をとるものとし，ガセットにより弦材に連結された腹材の有効座屈長は，連結ボルト群の重心間距離（ただし，骨組長の0.8倍以内）をとってよいことにしている．また，横構や対傾構のようにガセットを部材の両面に設けない時は，骨組長の0.9倍にする．

面外座屈に対しては，原則として骨組長を有効座屈長にとるが，部材内で軸力が異なる場合にはこれを考慮して決める（道示II 10.2.3）．

### （3）安全照査

トラス部材の応力度 $\sigma$ の照査は，設計部材力を $N$，断面積を $A$ とすれば

$$\sigma = N/A \leqq \sigma_a \tag{9.6}$$

9.3 部材断面の設計　191

で行えばよい．ここで，断面積は圧縮部材では総断面積であり，引張部材では純断面積を用いる．また，許容応力度 $\sigma_a$ は，引張部材では，許容軸方向引張応力度（$\sigma_{ta}$：表 3.2）であり，圧縮部材の場合は，部材の全体座屈と局部座屈を考慮して求めた，次の許容軸方向圧縮応力度 $\sigma_{ca}$ である．

$$\sigma_{ca} = \sigma_{cag} \cdot \sigma_{cal}/\sigma_{ca0} \tag{9.7}$$

ここに，$\sigma_{cag}$ は局部座屈を考慮しない許容軸方向圧縮応力度，$\sigma_{cal}$ は局部座屈に対する許容応力度，$\sigma_{ca0}$ は $\sigma_{cag}$ の上限値で許容軸方向引張応力度と同じ値である．$\sigma_{cag}$, $\sigma_{cal}$ は部材の耐荷性状のところで示した値（表 3.4, 3.8, 3.9）である（道示 II 2.2）．

**例題 9.3**　図 9.9 に示す，トラスの主構圧縮材の許容軸圧縮応力度を道路橋示方書の規定により求めよ．ただし，鋼種は SM 490，有効座屈長は $L = 7.5$ m とする．

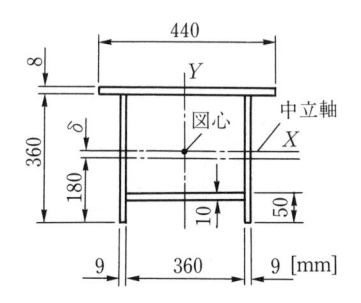

**図 9.9** 主構圧縮部材断面

[解]　断面の細長比を求めるために，断面二次モーメントを次のように求める．

|  | | $A$ [cm²] | $y$ [cm] | $A \cdot y$ [cm³] | $A \cdot y^2, I_w$ [cm⁴] | $x$ [cm] | $A \cdot x^2, I_w$ [cm⁴] |
|---|---|---|---|---|---|---|---|
| 1-flg. PL | $440 \times 8$ | 35.2 | $-18.4$ | $-648$ | 11917 | | 5679 |
| 2-web.PL | $2 \times 360 \times 9$ | 64.8 | | | 6998 | 18.45 | 22058 |
| 1-flg. PL | $360 \times 10$ | 36.0 | 13.5 | 486 | 6561 | | 3888 |
| | | 136.0 | | 162 | 25477 | | $I_Y = 31625$ |

$\delta = 162/136 = 1.19$ cm, $I_X = 25477 - 1.19^2 \times 136 = 25284$ cm⁴

これより，細長比は次のようになる．

$r_X = \sqrt{I_X/A} = \sqrt{25284/136} = 13.6$ cm,　$L/r_X = 750/13.6 = 55.0 < 120$,

$r_Y = \sqrt{I_X/A} = \sqrt{31625/136} = 15.2$ cm,　$L/r_Y = 750/15.2 = 49.2 < 120$.

これらの値を用いて，道示Ⅱ 2.2.1 の表 2.2.2 より，

$$\sigma_{cag}=185-1.2\cdot(L/r-16)=185-1.2\times(55-16)=138.2\ \mathrm{N/mm^2}$$

が得られる．

応力勾配と幅厚比について調べる（道示Ⅱ 3.2.1）．均等分布だから，$\varphi=0.0$ であり，応力勾配による係数は $r=1.0$ である．幅厚比は，

| | | |
|---|---|---|
| U-flg.PL；$48\gamma>$ | $b/t=360/8=45$ | $>33.7\gamma$ |
| web.PL；$48\gamma>$ | $b/t=(360-50+10)/9=35.6$ | $>33.7\gamma$ |
| L-flg.PL；$48\gamma>$ | $b/t=360/10=36$ | $>33.7\gamma$ |

であるので，局部座屈を考慮しなければならない（表 3.2.2）．

$$\sigma_{cal}=210000\cdot(t\gamma/b)^2=210000/45^2=103.7\ \mathrm{N/mm^2},$$

になる．また，許容軸圧縮応力度の上限値は（道示Ⅰ 2.2.1，表 2.2.2 より），

$$\sigma_{ca0}=185\ \mathrm{N/mm^2},\ \text{であるので，次の許容応力度が得られる．}$$

$$\sigma_{ca}=\sigma_{cag}\cdot\sigma_{cal}/\sigma_{ca0}=138.2\times103.7/185=77.5\ \mathrm{N/mm^2}.$$

この断面で，SM 400 材について，同様の照査を行うと，$\sigma_{ca}=81.2\ \mathrm{N/mm^2}$ となり，SM 490 材より，大きな許容応力度となることに注意されたい．

## 9.4　格点構造，現場継手

格点はなるべく単純な構造で，部材の連結が確実であり，また，排水や維持管理などに支障のない構造が望ましい．

通常，隣接する弦材と弦材，弦材と端柱を連結する格点は工場で一体的に作られ，この格点に中間の腹材（斜材，垂直材）がガセット（gusset）を介して連結される．格点構造の例を図 9.10 に示す．

**（1）ガセット**

ガセットの厚さは，次の値をとることにしている．

$$t=2.0\cdot\frac{P}{b} \tag{9.8}$$

ここに，$t$ はガセットの厚さ，$P$ は腹材（端柱を含む）に作用する最大軸力，$b$ は腹材がガセットに接する部分の幅である．

これは次のように考えて誘導されている．図 9.11 のようなガセットの連結を考えた場合，破断は n-n に生じ，$B\fallingdotseq2b$ と仮定すれば

$$\sigma=\frac{P/2}{B\cdot t}=\frac{P}{4b\cdot t} \tag{a}$$

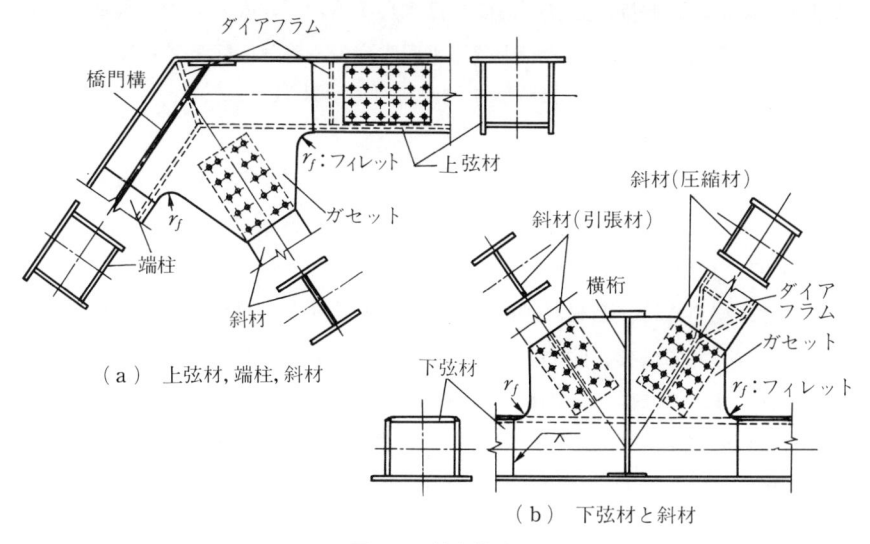

図 9.10 格点構造

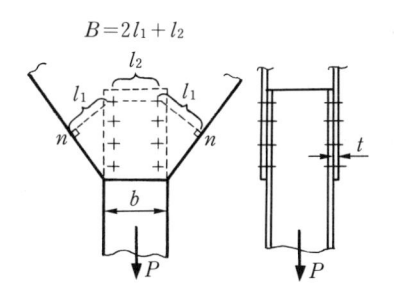

(a) 上弦材, 端柱, 斜材

(b) 下弦材と斜材

図 9.11 ガセットの厚さ

であるので

$$t = \frac{P}{4b \cdot \sigma} \geqq \frac{P}{4b \cdot \sigma_a} \tag{b}$$

となる．これに, $\sigma$ の許容値として, 安全を見込んで $\sigma_a \fallingdotseq 11.80\,\mathrm{kN/cm^2}$ を代入して得られたものである．[示方書では, 長さには mm, 力には kN を単位として値を代入するように規定している（道示 II 12.3.2).]

このガセットの厚さは, $t=9\,\mathrm{mm}$ 以上とし, 弦材または端柱のウェブを一体とする構造では, ウェブ厚より厚くする．この場合のガセットは弦材のウェブ

の延長であり，断面幅が急変（急激な拡大）するので，応力集中が起きる．これを緩和するために弦材高さの1/5以上の半径の丸み（これをフィレット（fillet）という．図9.8，9.10参照）を付ける（道示Ⅱ 12.3.2）．

### （2） ダイアフラム

格点や弦材，圧縮斜材などの箱形断面で，他の部材が取り付けられる箇所などには，ダイアフラム（diaphragm）（隔板：断面を横断するように入れた仕切板）を設けなければならない（図9.12）．

これは，格点には，弦材，腹材などの部材が集中し，横桁，横構，支材などが取り付けられるので，箱形の断面には面外から外力が作用して菱形に変形し，剛性が低下する．また，圧縮材では材片の固定点間距離が長くなり，局部座屈の起きる危険が増大するので，これらを防ぐとともに，応力の各部材への伝達，分散を確実にするために設けられる．さらに，現場継手部，斜材端部などを密閉構造とすれば，雨水や塵埃の侵入を防ぐ効果もある（道示Ⅱ 12.4）．

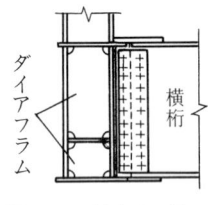

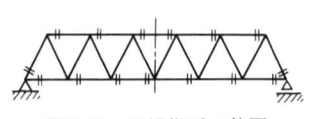

図9.12 ダイアフラム　　　　図9.13 現場継手の位置

### （3） 現場継手

完成した橋梁の主構トラスは，通常の輸送手段で運ぶことができない大きさのものがほとんどであるので，一般に，工場ではいくつかのブロックに分割して製作し，それを架設地点へ運搬し，そこで組み立てる．分割した一つのブロックの大きさは，架設工法，架設地点の作業スペース，架設機材などによっても異なるが，垂直材のないワーレントラスでは1格間（10 m 前後から 15 m）程度までの大きさである．この場合，弦材と端柱は格点も一体に製作するが，斜材は独立したブロックとして製作するのが普通である．

現場継手は，格点近くで部材力が小さくなる側に設けると断面に余裕があり，接合の設計には有利であるが，架設時の支保工の位置を考えると部材に無理がかからず，安定がよく安全上も好ましい，図9.13のような格点の近くの支間中

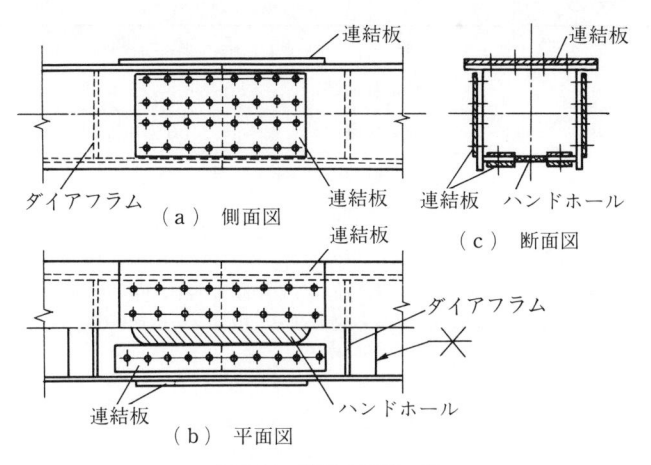

図 9.14　弦材の連結の例

　央よりの位置に設ける例が多い．
　部材の接合断面図を図 9.14 に示す．弦材や端柱の継ぎ手は箱形断面であるので，ボルトの締め付け作業や工具，連結板の挿入などのための穴（ハンドホール；hand hole）をあけておく．

## 9.5　横構，橋門構

　対風構で説明したように，主構トラスの上下部に横構，横断方向に対傾構としての橋門構を設ける．一般によく架設される 2 主構の下路トラス橋の横構，橋門構の骨組例を，図 9.15 に示す．
　トラス橋の対風構に作用する荷重のうち，2 主構トラスの風荷重は，表 9.2 のように規定されている（道示 II 2.2.9）．

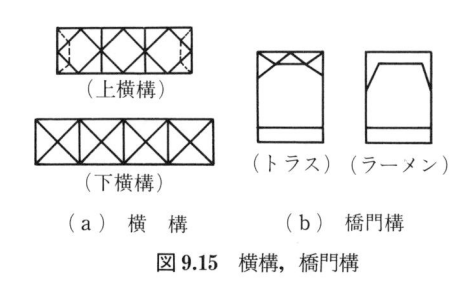

図 9.15　横構，橋門構

表9.2 標準的な2主構トラスの風荷重 [kN/m]（道示Ⅱ 2.2.9）

| 弦　　材 | | 風　荷　重 |
|---|---|---|
| 載　荷　弦 | 活荷重載荷時 | $1.5+1.5D+1.25\sqrt{\lambda h} \geq 6.0$ |
| | 活荷重無載荷時 | $3.0D+2.50\sqrt{\lambda h} \geq 6.0$ |
| 無　載　荷　弦 | 活荷重載荷時 | $1.25\sqrt{\lambda h} \geq 3.0$ |
| | 活荷重無載荷時 | $2.50\sqrt{\lambda h} \geq 3.0$ |

ただし，$7 \leq \lambda/h \leq 40$．
ここに，$D$：橋床の総高さ [m]（ただし，橋軸直角水平方向から見て弦材と重なる部分の高さは含めない），$h$：弦材の高さ [m]，$\lambda$：下弦材中心から上弦材までの主構高さ [m]．

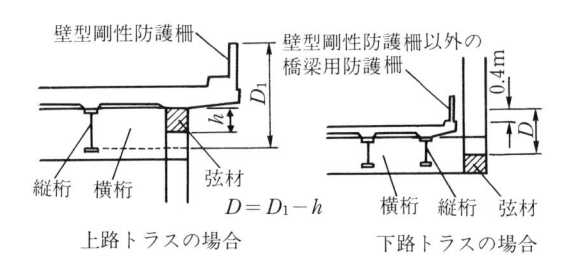

図（上路トラスの場合／下路トラスの場合）

$D = D_1 - h$

### （1）横　構

上横構には，道路空間に圧迫感を与えないこと，上弦材の有効座屈長を短くするなどの理由で図9.16がよく用いられる．

上横構には，風荷重と弦材の軸圧縮力の一部が作用するものとして設計する．風荷重による部材力 $N_{Dw}$ は影響線を描いて求めればよいが，この例のような場合は，格間せん断力の1/2を斜材が受け持つと考えると，

$$N_{Dw} = \pm S/(2\sin\theta) \tag{a}$$

となる．ここで，$S$ は格間せん断力である．

さらに，弦材には大きな軸圧縮力が生じていて，全体として面外座屈が起き

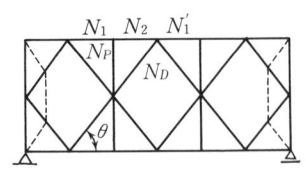

図9.16　上横構

ようとするので，この影響を考え主荷重による軸力の1％がせん断力として作用するものとして設計する（道示Ⅱ 12.5.2）．

主荷重による斜材の部材力は，この場合，$N_1'=N_2$ であるので，
$$N_{Dm}=(N_1'+N_2)/(2\cdot100\cdot\sin\theta)=\pm N_2/(100\sin\theta) \tag{9.9}$$
である．したがって，斜材の設計部材力は，これらを加えた
$$N_D=N_{Dw}+N_{Dm}=\pm(S/2+N_2/100)/\sin\theta \tag{b}$$
となる．一方，支材（ストラット）には
$$N_{Pm}=(N_1+N_2)/100 \tag{9.10}$$
が作用することになる．ここに，$N_1$, $N_1'$, $N_2$ は着目格間または着目支材の左右の主荷重による上弦材の部材力である．

このように求めた部材力は，一般にあまり大きくないので，断面は部材の細長比で決まる場合が多い．

### （2） 橋門構

トラス橋の端対傾構は，図9.17(a)，(b)のように，橋門構となる．橋門構は，はり（トラス）と端柱および端横桁でボックスラーメンとなっているので，

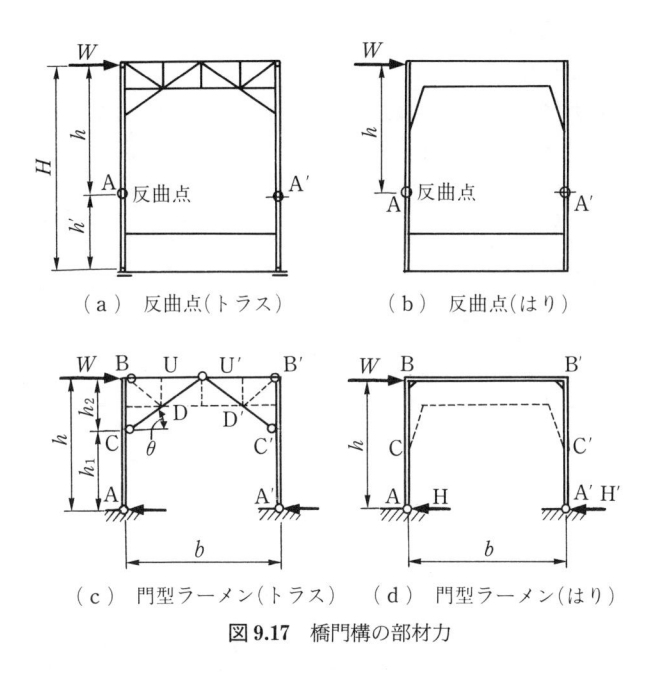

（a）反曲点(トラス)　　（b）反曲点(はり)

（c）門型ラーメン(トラス)　（d）門型ラーメン(はり)

図9.17　橋門構の部材力

図(c), (d)のようにラーメンの柱である端柱の1/3程度の高さに反曲点を仮定して,左右対称の門形ラーメンとして解析するのが一般的である.

図(c), (d)のような門形ラーメンの反力は,

$$\left. \begin{array}{l} H = H' = W/2 \\ V = -V' = W \cdot h/b \end{array} \right\} \quad (9.11)$$

であるので, 図(c)の部材力は,

$$\left. \begin{array}{l} U = -W \cdot (h+h_2)/2h_2, \\ U' = W \cdot h_1/h_2, \\ D = -D' = W \cdot h/(b \cdot \sin\theta) \end{array} \right\} \quad (9.12)$$

となり, 図(d)のB, B′点の曲げモーメントは,

$$M_B = M_{B'} = W \cdot h/2 \quad (9.13)$$

として求められる.

橋門構の部材力(断面力)も, 一般にあまり大きくないので, 部材の細長比や材片の幅厚比などによって断面が決まる場合が多い.

## 9.6 たわみ, 製作キャンバー

### (1) たわみとそり

トラスのたわみ $\delta$ は, たとえば, 仮想仕事の原理より, ヤング係数を $E$, 部材の断面積を $A$, 長さを $l$ とすれば

$$\delta = \Sigma \frac{N \cdot \overline{N}}{E \cdot A} \cdot l \quad (9.14)$$

として求めることができる. ここに, $N$ は求めたい荷重状態の部材力, $\overline{N}$ は仮想荷重 ($\bar{p}=1.0$) による部材力である.

トラスは一般に支間長が大きいのでたわみも大きいが, たわみが大きいと二次応力も大きくなり, また, 自動車の走行にも支障をきたすので, たわみには制限が設けられており, 活荷重によるたわみの制限値は

$$\delta_l \leqq \frac{L}{600} \quad (9.15)$$

である (道示II 1.4).

橋は完成したとき, 活荷重が載荷される前であっても死荷重によるたわみが

生じるので，初めから水平な状態で完成させると，死荷重たわみに相当する分の垂れ下がりが起きることになる．この状態では，取り付け道路の路面とスムーズな接続ができないので通行に支障をきたすことになる．したがって，完成時に通路面が所定の位置にくるように，支間の中間部分をあらかじめ水平位置より高く造る必要がある．このように，製作時にあらかじめ中間部分を高くすることをそり（camber）をつけるという．

### (2) 製作キャンバー

そりをつけて製作することを製作キャンバーといい，中央部分の高くした値を上げ越し量という．支間中央の上げ越し量は，少なくとも死荷重たわみ以上にする必要があるが，一般には，取り付け道路との接続や排水などを考えて，死荷重たわみに橋の縦断勾配を考慮した値が用いられる．

この製作キャンバーは，通常，通路面の格点が，支間中央を頂点とする2次放物線（円弧）上に載るように行われる．したがって，いま，支間中央の上げ越し量を $\delta_c$ とすると，図 9.18 を参照して，下弦材は

$$R = \left(\frac{L^2}{4} + \delta_c{}^2\right) \cdot \frac{1}{2\delta_c} \fallingdotseq \frac{L^2}{8\delta_c} \tag{9.16}$$

なる半径の円周上に載るように製作すればよいことになる．ここで，$L$ は支間長である．この円周上の任意点 $x$ の高さ $\delta_m$ は，図の幾何学的関係から

$$\delta_m = \delta_c - (R - \sqrt{R^2 - x^2}) \tag{9.17}$$

となる．また，上弦材，斜材の部材長は，上弦材の格点が下弦材と平行な円周

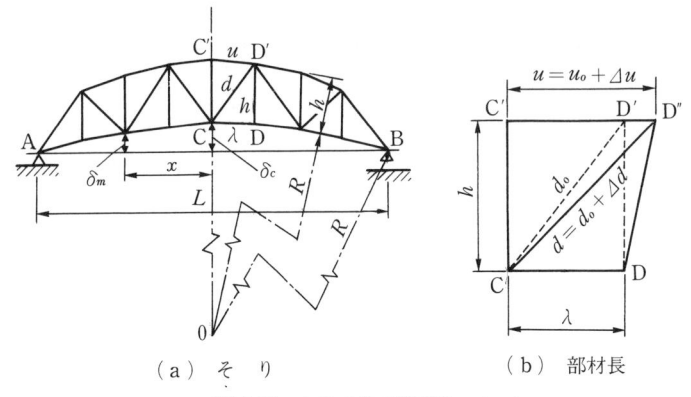

（a）そり　　　　　　　　（b）部材長

図 9.18　トラス橋の製作キャンバー

（半径：$R+h$ の同心円）上にくることから

$$u = u_0 + {}_\Delta u = u_0 + \frac{h}{R} \cdot u_0 = u_0 + \frac{8h \cdot \delta_c}{n^2 \cdot u_0} = u_0 + \frac{8h \cdot \delta_c}{n^2 \cdot \lambda} \tag{a}$$

$$d = d_0 + {}_\Delta d \fallingdotseq \sqrt{u \cdot u_0 + h^2} \fallingdotseq d_0 + \frac{h \cdot u_0^2}{2R \cdot d_0} \fallingdotseq d_0 + \frac{4h \cdot \delta_c}{n^2 \cdot d_0} \tag{b}$$

のようになる．ここに，$u$ は製作キャンバー後の上弦材長，$u_0$ は製作キャンバー前の下弦材長（格間長）で $L = n \cdot \lambda = n \cdot u_0$，${}_\Delta u$ は製作キャンバーにより長くなった上弦材長，$h$ はトラス主構の高さ，$d$ は製作キャンバー後の斜材長，$d_0$ は製作キャンバー前の斜材長，${}_\Delta d$ は製作キャンバーにより長くなった斜材長である．したがって，上弦材，斜材の部材長を

$$_\Delta u = \frac{8h \cdot \delta_c}{n^2 \cdot \lambda} \tag{9.18}$$

$$_\Delta d = \frac{4h \cdot \delta_c}{n^2 \cdot d_0} \tag{9.19}$$

だけ長くすればよいことになる．

**例題 9.4** 図 9.18（b）は，支間長 $L = 8\lambda = 8 \times 7.5 = 60$ m，高さ $h = 8$ m のトラスの1格間である．$\delta_c = 15$ cm の製作キャンバーを付けるときの上弦材，斜材の部材長の増加量を求めよ．

**[解]** 斜材長は，$d_0 = \sqrt{8^2 + 7.5^2} = 10.966$ m であるので，式 (9.18)，(9.19) を適用して，

$$_\Delta u = 8 \cdot \delta_c \cdot h/(n^2 \cdot \lambda) = 8 \times 800 \times 15/(8^2 \times 750) = 2.0 \text{ cm},$$

$$_\Delta d = 4 \cdot \delta_c \cdot h/(n^2 \cdot d_0) = 4 \times 800 \times 15/(8^2 \times 1096.6) = 0.68 \text{ cm}.$$

が得られる．

## 演 習 問 題

9.1 トラスが橋梁の主構造として優れている点を列挙せよ．
9.2 橋梁の主構トラスに剛結トラスが用いられる理由を述べよ．
9.3 トラスの部材力を求める場合の解法上の仮定を挙げよ．

**9.4** 図 9.19 に示す曲弦トラスの部材力 $N_U$, $N_D$, $N_L$, $N_V$ の影響線を求めよ．

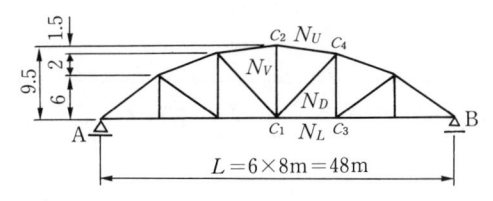

**図 9.19** 曲弦トラス

**9.5** 図 9.4 に示すトラスにおいて，$\lambda=9$ m，$h=6$ m であり，等分布荷重 $p=40$ kN/m（載荷長：$D=6$ m）が載荷される場合の部材力 $N_L$ を求めよ．

**9.6** 図 9.20 に示すようなトラス主構の圧縮部材の許容圧縮応力度を求めよ．ただし，SM 400 材とし，有効座屈長は $l_b=8$ m とする．

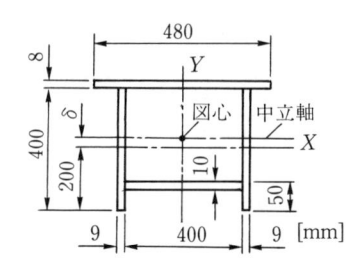

**図 9.20** 上弦材断面

**9.7** 図 9.19 のトラスに $\delta_c=15$ cm の製作キャンバーを付けるときの上弦材（部材 $c_2$-$c_4$）の部材長の増加量を求めよ．

# 10章
# 支承およびその他の装置，施設

## 10.1 支　　承

　支承（shoe）は橋の構造力学上の支点（support）を構造物として具体化したものであり，上部構造と下部構造の接点において上部構造に作用するすべての荷重を下部構造に伝達する役割を果たしている．支承は橋の反力を荷重として設計されるが，単に安全に反力を伝達するだけでなく，上部構造がその共用期間中構造力学上の仮定に従って挙動できるように，橋の支点としての機能が働かなければならない．橋の支点には，構造力学上，

① 可動支点（movable support）
② ヒンジ支点（hinged support）
③ 固定支点（fixed support）

があり，①は鉛直方向反力のみを生じ，橋が軸方向に伸縮した場合，水平反力を生じないように自由に移動し，回転も自由にできる支点である．②は鉛直，水平方向の反力を生じ，自由に回転できる支点である．また，③はどの方向の移動も拘束し，回転もできない支点であるので，鉛直，水平反力の他に反力モーメント（固定モーメント）の生じる支点である．

　これらをそのまま構造物として作ることは困難であり，特に，③の固定支点は，形状寸法が大きくなると全く不可能である．それで，いま，①の可動支点を両端がヒンジである短い棒（これを反力棒という）で表せば，①〜③の支点は図10.1のようになる．

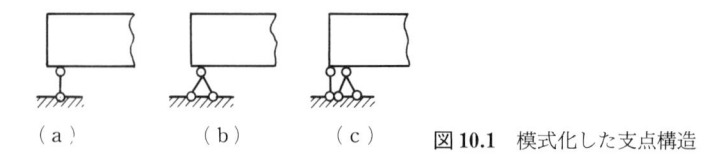

図 10.1　模式化した支点構造

したがって，普通，固定支点の働きをする支承は，ヒンジ支承と可動支承を組み合わせるか，可動支承を3個用いて固定支点とする場合が多い．

以上から，支承は自由に回転できる支点の移動と固定の組合せで成り立っている構造であるといえる．

ヒンジ支点の働きをするヒンジ支承の通常の構造は，主構造に接した上沓と，下部構造に接した下沓から構成されている．この上沓と下沓の接触部にピンや特殊な板を挟んで反力を伝達し，回転変位を吸収するとともに下沓を通して反力が下部構造に伝達される．上沓は，主構造に取り付けられたソールプレート（sole plate）と呼ばれる鋼板に取り付けられるのが一般的である．

可動支承は，ヒンジ支承をローラー等に載せて水平変位を吸収するものが多い．

### 10.1.1　支承の種類

支承は，橋の大きさや形式によって多くの種類のものが用いられている．

支承は上部構造と下部構造に連結されているので，内部で反力を伝達する部分がどのように接しているかによって次の三つに分類できる．

① 点支承：球と球面のように点で接する支承
② 線支承：半径の異なる円柱と円筒のように線で接する支承
③ 面支承：平面，曲面，球面で接して反力を伝達する支承

一般に，これらの支承は，接触面で反力を伝達しながら，回転できる構造になっており，それを移動できるようにしたものが可動支承である．

支点の移動形態としては，滑り，転がり，変形が考えられるので，

① 滑り支承（slide shoe）
② 転がり支承
③ 変形支承

のように分類することもある．しかし，一つの支承に複数の性質をもつ場合が多く，どの支承もこのように分類できるというわけではない．

次に，代表的な支承の特徴を説明する．

1）平面支承

小規模なI形桁橋などに用いられるもので，下フランジにソールプレートを

取り付け，橋台側に下沓としてのベッドプレート（bed plate）を固定して，この2枚の鋼板の接触で反力を伝達し，回転と移動を吸収する支承．

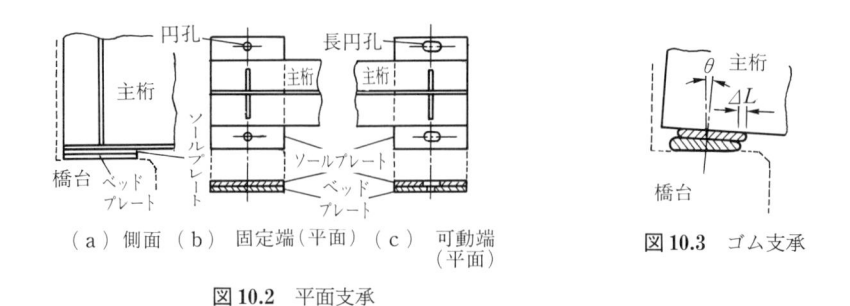

（a）側面　（b）固定端（平面）　（c）可動端（平面）
図 10.2　平面支承

図 10.3　ゴム支承

2）ゴム支承

ゴムの変形で回転と移動変位に対応する．コンクリート橋などによく用いられる．

3）線支承

鋼板製のソールプレートと，接触面を円筒形に加工した鋳鋼などでできた下沓からなる支承で，反力伝達部は線接触となっている．小規模の桁橋などによく用いられる標準的な支承である．

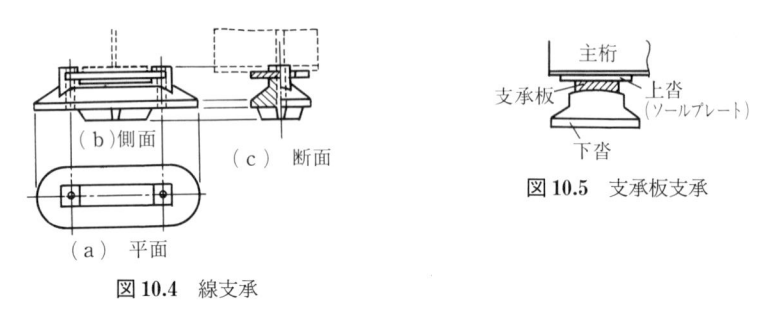

（a）平面　（b）側面　（c）断面
図 10.4　線支承

図 10.5　支承板支承

4）支承板支承

支承板（bearing plate：高力黄銅の板の片面を曲面，一方を平面に加工し，加工面を滑りやすく特殊な処理を施したもの）を上沓（またはソールプレート）と下沓の間に挟んで面接触させた支承で，曲面で回転，平面で水平移動して変位する構造の支承．この支承は，

① 構造が単純で小形（高さも低い）である

② 摩擦抵抗が小さく耐久性がある
③ 面接触のため反力の伝達がスムーズである
④ 製作，施工が容易である

などの理由で，非常によく使用されている．

5） ピン支承（pin shoe：ヒンジ支承（hinge shoe））

上沓と下沓およびその間にそう入した円筒状のピンで構成された，回転のみ自由であるような支承．

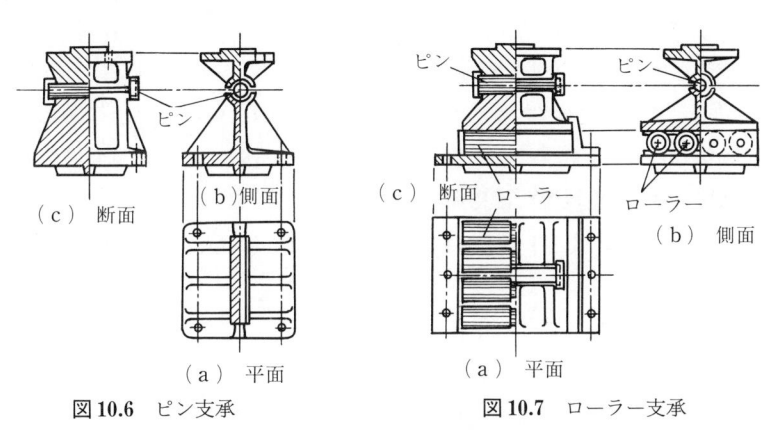

**図10.6** ピン支承　　　　　　**図10.7** ローラー支承

6） ローラー支承（roller shoe）

ピン支承の下沓を直接，下部構造に固定しないで，下沓とベッドプレートの間に複数のローラーを挟んで水平移動が自由にできるようにした支承．構造力学上の支点の機能を忠実に実現する構造であるが，寸法が高さだけでなく全体に大きくなり，浮き上がりや横ずれ防止の加工など複雑な構造になる．また，ローラーが部分的に磨耗して摩擦抵抗が増加する欠点がある．

水平変位が大きい場合でもローラーが一回転することはないので，ローラーの径が大きい場合は，一部を切り欠いて支承の橋軸方向の寸法を小型化した欠円ローラー支承がある．

7） 一本ローラー支承

ピンとローラーを兼用する大きな径のローラーを上沓と下沓で挟んだ構造の支承でローラー支承を小型化し構造を単純化したものである．単純な構造で大きな反力にも大きな変位にも対応できるが，水平移動が大きいと上沓から主構

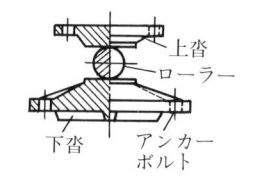

図10.8 一本ローラー支承

造に作用する反力が支点位置からずれる恐れがあるので,支点付近の広い範囲を補剛しておく必要がある.

8) ピボット支承（pivot shoe）

凹球面と凸球面を接触させた支承で,球面の径の違いにより点接触と面接触のものがある.この支承はどの方向にも回転できるので,横断方向の変形の大きい幅員の広い橋や斜橋などに用いられる.

これらの他にも,Ⅰバーを用いたペンデル支承（pendulum shoe）と呼ばれるものやピボット支承にローラーを組み合わせたピボットローラー支承などがある.

また,最近では,ソールプレートとベッドプレートの間を硬質ゴム板やプラスチック板と鋼板で積層構造とし,地震のエネルギーを吸収して,主構造に大きな地震力が作用しないようにした耐震支承が考えられ,通常の橋梁への採用が検討されている.

### 10.1.2 支承の設計

支承は,主構造に連結されていて上部構造からの反力を受け,これを下部構造に伝えるものであるので,支承の設計荷重は反力である.

#### （1） 設計反力

反力は,通常の構造力学の理論によって求めたものを用いればよい.しかし,橋梁の形式によって負の反力が生じる支点があるが,そのような支点の設計反力を求める場合,荷重の種類によって載荷範囲が異なるので,荷重別の最大反力を単純に加えただけでは,影響最大の反力とならない場合がある.道路橋では,種類の異なる荷重による反力を加算する場合は,次の負の反力のうち最も不利なものを設計反力とする.

$$\left. \begin{array}{l} R = 2R_{L+1} + R_{D1} + \dfrac{R_{D2}}{1.5} \\[6pt] R = 2R_{L+1} + R_{D1} + \dfrac{R_{D2}}{1.5} + R_w \\[6pt] R = R_{D1} + \dfrac{R_{D2}}{1.5} + R_{EQ} \end{array} \right\} \qquad (10.1)$$

ここに, $R$ は支点に生じる反力, $R_{L+1}$ は活荷重（衝撃を含む）による最大負反力, $R_{D1}$ は支承に負の反力を生じさせる部分の死荷重による反力, $R_{D2}$ は支承に正の反力を生じさせる部分の死荷重による反力, $R_w$ は風荷重による最大負反力, $R_{EQ}$ は地震による最大負反力である．

すなわち，計算上，負の反力が生じない場合でも，地震の鉛直加速度や風の上揚力などによる不測の浮き上がりが生じるので，これに対しても安全であるように考慮したものである．

### (2) 支承の変位

橋は，上部構造の荷重による変形（たわみ）と温度変化による伸縮が生じるので，ヒンジ支承と可動支承は，必要な回転変位ができ，可動支承はさらに水平面内で十分に移動できる設計をしなければならない．回転変形によって，主構造が接触して損傷を受けるようなことは，一般的には考えられないが，水平移動量が十分でないと，二次応力が生じるばかりでなく，支承および下部構造に損傷を与えることになるので，可動支承の水平移動量は十分な余裕を見込んで設計する必要がある．

移動量の算定は，桁橋の場合，次式で行うのが一般的である．

$$\varDelta L = \varDelta L_t + \varDelta L_r + \varDelta L_s \qquad (10.2)$$

ここに, $\varDelta L_t$ は温度変化による移動量, $\varDelta L_r$ は活荷重による桁のたわみによる移動量, $\varDelta L_s$ は移動の余裕量（±30 mm）, であり, $\varDelta L_t$, $\varDelta L_r$ はそれぞれ, 次のように求められる量である．

$$\varDelta L_t = \varDelta T \cdot \alpha \cdot L \qquad (\text{a})$$

ここに, $\varDelta T$ は温度変化, $\alpha$ は線膨張係数, $L$ は伸縮桁支間長である．また，

$$\varDelta L_r = \Sigma (h_i + \theta_i) \qquad (\text{b})$$

ここに, $h_i$ は桁の中立軸から支承の回転中心までの距離で，通常は桁高さの 2/3 としてよい. $\theta_i$ は支承上の桁の回転角で単純桁では 1/150 としてよい（図

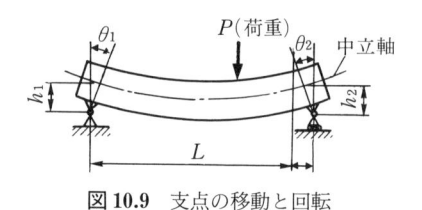

208  10章 支承およびその他の装置，施設

図 10.9 支点の移動と回転

10.9 参照).

このように求めた移動量が得られるように設計し，支承の設置にあたっては施工の時期と移動および回転の方向に注意する必要がある．

移動量の算定に用いる，温度変化と線膨張係数および支承に作用する水平力の算定に用いる支承材料の摩擦係数は，示方書に規定されている（道示Ⅰ 4.1.2）．

### 10.1.3 支承の接触応力

#### （1） ピンの接触

半径の等しいピンが円筒に接触して，円筒からピンに反力が作用している場合，ピンに生じる接触応力と反力の関係は次のように考えることができる．

図 10.10 を参照して，$P$ を円筒からピンに作用する反力，$r$ をピンの半径，$\theta$ をピンと円筒の接触範囲（角度）とする．また，接触頂点における応力度を $\sigma_0$ とし，任意の接触点 $\theta$ における応力度 $\sigma$ を

$$\sigma = \sigma_0 \cdot \cos \theta \tag{a}$$

と仮定すれば，これの鉛直成分は

$$\sigma_v = \sigma \cdot \cos \theta = \sigma_0 \cdot \cos^2 \theta \tag{b}$$

である．

したがって，この接触応力の鉛直成分の総和（ピンの単位長さ当たり）は，

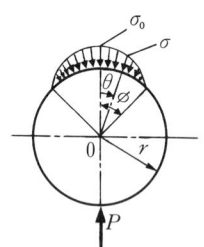

図 10.10 ピンの接触応力

作用面積が $dA=ds=r\cdot d\theta$ （奥行き：1.0）であるから，

$$P'=\int \sigma_v \cdot ds = \int \sigma_0 \cdot \cos^2\theta \cdot r \cdot d\theta \tag{10.3}$$

で求められる．

いま，接触範囲を $\theta=\pi/4$ と仮定すれば，接触応力の合力は，ピンに作用する反力に等しく

$$P'=2\sigma_0 \cdot r \cdot \int_0^{\pi/4} \cos^2\theta \cdot d\theta = 1.285\sigma_0 \cdot r \tag{10.4}$$

となる．ピンと円筒の間の許容支圧応力度を $\sigma_a$ とすれば，反力の許容値は

$$P' \leq 1.285 \sigma_a \cdot r = 0.643 \sigma_a \cdot d \tag{c}$$

となるので

$$d \geq 1.56 P'/\sigma_a \tag{10.5}$$

なる関係が得られる．ここに，$d$ はピンの直径である．

### （2） ローラーの接触

ローラー支承のローラーとベッドプレートや球面支承の接触面のように，半径の異なる球面が接触する場合の応力は，次のヘルツ（Hertz）の公式と呼ばれる関係式が用いられる．

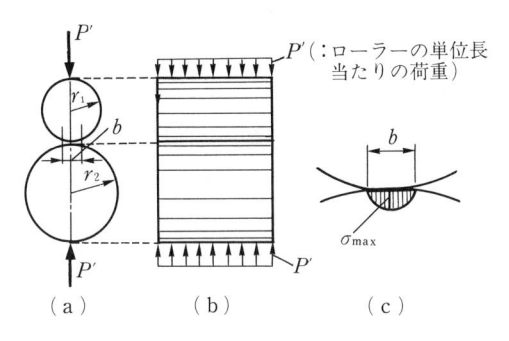

**図10.11** ローラーの接触

ヘルツの誘導した関係によれば，半径 $r_1$, $r_2$ の二つの球面（ヤング係数を $E$ とする）が一点で接触し，外力 $P'$（単位長さ当たり）が作用している場合，接触面の最大支圧応力は

$$\sigma_{\max} = 0.388 \cdot \sqrt[3]{P'E^2 \cdot \left(\frac{r_1+r_2}{r_1 \cdot r_2}\right)^2} \tag{10.6}$$

で与えられる．

また，半径の異なる円筒とローラーが接触している場合は，

$$\sigma_{\max} = 0.418 \cdot \sqrt{P'E \cdot \left(\frac{r_1 + r_2}{r_1 \cdot r_2}\right)} \tag{10.7}$$

となる．ここで，$r_2 \to \infty$ とすれば，ローラーとベッドプレート（下沓）の接触の場合になる．

実際の支承の設計基準では，これらの関係を参考にして安全側に丸めた値が用いられている．

[例題10.1] ローラー支承において，単位長さ当たりの反力とローラーの径の間の関係式を求めよ．ただし，ヤング係数 $E = 200 \text{kN/cm}^2$，$\sigma_{\max} = 58 \text{kN/cm}^2$ とする．

[解] 式 (10.7) において，$r_1 = r$，$r_2 = \infty$ であるので，

$$\sigma_{\max} = 0.418 \cdot \sqrt{P' \cdot E/r}$$

となる．これを $P'$ について解き，関係数値を代入すれば，

$$P' = (r/E) \cdot (\sigma_{\max}/0.418)^2 = (r/20000) \times (58/0.418)^2$$
$$\fallingdotseq 0.96r = 0.48d \tag{10.8}$$

が得られる．[重力単位系で求めると，$P' = 98r = 49d$ となる．]

## 10.2 その他の装置，施設等

道路橋では以上の他に，伸縮装置，橋梁用防護柵，地覆・縁石，排水装置，点検施設，付属施設および落橋防止装置などが設けられる．これらのうち，特に重要なものについて説明する．

### 10.2.1 伸縮装置

橋梁は，荷重の作用による変形や温度変化の影響を受けて軸方向に伸縮する．この伸縮に対応できるように可動支承が作られているので，道路橋の場合，橋の床面と通常の道路面の境界で間隙が生じ，自動車や人の通行に支障をきたし，かつ非常に危険であるので，通行の安全と快適性を高めるために伸縮装置を設ける（道示Ⅰ 4.2）．

伸縮装置の移動量は，主構造の移動量に対応して設計するが，構造の形式や

支承の種類，設置箇所等によって移動量が異なることに注意が必要である．

伸縮装置には，床版目地（床版面の構造形式）によって，目地間で荷重を支えないものと支えるものとがあり，前者を突合せ方式，後者を支持方式と呼んでいる．

突合せ方式には，橋床面に表れないもの（盲目地形式という）と表れるものとがある．また，舗装の施工前に伸縮装置を設置する先付け方式と，施工後に必要部分を切り取って装置を施工する後付け方式とがある．

支持方式の装置としては，ゴムと鋼材を用いたゴムジョイント形式といわれるものと，鋼材の支持版を用いる鋼製形式と呼ぶものとがある．伸縮装置の例を図10.12に示す．

これまで述べた中から，橋の構造形式，交通量，架橋地点の状況などを考慮して，選択する．その際，伸縮装置の具備すべき条件および考慮する点は，

① 橋の自由な変位を妨げないこと
② 耐久性，剛性が十分であること
③ 平坦で交通の妨げにならないこと
④ 排水，防水上支障とならないこと
⑤ 施工，維持管理，補修などが容易なこと

などである．

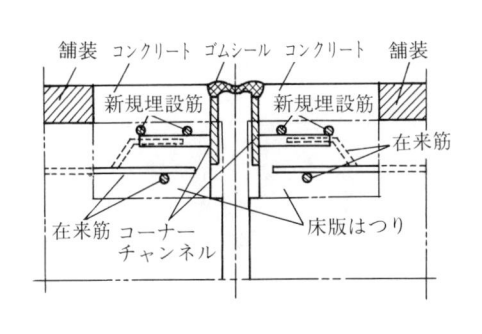

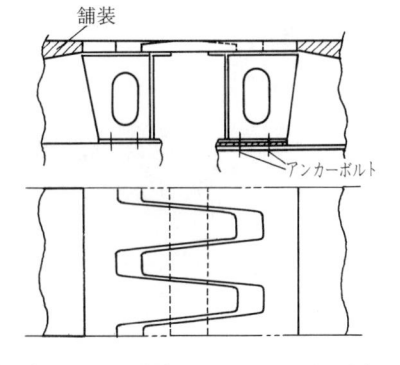

(a) 後付け方式の例　　　(b) 先付け方式の例(フィンガージョイント)

図 10.12　伸縮装置の例

### 10.2.2 落橋防止装置

橋梁の変形に伴う支点の移動は，可動支承で吸収するよう設計されているが，地震などによって予測できない大きさの移動が生じて，主構造が落下し橋梁の破損のみならず，周囲の構造物にも大きな被害を与え，著しい損害を生じる事故が報告されている．

橋梁の落下を防ぐには，支承の移動可能範囲を大きくし，地震動による水平力に十分耐えうる強度を有する構造にすればよい．しかし，一般に，地震による水平変位をすべて支承で吸収し，かつ，水平力にも耐えるようにすると，極めて不経済となる．したがって，たとえ支承など一部が破損しても，落下せず主構造やその他の大部分が無事であれば，他の構造物に対する影響も少なく復旧も速く容易に行えるので，種々の落橋防止策が行われている．

その一つが，支承が載っている，橋台または橋脚の天端幅を広くする方法である．もう一つは，主構造同士を連結したり，主構造を橋台あるいは橋脚と連結する方法である．地震の影響を受けやすい地点の橋では，これらが併用して用いられる．広い意味では，この両者が落橋防止装置であるが，橋梁の上部構造としては，後者の落橋を防ぐための連結を落橋防止装置という．例を図10.13に示す．

大規模なトラス橋などではピン構造によって連結されるので，接合材料としてのピンの許容応力度とピン連結の設計規定が設けられている（道示II 3.2.3，6.4）．

（a）ピンによる連結　　　（b）チェーンによる連結

図 10.13　落橋防止の例

### 10.2.3 その他の施設
#### （1） 高欄，防護柵

道路橋には，原則として歩道部分に接して高欄を，車道に接して車両防護柵（あるいは高欄兼用の防護柵）を設ける（道示Ⅰ5.1.1）．

高欄の材料には，鋳物，加工鋼板，形鋼，アルミニウムパイプ，コンクリート，石材などが用いられ，防護柵の材料としては，鋼板のガードレール，スチールロープ，鉄筋コンクリートなどが用いられるが，この高欄や防護柵は，橋の美しさを決定づける重要な要素となるので，機能だけでなく，材質，色合い，形状，バランスなどを考慮する必要がある．高欄および防護柵の例を図 10.14 に示す．

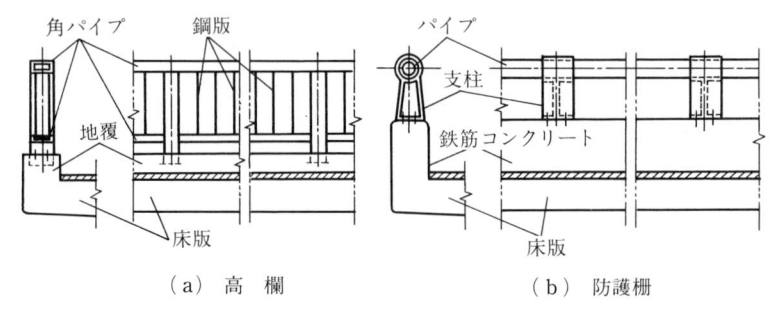

図 10.14 高欄および防護柵の例

#### （2） 地覆および排水等

橋の幅員方向の両側には，高欄や防護柵を設置し，車両等のはみ出しを防ぐために，地覆または縁石などが設けられる．

路面には横断勾配をつけ，路肩には必要な間隔に十分な大きさの排水ますを設け，橋面上の速やかな排水が行えるようにしなければならない（道示Ⅰ5.2, 5.3）．

#### （3） 付属施設その他

照明，標識，遮音壁などの付属施設を設ける場合も，これらが橋に及ぼす影響を考慮する必要がある（道示Ⅰ5.5）．

また，維持点検のための施設を設けておくのがよい（道示Ⅰ5.4）．

## 演習問題

**10.1** 支承板を用いた支承の特徴を述べよ．

**10.2** ピンの径 $d=6.5\,\text{cm}$，許容支圧応力度 $\sigma_a=12.0\,\text{kN/cm}^2$，作用力 $P=1250\,\text{kN}$ である場合，ピンの長さをどれだけにすればよいか．

**10.3** 伸縮装置の備えるべき条件および設計上考慮すべき点を挙げよ．

# 演習問題解答

**1章** （鋼構造・橋梁工学総論）

**1.1** 1.3の項を参照.
**1.2** 斜張橋は主構造を張力を調整した斜めケーブルで補剛する橋.
吊り橋は主構造を曲げ剛性のないケーブルで吊った橋.
**1.3** 1.4.1の項を参照.
**1.4** 1.4.2(2)の項を参照.
**1.5** 1.4.2(3)の項を参照.


**2章** （構造用鋼材）

**2.1** 2.1の項を参照.
**2.2** 2.3.1, 5), 6)の項を参照.
**2.3** 2.3.3(1)の項を参照.


**3章** （構造部材の設計,耐荷性状）

**3.1** 表3.1を参照.
**3.2** 3.1.2の項を参照.
**3.3** 3.1.3の項を参照.
**3.4** 式 (3.8) を曲げモーメント $M$ について解けば, $M \geq \sigma_a \cdot I/y$ である.
また,最大曲げモーメントは, $M = P \cdot L/4$ である.これらを整理して $P$ について解けば, $P_a \leq 4\sigma_a \cdot I/(y \cdot L)$ である. $I = 45000 \text{ cm}^4$, $y = 15 \text{ cm}$, $L = 1200 \text{ cm}$,であるので,

$$P_a \geq 4 \times 9.8 \times 45000/(15 \times 1200) = 98.0 \text{ kN}$$

**3.5** 表3.4より, $140 - 0.82 \times (40 - 18) \fallingdotseq 122 \text{ N/mm}^2$.
**3.6** 任意点の曲げモーメントは $M = P_{cr}(\eta + e)$ であるので,これを $d^2\eta/dx^2 = -M/(E \cdot I)$ に代入すれば,基本式は

$$E \cdot I_z \frac{d^2\eta}{dx^2} + P_{cr} \cdot (\eta + e) = 0$$

となる. $a^2 = P_{cr}/(E \cdot I_z)$ とおけば,次の一般解が得られる.

ここで，積分定数 $A$, $B$ は境界条件 $x=0$, $L$ で $\eta=0$ より

$$\eta = e \cdot \left\{ \left( \frac{1-\cos aL}{\sin aL} \right) \cdot \sin ax + \cos ax - 1 \right\}$$

なる弾性曲げ座屈曲線が得られる．

**3.7** 3.6.2 の項を参照．

**4 章**（鋼材の接合法）

**4.1** $a = s/\sqrt{2} = 0.7/\sqrt{2} = 0.49$ cm であるから，
$$\Sigma l = 11 + 20 + 2 \times (20.5 + 5) = 82 \text{ cm},$$
$$\tau = P/a\Sigma l = 300000/0.49 \times 82 = 7466 \text{ N/cm}^2$$

**4.2** $a = s/\sqrt{2} = 1/\sqrt{2} = 0.71$ cm であるから，解図 4.1 のような展開図が得られ，その断面二次モーメントは，
$$I = 2 \times (50^3 \times 12/12 - 48.58^3 \times 11.29/12 + 2 \times 12.5 \times 0.71 \times 27.35^2) = 60{,}822 \text{ cm}^4$$
になり，$y_u = y_l = 27.71$ cm である．
$$\therefore \tau = M \cdot y/I = 9000000 \times 27.71/60822$$
$$\fallingdotseq 4100 \text{ N/cm}^2$$
($\sigma = M \cdot y/I$ と同じ式を用いる.)

**4.3** $n = 686000/(2 \times 48000) = 7.15$ ∴ 8 本必要．

**4.4** $\sigma_1 = 13.2 \times (61.2 - 10)/61.2 = 11.04$ kN/cm²
$P_1 = (13.2 + 11.0) \times (5 + 10/2) \times 1.0/2 = 121.0$ kN,
∴ $\rho_{1M} = 121.0/3 = 40.33$ kN.
$\sigma_2 = 13.2 \times (61.2 - 20)/61.2 = 8.89$ kN/cm²,
$\sigma_3 = 13.2 \times (61.2 - 30)/61.2 = 6.73$ kN/cm²,
$P_3 = 10 \times 1 \times (8.89 + 6.73)/2 = 78.08$ kN
∴ $\rho_{3M} = 78.08/2 = 39.04$ kN.

**4.5** $\rho_s = 600/28 = 21.43$ kN であるので，これと前問の結果より
$$\rho_1 = \sqrt{\rho_s^2 + \rho_M^2} = \sqrt{21.43^2 + 40.33^2} = 45.67 \text{ kN},$$
$$\rho_3 = \sqrt{21.43^2 + 39.04^2} = 44.54 \text{ kN}.$$

**4.6** $b = 30$ cm, $d = 2.5$ cm, $A_g = 30 \times 2 = 60$ cm²,
控除幅 $w = 2.5 - 7^2/4 \times 10 = 1.275$ cm, より，
$$b_{n1} = 30 - 2.5 - 2 \times 1.275 = 24.95 \text{ cm}, \quad b_{n2} = 30 - 2 \times 2.5 = 25.0 \text{ cm}$$
であるから，純幅は，$b_n = b_{n1} = 24.95$ cm である．

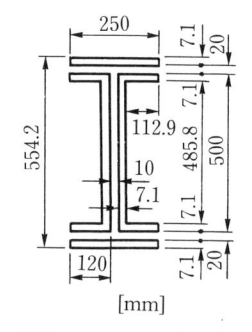

**解図 4.1** のど面積の展開

それゆえ，純断面積は，$A_n = b_n \times t = 24.95 \times 2 = 49.9 \text{ cm}^2$．
したがって，全強は
$$P_t = A_n \times \sigma_{ta} = 49.9 \times 13.72 = 684.63 \text{ kN},$$
$$P_c = A_g \times \sigma_{ca} = 60.0 \times 11.76 = 705.60 \text{ kN}.$$

# 5章　（橋梁に作用する荷重）

**5.1** 同一載荷区間において，影響線の符号が正負ともに存在するような断面力（反力）の場合．

**5.2** $i = 20/(50+L) = 20/(50+30) = 0.25$

**5.3** $2a + b = 6.5 < B_2 = 7.5 \text{ m}$
　　　$3a + 2b = 10.25 > B_2 = 7.5 \text{ m}$ 　∴　2組（4個）載荷できる．

**5.4** $|F|_{max} = 6 \times \{2 \cdot 2.4 - 0.24 \cdot 6/(0.4+0.6)\}/2 = 10.08 \text{ m}^2$

# 6章　（床，床組，対風構）

**6.1** 6.1.1(2)の項を参照．
**6.2** 6.1.3(3)の項を参照．
**6.3** 6.2.1の項を参照．
**6.4** 6.3の項を参照．
**6.5** 影響線の縦距値の和が最大になる荷重位置と影響線値を求めると，解図6.1のようになるので，これらより，次の結果が得られる．
$$\Sigma \eta = 1.000 + 0.667 + 0.417 + 2 \times 0.083 = 2.251$$
$$\overline{P}_B = P \cdot \Sigma \eta = 98 \times 2.251 = 220.6 \text{ kN}.$$

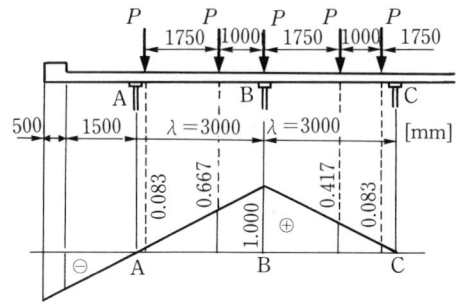

**解図 6.1**　T荷重載荷と縦桁荷重の影響線

**6.6** 単純ばりとしての曲げモーメントは，
$$M_0 = \overline{P} \cdot l/4 = 250 \times 8/4 = 500 \text{ kN} \cdot \text{m},$$
であるので，次の曲げモーメントが求める値である．

中間支間；$M_c = 0.8 M_0 = 0.8 \times 500 = 400 \text{ kN·m}$，
中間支点；$M_s = -0.7 M_0 = -0.7 \times 500 = -350 \text{ kN·m}$.

## 7章　（プレートガーダー橋）

**7.1** 7.1の項を参照．

**7.2** 主載荷幅と床版端部の影響線縦距値を求めると，$\eta_1 = 0.0833$, $\eta_2 = 0.640$ であるので，影響線面積は $F_{Bl} = 2.989 \text{ m}$, $F_{Bd} = 2.366 \text{ m}$ となる．

$\therefore \bar{p}_{B1} = 10.0 \times 2.989 = 29.89 \text{ kN/m}, \quad \bar{p}_{B2} = 3.5 \times 2.989 = 10.46 \text{ kN/m}$,
$\bar{w}_d = 6.4 \times 2.366 = 15.14 \text{ kN/m}$

が求める設計荷重である．

**7.3** 影響線面積は，

$$F_{c\,max} = 6 \times (2 \times 20 - 6) \times 8 \times 12/(2 \times 20^2) = 24.48 \text{ m},$$
$$\Sigma F_c = a \cdot b/2 = 8 \times 12/2 = 48 \text{ m}$$

であり，衝撃係数は，

$$i = 20/(50 + 20) = 0.286$$

である．

$$M_{cl} = 30 \times 24.48 + 10.5 \times 48 = 1238.4 \text{ kN·m}, \quad M_{cd} = 15 \times 48 = 720 \text{ kN·m}.$$
$$\therefore M_c = (1 + 0.286) \times 1238.4 + 720 = 2312.6 \text{ kN·m}$$

となる．

**7.4** 式(7.10)の誘導とまったく同じに行えばよい．横桁のつり合いを考えると

$$X_{ba} = -2 X_{ca}, \quad 2 X_{aa} + X_{ba} = 2P \tag{a}$$

が得られ，横桁自身と主桁中点のたわみは，それぞれ，次のようになる．

$$\delta_b' = \frac{-X_{bb}}{48 E \cdot I_Q} \cdot (2a)^3 \tag{b}$$

$$\delta_{aa} = \frac{X_{aa}}{48 E \cdot I_R} \cdot L^3 \quad \delta_{ba} = \frac{X_{ba}}{48 E \cdot I} \cdot L^3 \quad \delta_{ca} = \frac{X_{ca}}{48 E \cdot I_R} \cdot L^3 \tag{c}$$

格点 $b$ の横桁のたわみと主桁のたわみが等しい条件式，

$$\delta_{bb} = \delta_b' + (\delta_{ab} + \delta_{cb})/2 \tag{d}$$

に，式(b)〜(c)の関係を代入し，曲げ格子剛度 $Z$ と主桁の断面二次モーメント比 $j$ を用いて整理すると

$$2j \cdot Z \cdot X_{ba} = -2j \cdot X_{ba} + Z \cdot (X_{aa} + X_{ca}) \tag{e}$$

となる．これに，式(a)の関係を代入して整理すると

$$(4j \cdot Z + 4j + Z) \cdot X_{ba} = Z \cdot (2P - X_{ba}) \tag{f}$$

になる．これを，$X_{ba}$ について解けば

$$X_{ba} = \frac{Z}{2j + 2j \cdot Z + Z} \cdot P \tag{g}$$

が得られる．同様に，$X_{aa}$, $X_{ca}$ について求め，$P=1.0$ とおけば式 (7.11) が求められる．

**7.5** $Z=0.75\times(24/2\times3)^3=48$, $j=1.0$ であるから，これらを式 (7.11) に代入して，

$q_{aa}=(4+4\times48+48)/(4+4\times48+2\times48)=244/292=0.836$

$q_{ba}=48/(2+2\times48+48)=48/146=0.329$

$q_{ca}=-48/(4+4\times48+2\times48)=-48/292=-0.164$

**7.6** 必要断面積を求めると

$A_c = 180000/(12.65\times150) - 150\times1.0\times(2\times12.65-13.72)/(6\times12.65)$
$\quad = 94.9 - 22.9 = 72.0 \text{ cm}^2$

$A_t = 180000/(13.72\times150) - 150\times1.0\times(2\times13.72-12.65)/(6\times13.7)$
$\quad = 87.5 - 27.0 = 61.5 \text{ cm}^2$

が得られる．これをもとにして，フランジ断面を $b_c\times t_c=290\times22$, $b_t\times t_t=260\times20$ mm と決める．この断面について，断面二次モーメント，図心から縁端までの距離等を求める．

|  | $A[\text{cm}^2]$ | $y[\text{cm}]$ | $A\cdot y[\text{cm}^3]$ | $A\cdot y^2$ or $I_w[\text{cm}^4]$ |
|---|---|---|---|---|
| 1-flg. PL. $370\times20$ | 74.0 | $-68.6$ | $-5624$ | 427424 |
| 1-web PL. $1500\times10$ | 150.0 |  |  | 281250 |
| 1-flg. PL. $310\times20$ | 62.0 | 68.5 | 4712 | 358112 |
|  | 286.0 |  | $-912$ | 1066786 |

である．偏心距離は $\delta=-912/286=-3.19$ cm であるので，

$I = I_w - \delta^2\cdot A = 1066786 - 3.19^2\times286 = 1063878 \text{ cm}^4$

$y_c = 75.0+2.0-3.19 = 73.81$ cm, $y_t = 75.0+2.0+3.19 = 80.19$ cm

が得られる．したがって，

$\sigma_c = 180000\times73.81/1063878 = 12.49 \text{ kN/cm}^2 < \sigma_{ca} = 12.65 \text{ kN/cm}^2$

$\sigma_t = 180000\times80.19/1063878 = 13.57 \text{ kN/cm}^2 < \sigma_{ta} = 13.72 \text{ kN/cm}^2$

となる．

**7.7** まず，ウェブのせん断応力度を $\tau = S/A_w$ より求める．

$\tau = 756000/150 = 5040 \text{ N/cm}^2 = 5.04 \text{ kN/cm}^2 < \tau_a = 7.84 \text{ kN/cm}^2$

となる．$\tau > 0.45\tau_a$ であるので，ウェブの曲げ圧縮応力度との合成応力について，安全をチェックする．

ウェブの曲げ圧縮応力度は，ウェブ上端までの距離が $y_w = 73.81-2.0 = 71.81$ cm であるから，

$\sigma_w = 180000000 \times 71.81/1063878 = 12150 \text{ N/cm}^2 \fallingdotseq 12.15 \text{ kN/cm}^2$

である．合成応力については，式 (7.22) にこれらの値を代入すると，

$(12.15/13.72)^2 + (5.04/7.84)^2 = 0.784 + 0.413 = 1.197 < 1.20$

となり，この場合，安全である．

**7.8** 前問までと同様に，断面二次モーメント等を求めると，

$I = 894500 \text{ cm}^4, \quad A_w = 140 \text{ cm}^2, \quad y_w = 72.3 \text{ cm}$

であるので，

$\sigma_w = 165000 \times 72.3/894500 = 13.34 \text{ kN/cm}^2$

$\tau = 640/140 = 4.5714 \text{ kN/cm}^2$

が得られる．$a/b = 160/140 = 1.14 < 1.5$，$a/b > 1.0$ であるから

$(140/100)^4[(133.4/345)^2 + \{45.71/(77 + 58(140/160)^2)\}^2] \fallingdotseq 1.12 > 1.0$

となって，規定値に入らない．

この場合，断面を変更して応力度を小さくする方法も考えられるが，補剛材の間隔を小さくして，制限以内になるようにしてもよい．

補剛材間隔を $a = 1.35$ m とすれば，$a/b = 135/140 \fallingdotseq 0.96 < 1.5$，$a/b < 1.0$ であるから

$(140/100)^4[(133.4/345)^2 + \{45.71/(58 + 77(140/135)^2)\}^2] \fallingdotseq 0.98 < 1.0$

となって，安全である．

**7.9** 7.5.1 の項を参照．

## 8章　(合成桁橋)

**8.1** 8.1.2 の項を参照．

**8.2** 3等分点を支持しただけで合成桁を施工すると，この段階では，荷重がすべて鋼桁に作用し，そのときの支間中央の曲げモーメントは，$M_c = qL^2/360$ である．ここに，$q$ は等分布荷重，$L$ は支間長．

次に，コンクリートが硬化して合成断面が完成した後，中間の支持点 (中間支点) を取り去ると，中間支点の反力は $11qL/30$ であるので，支間中央の曲げモーメントは $M_{c1} = 11qL^2/90$ である．

一方，単純支持の合成桁に等分布荷重 $q$ が作用すれば，支間中央の曲げモーメントは $M_{c2} = qL^2/8$ であるから，これらの比を求めると

$M_{c1}/M_{c2} \fallingdotseq 0.98$

となる ($M_c = M_{c2} - M_{c1}$ である)．

**8.3** 式 (8.2) 〜 (8.5) を用いて求めればよい．断面諸量を求めると $A_c = 2880 \text{ cm}^2$，$I_c = 61440 \text{ cm}^4$，$A_s = 175.2 \text{ cm}^2$，$I_s = 351100 \text{ cm}^4$，$d = 86.24 \text{ cm}$，$d_c = 25.8 \text{ cm}$，$d_s$

$=60.5$ cm であるから，

$$A_{v(c)}=4106 \text{ cm}^2, \quad I_{v(c)}=8917000 \text{ cm}^4, \quad I_{v(s)}=1274000 \text{ cm}^4$$
$$y_{vcu}=-33.8 \text{ cm}, \quad y_{vcl}=y_{vsu}=-12.8 \text{ cm}, \quad y_{vsl}=109.8 \text{ cm}$$

が得られる．これらの結果より

$$\sigma_{cu}=-0.57 \text{ kN/cm}^2, \quad \sigma_{2c}=-0.30 \text{ kgf/cm}^2, \quad \sigma_{cl}=0.22 \text{ kN/cm}^2,$$
$$\sigma_{su}=-1.51 \text{ kN/cm}^2, \quad \sigma_{sl}=12.93 \text{ kN/cm}^2$$

が得られる．

**8.4** $\varphi_1=2.0$, $n_1=n(1+\varphi_1/2)=14$ として，断面諸量を求め，式 (8.31) ～式 (8.34) を用いて求める．

$n_1=14$ として断面諸量を求めると，

$$A_{v(c)1}=53333 \text{ cm}^2, \quad A_c=2880 \text{ cm}^2, \quad I_c=61440 \text{ cm}^2, \quad e=r_c^2/d_c=0.83 \text{ cm},$$
$$d=86.3 \text{ cm}, \quad d_{c1}=39.8 \text{ cm}, \quad d_{s1}=46.5 \text{ cm},$$

であるから

$$I_{v(c)1}=14830000 \text{ cm}^4, \quad I_{v(s)1}=1059000 \text{ cm}^4$$
$$y_{vcu}=-47.7 \text{ cm}, \quad y_{vcl}=y_{vsu}=-26.7 \text{ cm}, \quad y_{vsl}=95.9 \text{ cm}$$

が得られる．また，

$$P_\varphi=466 \text{ kN （圧縮）}, \quad M_\varphi=188.8 \text{ kN·m}$$

であるので，これらより次の結果を得る．

$$\Delta\sigma_{ccu}=-0.09-0.06+0.21=0.06 \text{ kN/cm}^2,$$
$$\Delta\sigma_{ccl}=-0.09-0.03+0.08=-0.04 \text{ kN/cm}^2$$
$$\Delta\sigma_{csu}=14\times(-0.09-0.03)=-1.70 \text{ kN/cm}^2,$$
$$\Delta\sigma_{csl}=14\times(-0.09+0.12)=0.49 \text{ kN/cm}^2.$$

**8.5** $\varphi_2=4.0$, $n_2=n(1+\varphi_2/2)=21$ として，断面諸量を求め，式 (8.35) ～(8.37) を用いて求める．

$n_2=21$ として断面諸量を求めると，

$$A_{v(c)2}=6559 \text{ cm}^2, \quad d=86.3 \text{ cm}, \quad d_{c2}=48.5 \text{ cm}, \quad d_{s2}=37.8 \text{ cm},$$

であるから

$$I_{v(c)2}=1945000 \text{ cm}^4, \quad I_{v(s)2}=1389000 \text{ cm}^4$$
$$y_{vcu}=-56.4 \text{ cm}, \quad y_{vcl}=y_{vsu}=-35.4 \text{ cm}, \quad y_{vsl}=87.2 \text{ cm},$$

が得られる．また，

$$P_s=57.60 \text{ kN （圧縮）}, \quad M_s=27.864 \text{ kN·m}, \quad \varepsilon_s=0.02 \text{kN/cm}^2,$$

である．これらより次の結果を得る．

$$\Delta\sigma_{scu}=-0.009-0.008+0.020=0.003 \text{ kN/cm}^2,$$
$$\Delta\sigma_{scl}=-0.009-0.008+0.020=-0.006 \text{ kN/cm}^2,$$

222　演習問題解答

$$\Delta\sigma_{ssu} = -0.184 - 0.106 = -0.291 \text{ kN/cm}^2,$$
$$\Delta\sigma_{ssl} = -0.184 + 0.263 = 0.078 \text{ kN/cm}^2.$$

**8.6** 断面諸量は，$n=7$ そのままであるので，
$$A_c = 2880 \text{ cm}^2, \quad A_s = 175.2 \text{ cm}^2, \quad d_c = 25.8 \text{ cm}, \quad d_s = 60.5 \text{ cm}$$
$$I_{v(c)} = 8917000 \text{ cm}^4, \quad I_{v(s)} = 1274000 \text{ cm}^4$$
$$y_{vcu} = -33.8 \text{ cm}, \quad y_{vcl} = y_{vsu} = -12.8 \text{ cm}, \quad y_{vsl} = 109.8 \text{ cm}$$

である．これらを，式 (8.38)～(8.40) に適用すると，
$$P_t = 1036.8 \text{ kN}, \quad M_t = 267.04 \text{ kN·m}, \quad \varepsilon_t = 0.36 \text{ kN/cm}^2,$$

となる．これらより次の結果を得る．
$$\Delta\sigma_{tcu} = -0.253 - 0.001 + 0.360 = 0.106 \text{ kN/cm}^2,$$
$$\Delta\sigma_{tcl} = -0.253 - 0.000 + 0.360 = 0.107 \text{ kN/cm}^2,$$
$$\Delta\sigma_{tsu} = -1.767 - 0.003 = -1.770 \text{ kN/cm}^2,$$
$$\Delta\sigma_{tsl} = -1.767 + 0.023 = -1.744 \text{ kN/cm}^2.$$

## 9章　（トラス橋）

**9.1** 9.1.1(1)の項を参照．

**9.2** 9.1.1(2)の項を参照．

**9.3** 9.2.1(2)の項を参照．

**9.4** 解図9.1の示すようになる．

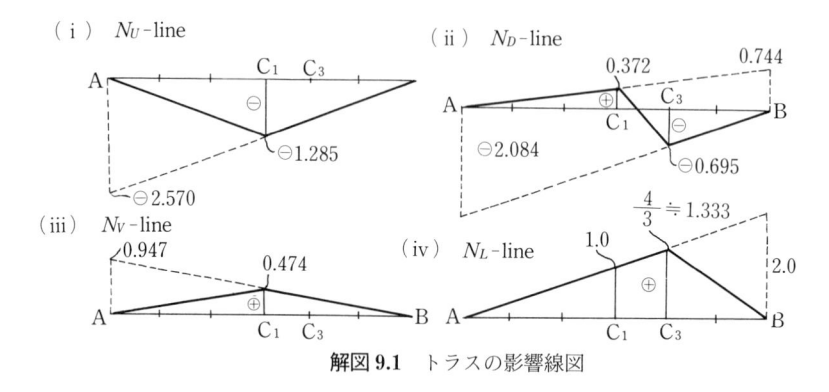

**解図 9.1**　トラスの影響線図

**9.5** $L = 6 \times 9 = 54 \text{ m}, \quad \eta_i = (18/6)(22.5/54) = 1.25,$
$\eta_k = (22.5/6)(27/54) = 1.875,$
$L_1' = (1.875 \times 9)/(1.875 - 1.25) = 27\text{m}, \quad L_2' = 18\text{m}, \quad L' = 27 + 18 = 45\text{m},$
$|F|_{max} = 6(2 \times 45 - 6)1.875/(2 \times 45) = 10.5\text{m}, \quad N_L = 40 \times 10.5 = 420 \text{ kN}$

**9.6** 例題9.3と同様に細長比を求めると，

$A = 150.4\text{ cm}^2$, $\delta = 1.08\text{ cm}$, $I_X = 35016\text{ cm}^4$, $I_Y = 44489\text{ cm}^4$,

であるので，細長比は次のようになる．

$r_X = \sqrt{I_X/A} = \sqrt{35016/150.4} = 15.3\text{ cm}$, $L/r_X = 800/15.3 = 52.4 < 120$,

$r_Y = \sqrt{I_Y/A} = \sqrt{44489/150.4} = 17.2\text{ cm}$, $L/r_Y = 800/17.2 = 46.5 < 120$.

これらの値を用いて，道示II 2.2.1の表2.2.2より，

$\sigma_{cag} = 140 - 0.82(L/r_x - 18) = 140 - 0.82(52.4 - 18) = 111.8\text{ N/mm}^2$.

$\phi = 0.0$ であり，$\gamma = 1.0$ であるので，幅厚比は，

 U-flg.PL；$56\gamma >$   $b/t = 400/8 = 50$     $> 38.7\gamma$
 web.PL；$56\gamma >$   $b/t = (360 - 50 + 10)/9 = 40$   $> 38.7\gamma$
 L-flg.PL；$56\gamma >$   $b/t = 400/10 = 40$     $> 38.7\gamma$

となる．したがって，局部座屈を考慮すると（道示II 2.2.1の表3.2.2），

$\sigma_{cal} = 210{,}000 \cdot (t \cdot \gamma/b)^2 = 210{,}000/50^2 = 84.0\text{ N/mm}^2$,

になる．また，許容軸圧縮応力度の上限値は（道示II 2.2.1の表2.2.2より），

$\sigma_{ca0} = 140\text{ N/mm}^2$,

であるので，次の許容応力度が得られる．

$\sigma_{ca} = \sigma_{cag} \cdot \sigma_{cal}/\sigma_{ca0} = 111.8 \times 84.0/140 = 67.1\text{ N/mm}^2$.

**9.7** この格間を取り出すと解図9.2のようになるので，斜材と見なして，式(9.18)を適用すればよい．$u_0 = \sqrt{1.5^2 + 8^2} = 8.1394\text{ m}$ であるので，

$\Delta u = 4 \cdot \delta_c \cdot h_1/(n^2 \cdot u_0) = 4 \times 12 \times 150/(8^2 \times 8.139)$
$\quad\quad = 0.0025\text{ m} = 0.25\text{ mm}$,

となる．

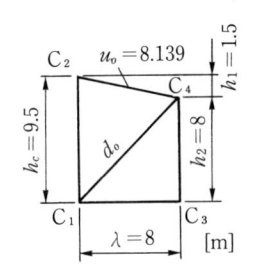

解図9.2 トラスの格間

## 10章 （支承，その他の装置・施設）

**10.1** 10.1.1, 4)の項を参照．

**10.2** 式(10.5)より，$r \geq 1.56 P'/\sigma_a$.

$$\therefore \quad P' \leq \sigma_a \cdot d/1.56 = 12.0 \times 6.5/1.56 \fallingdotseq 50.0 \text{ kN},$$
$$l \geq P/P' = 125/50 = 25.0 \text{ cm}.$$

**10.3** 10.2.1 の項を参照.

# 参 考 文 献

本書では，(社)日本道路協会：道路橋示方書・同解説を略して「道示」としている．

1. (社)日本道路協会：道路橋示方書・同解説（Ⅰ共通編，Ⅱ鋼橋編），丸善，平成 6 (1994)
2. (社)日本道路協会：道路橋示方書・同解説（Ⅴ耐震設計編），丸善，平成 2 (1990)
3. (社)日本道路協会：道路橋支承便覧，丸善，平成 3 (1991)
4. (社)鋼材倶楽部：土木技術者のための鋼材知識，技報堂，昭和 43(1968)
5. 日本鋼構造協会：建設用鋼材，コロナ社，昭和 52(1977)
6. (株)鉄鋼新聞社：新訂鋼材の知識，鉄鋼新聞社，昭和 47(1972)
7. 鋼道路橋設計研究会編：鋼道路橋設計資料，理工図書，昭和 46(1971)
8. 長井正嗣：橋梁工学（テキストシリーズ土木工学 3），共立出版，1995
9. 橘善雄，中井博（改訂）：橋梁工学第 3 版，共立出版，1991
10. 伊藤學：鋼構造学（土木系大学講義シリーズ 11），コロナ社，1994
11. 倉西茂：最新橋構造（最新土木工学シリーズ 2），森北出版，1990
12. 倉西茂：鋼構造（第 3 版），技報堂，1991
13. 吉村貞次，高端宏直，向山寿孝，久保田隆三郎：改訂橋工学（新編土木工学講座 14），コロナ社，昭和 57(1972)
14. 菊池洋一，近藤明雅：大学課程橋梁工学（第 6 版），オーム社，1995
15. 中井博，北田俊行：詳解鋼構造設計演習，共立出版，1990
16. 川本朓万：応用弾性学，共立出版，昭和 43(1968)
17. 福本唀士：構造物の座屈・安定解析（新体系土木工学 9），技報堂出版，1981
18. 西野文雄：薄肉弾面部材の基礎理論，鋼構造の研究（岡本瞬三編，奥村敏恵教授還暦記念），1977
19. 佐伯彰一：図解・橋梁用語事典，山海堂，昭和 61(1986)
20. 成瀬勝武，鈴木俊男：橋梁工学（鋼橋編）（森北土木工学全書 7），森北出版，1973
21. (社)日本橋梁建設協会：日本の橋―鉄の橋百年の歩み―，朝食書店，1984
22. K. NARUSE, K. AOKI, E. MURAKAMI : BRIDGES OF THE WORLD, MORIKITA PUBLISHING CO., LTD., 1967
23. Derrick Beckett : Great Buildings of the World Bridges, Paul Hamlyn, 1969

24 最新接合技術総覧編集委員会：最新接合技術総覧，産業技術サービスセンター，1984
25 成瀬輝男，松下貞義：鋼構造物の設計(新体系土木工学38)，技報堂出版，平成4 (1986)
26 土木学会（土木史研究委員会）：フォース橋の100年，土木学会，平成4 (1992)
27 荒井利一郎，松浦聖：第二版応用力学，技報堂出版，1987
28 田中五郎：鋼橋上部構造施工法（最新土木施工法講座3-1)，山海堂，昭和38(1953)
29 鉄道総合技術研究所：鉄道構造物等設計標準・同解説（鋼・合成構造物)，丸善，平成4 (1992)
30 島田静雄，熊沢周明：合成桁の理論と設計，山海堂，昭和48(1973)

## 第2版 参考文献

1 (社)日本道路協会：道路橋示方書・同解説（Ⅰ共通編，Ⅱ鋼橋編)，丸善，平成8年12月 (1996)
2 (社)日本道路協会：道路橋示方書・同解説　SI単位系移行に関する参考資料，丸善，平成10年7月 (1998)
3 (社)日本道路協会：道路橋示方書・同解説（Ⅰ共通編，Ⅱ鋼橋編)，丸善，平成14年3月 (2002.3)

# 索　　引

## あ　行

I 形鋼　　29, 109, 119
アーク　　61
アーク溶接　　61
上げ越し　　147
上げ越し量　　199
アーチ　　32
アーチ橋　　10, 93, 108, 177
圧延工程　　20
圧縮強さ　　23
圧　接　　61
後付け方式　　211
RC 床版　　99
安全率　　32
アンダーカット　　63
異形棒鋼　　30
異形丸鋼　　172
一般構造用圧延鋼材　　27
一本ローラー支承　　205
インゴット　　20
上　沓　　203
ウェブ　　113, 120
ウェブプレート　　120
上フランジ　　149
上横構　　115, 143
ヴェーラー曲線　　24
薄肉構造物　　32
A 荷重　　87
永久橋　　6
影響線　　83, 95, 123, 183
影響線値　　183
影響線面積　　96, 124, 185
$S$-$N$ 線図　　24
H 形鋼　　29, 109, 120
L 荷重　　87, 111
遠心荷重　　95
延　性　　25
縁　石　　5, 210

## か　行

オイラーの座屈荷重　　38
オイラー(の双)曲線　　39
オイラーの柱公式　　38
応急橋　　6
横断勾配　　5
応力・ひずみ曲線　　21
応力集中　　17, 36, 52, 60, 194
応力振幅　　24
応力伝達　　59
遅れ破壊　　17, 25
オーバーラップ　　63
温度差　　169
温度変化　　82

開　先　　61
開床式　　99
開断面　　42, 106
開断面リブ　　106
外部欠陥　　63
角形管　　30
格間せん断力　　196
格間長　　179
格　点　　179
格点力　　127
下弦材　　178
下弦載荷　　180
重ね接合　　59
荷　重　　82
荷重強度　　91, 186
荷重係数法　　34
荷重分配　　126
荷重分配係数　　126
荷重分配横桁　　126, 145
ガスシールドアーク溶接　　62
ガスト応答係数　　92
風荷重　　82, 92, 115
架設桁工法　　15

| | | | |
|---|---|---|---|
| ガセット | 190 | 許容軸方向圧縮応力度 | 191 |
| 仮想荷重 | 198 | 許容軸方向引張応力度 | 191 |
| 仮想仕事の原理 | 198 | 許容せん断応力度 | 33 |
| 形鋼 | 27 | 許容伝達力 | 73 |
| 片持ち版 | 103 | 許容曲げ引張応力 | 35 |
| 活荷重 | 82, 187 | 許容力 | 73 |
| 活荷重部材力 | 187 | 切り欠き脆性 | 25 |
| 活荷重合成桁 | 150 | 組合せ応力 | 75 |
| 架道橋 | 6 | 組立接合 | 58 |
| 可動橋 | 8 | グリッド床 | 99 |
| 可動支点 | 202 | クリープ | 162 |
| ガードレール | 214 | クリープ係数 | 162 |
| カバープレート | 121 | クリープ度 | 162 |
| 下部構造 | 2, 144, 202 | クリープひずみ | 162 |
| 仮組 | 13 | グルーブ | 61 |
| 仮付け接合 | 58 | グルーブ溶接 | 62 |
| 仮橋 | 6 | グレーチング床版 | 99 |
| 下路橋 | 7, 111, 177 | 群集荷重 | 88 |
| 換算幅厚比 | 50 | け書き | 13 |
| 乾燥収縮 | 168 | Kトラス | 180 |
| 機械的接合法 | 58 | ケーブルエレクション工法 | 15 |
| 危険応力度 | 38 | ケーブルクレーン | 14 |
| 危険荷重 | 36 | 桁 | 119 |
| 基準耐荷力 | 53 | 桁橋 | 9, 119 |
| 橋脚 | 2 | 桁構造 | 119, 149 |
| 境界条件 | 37 | 桁下空間 | 111, 177 |
| 橋軸 | 4 | 欠円ローラー支承 | 205 |
| 橋軸方向 | 87 | ゲルバー橋 | 9 |
| 橋床 | 3, 84, 99, 149 | ゲルバートラス橋 | 177 |
| 橋台 | 2 | 限界状態 | 35 |
| 橋長 | 2 | 限界状態設計法 | 34 |
| 橋門構 | 4, 117, 178, 195 | 弦材 | 116, 178 |
| 許容伝達力 | 67 | 原寸 | 13 |
| 橋梁 | 1 | 建築限界 | 5, 111 |
| 極限強さ | 33 | 現場継手 | 121, 141, 192, 194 |
| 曲弦トラス | 179 | 鋼 | 18 |
| 曲線橋 | 8 | 鋼塊 | 20 |
| 局部座屈 | 40, 138, 191 | 高架橋 | 6 |
| 許容圧縮応力度 | 33 | 鋼管 | 30 |
| 許容応力 | 32 | 鋼管杭 | 30 |
| 許容応力度 | 33 | 鋼管矢板 | 30 |
| 許容応力度設計法 | 33 | 鋼橋 | 7, 13, 18 |
| 許容引張応力度 | 33 | 鋼桁 | 149 |

索　引　229

剛結構造　179
剛結トラス　179
鋼構造　1
鋼材　57
格子桁　108,126
格子桁橋　119
鋼重　84,106,121
鋼床版　24,32,99,105
剛性　26,53
合成応力　66
合成桁　149
合成桁橋　9,119,149
合成後断面　154
合成断面　149
高張力鋼　20,69
鋼道路橋　1
鋼板　27
交番応力　188
剛比　54
降伏点　22,72
降伏点荷重　47
降伏比　23
降伏モーメント　47
高欄　5,84,214
抗力係数　92
高力ボルト　30
高力ボルト接合　59,69
高力六角ボルト　71
高炉　19
跨線橋　6
固定支点　202
固定点間距離　134,194
跨道橋　6,95
ゴム支承　204
固有周期別補正係数　93
転がり支承　203
コンクリート橋　7

さ　行

先付け方式　211
座屈　23,36
座屈安全率　132
座屈応力曲線　39

座屈応力度　139
座屈荷重　36
座屈基本式　48
座屈強度　36
座屈係数　50,132,139
座屈剛性　136
座屈垂直応力度　132
座屈せん断応力度　132
座屈長　190
座屈パラメータ　50
座屈変形　36
サブマージドアーク溶接　62
残留応力　24,40,60
残留ひずみ　22
支圧応力　209
支圧接合　69
死荷重　82,111
死荷重部材力　187
死・活荷重合成桁　151
支間　2
支間長　5
軸方向圧縮応力度　47
軸方向圧縮耐力　47
支持方式　211
支承　2,202
支承線　4
支承板　204
地震　93,115
地震力　82
下沓　203
下横構　115,143
支柱　178
実応力　80
CT形鋼　29,118
支点　2,202
支点変位　94
自動車荷重　87
地盤別補正係数　93
地覆　5,84,182,210
磁粉探傷法　63
支保工　150
遮音壁　214
斜橋　8,110

# 索引

斜材　118,178
斜張橋　11,109,177
車両防護柵　95,214
シャルピー衝撃試験　25
従荷重　84
終局強度設計法　34
従載荷荷重　88
従載荷幅　88
縦断勾配　5,199
自由突出板　53
重要度別補正係数　93
主荷重　83
主桁　3,84
主構　3,84,177
主構間隔　179
主構造　3,82,84,119
主構高さ　179
主載荷荷重　88
主載荷幅　88,124
主鉄筋　101
純径間　2
純断面積　77,114,191
純幅　77
昇開橋　8
衝撃　83,90
衝撃係数　90,125
上弦材　178
上弦載荷　181
衝突荷重　95
床版　3,84,99
床版厚　101,155
床版断面　149
上部構造　2,202
上路橋　7,110,182
初期不整　40
伸縮装置　5,210
靭性　8,26
浸透液探傷法　63
震度法　93
水素脆性　25
垂直材　178
垂直補剛材　137
水平補剛材　132,138

水路橋　6
スカーラップ　67
スタッド　30,172
スパン割　12
すべり係数　73
滑り支承　203
すみ肉溶接　62
スラッグ　61
スラブ　20
スラブ止め　146
ずれ止め　149,171
静荷重　83
静荷重載荷試験　33
製鋼工程　20
製作キャンバー　199
脆性　24
製銑工程　19
静定橋梁　9,85
静定トラス　118
制動荷重　95
制動トラス　117
施工時荷重　94
設計基準強度　103,175
設計支間長　86
設計示方書　12
設計震度　93
設計断面力　34
設計反力　206
設計ボルト軸力　72
設計目標値　160
設計目標応力度　160
接合　57
石工橋　7
接合形式　59
接触応力　208
絶対最大せん断力　172
絶対最大曲げモーメント　140
遷移温度　25
旋回橋　8
全強　76,142
全合成桁　151
線材　30
線支承　203

索　引　231

全塑性曲げ圧縮応力度　47
全塑性モーメント　47
全体座屈　48,191
せん断座屈　43
せん断強さ　23
せん断ひずみエネルギー一定説　23,66
せん断流　43
銑鉄　18
線膨張係数　94,169,207
総断面積　77,191
相反応力　187
塑性　25
ソールプレート　203
そり　146,199
そりねじり剛度　42

## た　行

ダイアフラム　192
耐荷力　39
耐荷力曲線　39
対傾構　4,84,115,120,177,195
耐震支承　206
対風構　4,82,84,115,143
大ブロック工法　14
耐力　23,72
耐力接合　58
縦桁　84,99,108
縦リブ　29,106
球平鋼　29
単位体積重量　85
単純ばり　111
弾性限界　22
弾性限界応力度　38
弾性設計法　34
弾性ひずみ　162
端対傾構　143
端柱　179
短柱　35
断面二次半径　38,146
断面二次モーメント　37
端横桁　108
地域別補正係数　93
千鳥配置　77

中間対傾構　143
鋳鉄　18
中立軸　133,156
中路橋　7,110
超音波探傷法　64
跳開橋　8
長柱　35
直橋　8
直弦トラス　179
直交異方性版　108
直線橋　8
突合せ接合　59,211
突出幅　53
綴合わせ接合　58
吊材　179
つり橋　11,109,177
低温脆性　25
T荷重　87,111,144
T形鋼　118
T形接合　59
抵抗熱　61
抵抗モーメント　140
デッキプレート　105
鉄筋コンクリート橋　7
鉄筋コンクリート床版　99,149
鉄鉱石　19
鉄道橋　6
手延べ式工法　15
電極棒　62
てんげき接合　58
点支承　203
添接　58
添接板　58
動荷重　83
等方性平板　48
道路橋　6
特殊荷重　84
溶け込み不良　63
塗装　13
トラス　4,32,177
トラス橋　10,108,177
トラベルクレーン　15
トルク係数　72

トルク法　72
トルクレンチ　72
トルシア形高力ボルト　71

## な 行

内部欠陥　63
ナット回転法　72
斜め張力場　136
軟　鋼　18
二次応力　182
荷重分配横桁　108
二層橋　8
ねじり剛度　42
ねじりモーメント　111
ねじれ剛性　106
熱処理　18
燃焼熱　61
のど厚　63,64
のど面積　64

## は 行

排水装置　5,210
ハウトラス　180
破壊耐力　34
箱桁橋　9,119
橋　2
幅厚比　50
パラペット　2
は　り　119
張り出しばり　111
半合成桁　150
ハンチ　152
ハンドホール　195
反力棒　202
反力モーメント　202
ピアノ線　30
B荷重　87
非合成桁橋　150
PC鋼線　30
PC鋼より線　30
PC床版　99
PC棒鋼　30
引張接合　69

引張強さ　22
必要剛比　137
非破壊検査　64
被覆アーク溶接　61
被覆剤　61
ピボット支承　206
ピボットローラー支承　206
標準設計水平震度　93
比例限界　22
疲　労　17,24
疲労強度　24
疲労限度　24
ピン構造　179
ヒンジ支承　205
ヒンジ支点　202
ピン支承　205
ピントラス　179
ピンの接触　208
フィレット　194
フォン・ミゼスの降伏条件　43,139
幅　員　5
幅員方向　87
腹　材　178
部　材　57
部材力　183
腐　食　16
不静定橋梁　9,93
不静定トラス　118
不静定力　127
ブラケット　114
プラットトラス　136,180
フランジ　24,102,120
フランジプレート　120
ブルーム　20
プレートガーダー　32,119,149
プレートガーダー橋　9,116,119
プレストレストコンクリート橋　7
プレストレストコンクリート　30
フローティングクレーン　15
ブローホール　63
分格トラス　181
分離帯　84
閉床式　99

索　引

閉断面　106
閉断面リブ　106
平面支承　203
平面トラス　178
平面保持の仮定　41,153
併用橋　6
ベッドプレート　204
ヘルツの公式　209
変形支承　203
偏心距離　133
偏心載荷　145
ペンデル支承　206
ベント式工法　15
ポアソン比　23
棒　鋼　29
放射線探傷法　64
防錆処理　19,60
補剛桁　11
補剛材　24,53,120
補剛トラス　11
補剛板　53
母　材　58
舗　装　3,84,99
細長比　23,38,118,189
ボックスラーメン　197
ボックスラーメン構造　117
歩道橋　6
ポニートラス　181
骨組構造　32,177
骨組線　189
骨組長　190
ボルト穴　76
ボルト穴の縁端距離　80
ボルト穴の中心間隔　79
ボルト群　74
ボルト接合　58
ボルト線　77
ボルト線間距離　77
ボルトピッチ　77

**ま 行**

曲げ圧縮　138
曲げ格子剛度　128

曲げ剛性　122
曲げ剛度　37
摩擦係数　207
摩擦接合　69
丸　鋼　29
溝形鋼　29,172
面外座屈　196
面支承　203
面内荷重　48
木　橋　7
目視検査　63
門形ラーメン　117,198

**や 行**

焼き入れ　21
焼きなまし　21
焼きならし　21
焼き戻し　21
冶金的接合法　58
山形鋼　29
ヤング係数　22,153
ヤング係数比　153
有効座屈長　38,190
有効断面積　72
有効長　64
有効幅　108,152
融　接　61
床　3,99
床　組　3,84,99,108
床　桁　108
雪荷重　94
溶加材　61
溶　接　25,58
溶接構造用圧延鋼材　27
溶接構造用耐候性熱間圧延鋼秋　27
溶接線　64
溶接継手　62
溶接棒　30,61
横荷重　82,115
横　桁　84,99,108
横　構　4,84,115,120,177,195
横ねじれ座屈　42
横ねじれ変形　42

横リブ　106
呼び径　76
余盛り　63

ら　行

ラーメン　32
ラーメン橋　10,93
ラーメン構造　117,179
落橋防止装置　210
陸　橋　6
リ　ブ　106
両縁支持　51
輪荷重　83,144
列車荷重　188

連　結　57
連結板　58
連続桁橋　119
連続トラス橋　177
連続ばり　111
ろう接　58,61
路　肩　182
ローラー支承　205
ローラーの接触　209

わ　行

輪形鉄筋　172
ワーレントラス　180

著 者 略 歴

鎌田　相互（かまだ・そうご）
　1965 年　名古屋工業大学工学部土木工学科卒業
　1967 年　名古屋工業大学大学院修士課程修了（工学修士）
　1967 年　岐阜工業高等専門学校助手，講師，助教授を経て
　1987 年　岐阜工業高等専門学校教授
　2002 年　岐阜工業高等専門学校名誉教授

松浦　聖（まつうら・せい）
　1953 年　名古屋工業大学工学部土木工学科卒業
　1971 年　工学博士（東京大学）
　1972 年　名古屋工業大学教授（助手，講師，助教授を経て）
　1994 年　名古屋工業大学名誉教授
　1994 年〜2001 年　国士舘大学工学部教授

---

建設工学シリーズ
**鋼構造・橋梁工学［第2版］**　　　ⓒ　鎌田相互・松浦 聖　2000

1997 年 3 月 25 日　第 1 版第 1 刷発行　　　【本書の無断転載を禁ず】
1998 年 4 月 25 日　第 1 版第 2 刷発行
2000 年 3 月 1 日　　第 2 版第 1 刷発行
2022 年 2 月 9 日　　第 2 版第12刷発行

著　　者　松浦　聖・鎌田相互
発 行 者　森北博巳
発 行 所　森北出版株式会社
　　　　　東京都千代田区富士見 1-4-11（〒102-0071）
　　　　　電話 03-3265-8341／FAX 03-3264-8709
　　　　　日本書籍出版協会・自然科学書協会　会員
　　　　　JCOPY＜（一社）出版者著作権管理機構 委託出版物＞

落丁・乱丁本はお取替え致します　　　　印刷/壮光舎・製本/協栄製本

Printed in Japan／ISBN978-4-627-40612-4

# MEMO